U0143072

湖南农业院士丛书

2020年湖南省重大主题出版项目

常见农产品加工副产物饲料化利用

主　编——印遇龙

副主编——李凤娜

编　者（按姓氏拼音排序）——

陈家顺　陈晓安　段叶辉　郭秋平　李凤娜

李华丽　刘　岭　刘　梅　刘莹莹　马晓康

潘　龙　乔汉桢　阮　征　王升平　杨　灿

杨　哲　印遇龙　张海涵

湖南科学技术出版社

图书在版编目（CIP）数据

常见农产品加工副产物饲料化利用 / 印遇龙主编. — 长沙：湖南科学技术出版社，2021.12
（湖南农业院士丛书）
ISBN 978-7-5710-1153-6

Ⅰ. ①常… Ⅱ. ①印… Ⅲ. ①农副产品－饲料加工Ⅳ. ①S816

中国版本图书馆 CIP 数据核字(2021)第 163722 号

CHANGJIAN NONGCHANPIN JIAGONG FUCHANWU SILIAOHUA LIYONG
常见农产品加工副产物饲料化利用

主　　编：印遇龙
出 版 人：潘晓山
责任编辑：李　丹
出版发行：湖南科学技术出版社
社　　址：长沙市芙蓉中路一段 416 号泊富国际金融中心
网　　址：http://www.hnstp.com
邮购联系：0731-84375808
印　　刷：长沙超峰印刷有限公司
（印装质量问题请直接与本厂联系）
厂　　址：宁乡市金洲新区泉洲北路 100 号
邮　　编：410600
版　　次：2021 年 12 月第 1 版
印　　次：2021 年 12 月第 1 次印刷
开　　本：710mm×1000mm　1/16
印　　张：17
字　　数：222 千字
书　　号：ISBN 978-7-5710-1153-6
定　　价：50.00 元

前 言

养殖业是现代农业产业体系的重要组成部分，畜牧业的大力发展直接促进了饲料产业的蓬勃发展。饲料产业的发展不仅为现代养殖业提供了坚实的物质基础，也为粮食和粮油食品工业副产物高效转化提供了有效途径，对促进农业增效、农民增收和农村发展具有不可替代的作用。我国蛋白质和能量饲料资源短缺，造成近几十年来饲料行业过度依赖原料进口，严重阻碍饲料业和养殖业的健康可持续发展，寻求其他的非常规饲料资源迫在眉睫。

我国幅员辽阔，农产品丰富，且产量增长迅速。农产品副产物是在农产品生产或加工时产生的非主产品，农产品加工副产物综合利用可以提升农产品附加值。2017 年，农业农村部办公厅印发了《关于宣传推介全国农产品及加工副产物综合利用典型模式的通知》，对企业、地方创造总结、专家评审和公示的 18 项全国农产品及加工副产物综合利用典型模式进行宣传推广，2018 年，农业农村部办公厅公布第二批全国农产品及加工副产物综合利用典型模式目录。当前，我国农产品加工副产物在饲料化、食品化等方面的综合利用已经取得了巨大进步。农产品加工副产物饲料化的利用，不仅为我国饲料产业节约大量的成本，还可以减少环境污染、增加收入，产生巨大的经济和社会效益。但由于起步较晚，农产品加工副产物饲料化过程中存在变异大、质量不稳定、营养物质消化率低、营养价值低、含有抗营养因子等一系列技术问题。因此，农产品加工副产物要在动物饲料中高效利用，需要我们重视农产品加工副产物饲料化的重要性，促进农产品加工业精深加工产品和多层次开发，生产出高营养价值和高附加值的饲料原料和饲料添加剂产品。同时，需要在挖掘农产品增值空间、提高农产品加工技术水平、推进标准化建设以及加强政策服务和引导等方面提高农产品加工副产物综合利用的水平。

本书编者根据多年的实践经验，参阅相关文献资料，以使用技术为立足点，以指导生产为出发点，以大力发展并推广常见农产品加工副产物的饲料化利用技术为目的，以期缓解饲料资源的短缺问题。本书概述了我国农产品加工业发展现状以及加工副产物饲料化利用的现状与问题，全面介绍了饲料化利用技术类型，重点总结了粮油加工副产物、畜禽加工副产物、水产品加工副产物及其他典型加工副产物的饲料化利用的实用技术与案例。编者在编写本书时力求通俗易懂、深入浅出、简洁实用，突出实用性和可操作性的特点。由于时间仓促，加之编者水平有限，书中难免有不当或错误之处，希望读者批评指正！

2021 年 6 月 18 日

目 录

第一章　绪论 …… 1
　第一节　我国农产品加工业发展现状 …… 2
　第二节　我国农产品加工副产物综合利用概述 …… 13
　第三节　我国农产品加工副产物饲料化利用现状与分析 …… 22

第二章　饲料化利用技术类型 …… 38
　第一节　干燥技术 …… 38
　第二节　粉碎技术 …… 54
　第三节　挤压膨化技术 …… 62
　第四节　发酵及其他技术 …… 70

第三章　粮油加工副产物饲料化利用 …… 82
　第一节　稻谷加工副产物饲料化利用 …… 82
　第二节　小麦加工副产物饲料化利用 …… 94
　第三节　玉米加工副产物饲料化利用 …… 106
　第四节　豆类加工副产物饲料化利用 …… 119
　第五节　油菜籽和油茶籽加工副产物饲料化利用 …… 143
　第六节　酿酒加工副产物饲料化利用 …… 154

第四章　畜禽加工副产物饲料化利用 …… 174
　第一节　畜禽血饲料化利用 …… 174
　第二节　畜禽骨饲料化利用 …… 186

第三节　脏器饲料化利用 …… 193
第四节　皮毛饲料化利用 …… 201
第五节　其他畜禽加工副产物饲料化利用 …… 210

第五章　水产品加工副产物饲料化利用 …… 213
第一节　鱼类加工副产物饲料化利用 …… 213
第二节　甲壳类加工副产物饲料化利用 …… 218
第三节　贝类加工副产物饲料化利用 …… 226

第六章　其他加工副产物饲料化利用 …… 234
第一节　桑加工副产物饲料化利用 …… 234
第二节　茶叶加工副产物饲料化利用 …… 245
第三节　苹果加工副产物饲料化利用 …… 257

参考文献 …… 264

第一章 绪论

农产品加工业是国民经济的基础和保障民生的支柱产业，是联系农村和城市、第一产业与第二、第三产业的重要环节。当前，我国已经建立了高效的农产品加工业技术研发体系，政府出台了一系列促进农产品加工业发展的政策，在农产品加工业技术创新方面取得了巨大进展，农产品加工企业规模不断壮大。近年来，我国农产品加工业总产值在工业中的份额基本稳定在16％左右，其税收对财政收入的贡献基本稳定在10％左右，农产品加工已经成为经济发展的重要支柱，在我国市场经济中具有重要作用。

农产品加工业的快速发展，产生了大量的加工副产物。如果能够合理利用农产品加工副产物，既能够提升农产品附加值，提高企业效益和农民收入，又是解决环境污染问题的重要措施，可以实现经济效益、生态效益和社会效益三赢，一举多得。当前，农产品加工副产物在饲料化、食品化等方面的综合利用取得了巨大进步，但由于起步较晚，还存在综合利用率较低、科技含量不高等问题，造成资源的浪费，污染了环境，降低了企业和农民的收入。因此，我国需要挖掘农产品增值空间、提高农产品加工技术水平、推进标准化建设，加强政策服务和引导，提高农产品加工副产物的综合利用水平。

根据我国2018年的肉、蛋、奶产量，估计我国需要全价饲料4.07亿吨，而我国可以直接用作饲料原料的玉米、小麦、稻谷约2.4亿吨，除去矿物质饲料原料，我国约35％的饲料原料由农产品加工副产物提供。农产品加工副产物饲料化的利用，不仅为我国饲料产业节约了大量的成本，还可以减少环境污染、增加收入，产生巨大的经济效益和社会效益。但农产品加工副产物饲料化过程中存在变异大、质量不稳定、营养物质消化率低、营养价值低、含有抗营养因子等一系列技术问题。因此，农产品加工副产物若要在动物饲料中高效利用，需要我们重视农产品加工副产物饲料化的技术研发，促进农产品加工业精深加工产品的多层次开发，生产出高营养价值和高附加值的饲料原料和饲料添加剂产品。加强农产品加工副产物饲料化的技术研发，对其营养价值进行评价，建立相应的加工副产物的营养成分数据库，为合理使用和饲料配方的设计提供基础数据。利用动物营养平衡理论、净能体系、低蛋白技术等动物营养基础理论和技术指导农产品加工副产物饲料化，研发提高农产品加工副产物饲用价值和营养价值的加工技术和饲料添加剂等。同时，还要加强饲料用农产品加工副产物的标准制定和技术推广，使农产品加工副产物科学、高效地应用在动物饲料中。

第一节　我国农产品加工业发展现状

农产品加工业是以农业物料、人工种养或野生动植物资源为原料进行的工业生产活动。广义的农产品加工业是指以农、林、牧、渔产品及其加工品为原料进行的工业生产活动。狭义的农产品加工业是指以人工生产的农业物料和野生动植物资源及其加工品为原料进行的工业生产活动。

农产品加工业是国民经济的基础和保障民生的支柱产业，是联系农村和城市、第一产业与第二产业、第三产业的重要环节。农产品加工业吸纳就业能力强，在繁荣经济、促进就业、保障食品安全和人们的营养健康方面起着不可替代的作用。农产品加工业可以使农产品增值，发达国家发展农产品加工业的经验表明，粮食经过加工后可增值 1～4 倍，棉花经过加工后可增值 2～4 倍，薯类经过加工后可增值 1～3 倍，果品蔬菜经过加工后增值高达 1～10 倍。农产品加工业的发展在一定程度上能够反映一个国家的科技水平与富裕程度。

近年来，我国农产品加工业快速发展，质量和效益持续改善，供给结构持续优化，进出口贸易持续增长，对促进农业农村经济持续稳定发展、增加农民收入起到了重要作用。

一、我国农产品加工业的特点

农产品加工企业是农业企业之外的工业类部分，是农业生产的延伸，其成长既遵循着一般企业成长的规律，又具有其自身的特点。

农产品加工企业的主要目标是提升农产品的附加值。按照动植物的生命周期而直接得到的农产品经济价值较低，要想提高农产品的经济价值就要对初级的农产品进行深加工。经过深加工的农产品的价值成倍增加，这成为农产品加工企业利润的直接来源。

农产品加工企业运行过程中需要较充足的劳动力资源，这决定了大部分农产品加工企业为劳动密集型企业，其生产加工技术较为简单。

农产品加工业对原材料的依赖程度较大，同时受环境和季节影响，生产周期有限。农产品加工企业为资源依赖型企业，以农作物为基础原材料，对其进行初级或者深度加工，生产加工的农产品用来满足消费和发展的需求，而农作物的生长过程基本是按照其固有的生命周期进行的，加上生产会受到季节、气候和地域等外部因素的影响，很难人为对其生产进行调节。

我国是农业大国，农产品丰富多样，分布很广但相对集中，具有多方面的资源优势，非常适合工业化生产。长期以来，通过国家重点扶持，依托丰富的农产品资源优势和区位优势，大力发展农产品加工业，已成为我国拉动农业增效、农民增收和农产品增值的基本国策。近年来，我国农产品加工业已发展成为国民经济的支柱产业之一，形成了黄淮海、长江下游和大兴安岭沿麓等专用小麦优势区，东北—内蒙古专用玉米优势区和黄淮海专用玉米优势区，东北—内蒙古非转基因高油大豆优势区，黄河流域、长江流域、西北内陆棉花优势区，长江流域“双低”油菜优势区，桂中南、滇西南、粤西“双高”甘蔗优势区，长江上中游、赣南湘南桂北和浙南闽西粤东柑橘优势区，渤海湾、西北黄土高原苹果优势区，中原、东北肉牛优势区，中原、西北、西南肉羊优势区，东北、华北及京津沪牛奶优势区，东南沿海、黄渤海和长江中下游水产品优势区。

我国各地立足农产品资源优势，发挥区位优势和市场优势，积极发展农产品加工业，在全国范围内形成了一批特色鲜明的农产品加工优势产业带。东北平原、长江流域和东南沿海稻谷加工产业带，黄淮海、长江中下游、西南、西北、东北小麦加工产业带，北方、黄淮海和西南玉米加工产业带，东北高油大豆、东北中南部兼用大豆和黄淮海高蛋白大豆加工产业带，长江流域和北方油菜籽加工产业带，中原、西北、西南牛羊肉加工产业带，东北、华北、西北乳制品加工产业带，渤海湾和黄土高原苹果加工产业带，中南和西南地区柑橘加工产业带，东北、华北、西北、西南、南方马铃薯加工产业带，黄渤海、东南沿海、长江流域水产品加工产业带，黄河流域、长江流域、西北内陆棉花加工产业带。此外，很多地方出现了由众多农产品加工企业按照专业化分工组成的特色县、特色乡和特色村。山东、河南、吉林、内蒙古、河北、湖北、湖南、陕西等地依托农产品资源优势，大力发展农产品加工业，在推动本地经济发展中发挥了重要作用。山东通过大力发展果蔬、水产品和肉类等加工业，已经成为我国第一农产品加工大省，产品行销国内外；吉林农产品加工业产值超过了汽车和石化工业产值，位居各行业第一位；河南、河北大力发展小麦加工，培育了一大批骨干企业；内蒙古大力发展乳品加工，努力打造“中国乳品之都”。由此看来，在全国范围内形成了不同特色的农产品加工区位优势。

二、我国农产品加工业持续快速发展

我国二十世纪七八十年代开始的改革开放，为各行各业的发展带来了希望，农产品加工业乘着改革开放的东风，在数量和质量上得到快速发展。近年来，随着科学技术不断发展，人们在生活、工作、收入等方面水平日益提高；各项惠农政策的不断出台，我国农产品加工业在加速发展，主要表现在以下几个方面。

(1) 我国农产品加工企业规模不断壮大

2017 年，我国农产品加工企业主营业务收入超过 22 万亿元，其中规模以上农产品加工企业数为 82472 个，总产值 194002 亿元，规模以上农产品加工企业实现利润总额 1.3 万亿元。

在食用植物油加工中，全国日加工大豆 1000 t 以上的制油企业年加工量占总加工量的 70%左右；在稻米加工中，全国日处理稻谷 100 t 以上的碾米企业的年加工量占总加工量的 45%以上；在小麦面粉加工中，全国日处理小麦 200 t 以上的面粉企业的年加工量占总加工量的 50%左右；在肉类加工中，全国上市流通的畜禽工业化屠宰加工产品的比重达到 50%左右。

(2) 我国农产品加工业在轻工业中的占比不断提高，农产品加工业产值与农业产值的比值不断上升

我国农产品加工业总产值占轻工业总产值比重由 2011 年的 77.78%提高到了 2017 年的 80%；农产品加工业产值与农业产值的比值逐渐提高，从 2000 年的 0.93∶1 上升至 2005 年的 1.46∶1，2009 年突破 2∶1，2010 年达 2.08∶1，2011 年提高至 2.27∶1，2017 年达到 3.34∶1。

(3) 我国农产品加工出口呈快速增长态势

我国农产品加工业出口交货值从 2000 年的 5035.76 亿元增至 2014 年的 23649.14 亿元，不考虑价格因素，14 年间增长 369.62%。2017 年，我国规模以上农产品加工业完成出口交货值 10980 亿元，比上年增长 7.1%。其中，主要食品行业商品累计出口总额 518 亿美元，比上年增长 5.4%。

(4) 我国新兴行业与传统行业共同发展，新的增长点出现

随着饮食消费观念的转变，农产品加工行业出现了新的增长点。一是主食加工业（方便食品制造业）发展速度明显高于加工业平均水平。二是焙烤、糖果等营养休闲食品加工业发展迅猛。三是食用菌等健康食品加工

业成为新的增长点。四是农产品加工子行业收入增长快。2014年，蛋品加工、营养与保健食品制造、速冻食品制造、米面制品制造4个行业主营业务收入增速超过15%。新兴行业和传统行业中的新增长点为农产品加工业发展注入强大动力，是今后挖掘潜力的重要领域。

三、我国建立了高效的农产品加工业技术研发体系

改革开放以来特别是进入21世纪以来，我国农产品加工业取得了举世瞩目的伟大成就，成为横跨三大产业、汇聚多个行业、牵动就业增收和满足消费需求的基础性、战略性、支柱性产业。当前农产品加工业已经进入转型提升发展的新阶段，大力实施科技创新驱动战略，有利于农产品加工产业安全、生态安全、食物安全和质量安全。要树立科技是第一生产力、人才是第一资源、创新是第一竞争力的理念，加快推进技术创新与体制机制创新，构建“产学研推用”有机融合的农产品加工业创新体系，为推动我国农产品加工业持续健康发展发挥更大的作用。

为顺应农产品加工业发展新形势，适应科技体制创新要求，解决科研机构单打独斗、各自为战、信息互不流通、课题重复严重等问题，围绕加快解决制约行业发展的重大共性技术问题，2007年农业农村部启动了国家农产品加工研发体系建设工作。先后认定了1个国家中心和203个专业分中心，并相应建立了8个专业委员会，聚集了国内一批在农产品加工领域有实力、有影响的科研院所、高校和领军企业，初步构建了涉及粮油、果蔬、畜产品、特色农产品以及加工机械等领域的农产品加工技术研发体系。203个专业分中心分布在全国，涵盖粮油加工领域、果蔬加工领域、畜产品加工领域、特色农产品及茶叶加工领域、农产品加工装备领域；其中科研单位有48个，大专院校有16个，企业有139个，分别占专业分中心总数的24%、8%和68%。

至2017年，我国农产品加工技术研发体系在科技创新、技术推广、成果转化和人才培养等方面做出了突出贡献，已经成为我国农产品加工科

技创新的一支重要力量。累计承担省部级以上科技项目1495项，获得省部级以上科技成果奖励349项，拥有有效授权专利2057项，制定农产品加工国家、行业和地方标准311项。累计面向农产品加工行业推广农产品加工技术1400余项，科企合作累计签约金额超过50亿元，培训农产品加工实用技术人才120万人次。

四、我国农产品加工业在国民经济中发挥着重要作用

随着现代农业发展战略推进，作为其中重要主体的农产品加工业，迎来了发展的战略机遇期。近年来，中国农产品加工业总产值在工业中的份额基本稳定在16％左右，其税收对财政收入的贡献基本稳定在10％左右，农产品加工业已经成为经济发展的重要支柱，在我国市场经济中具有重要作用。

农产品加工业带动第一产业发展、促进现代农业建设的作用不断增强。在现代农业中，农产品加工业是毋庸置疑的支柱性产业，能够有效整合现代农业资源、提高农业生产能力、促进生产方式变革。同时，农产品加工业还有利于提高农业生产效率及农产品价值，进而提高农产品的市场竞争力。

农产品加工业可以满足人们不断增长的消费需求。我国加工农产品的产量快速增长，2017年，我国大米、小麦粉、精制食用植物油、成品糖、乳制品和方便面分别达到了12839万吨、13801万吨、6072万吨、1464万吨、2935万吨和1103万吨，有力满足了人们对加工农产品日益增长的需要。

农产品加工业吸纳劳动力特别是农民就业增收的作用不断增强。农产品加工业的发展是促进农民就业的有效途径，2012年以来，除了大量季节性用工，全国规模农产品加工业年从业人数保持在2500万以上，近10年年均增加就业4.4％。农产品加工业从业人员中70％以上是农民，为农民人均纯收入贡献了9％，为农民在其他一些增收渠道边际效益递减的情况

下开辟了新的增收空间。

农产品加工业是农村经济的重要支柱。一些农村凋敝衰落的主要原因就是缺乏产业支撑，缺乏对本地特色优势农产品的开发利用。通过发展农产品加工业，促进农产品和劳动力两大优势资源的快速整合，有利于形成农村资源高值化利用和内生发展的优势；促进农业分工分业，有利于带动农业相关产业的发展；促进人口聚集和公共设施建设，有利于改善农村生产、生活、生态条件。

农产品加工业是加快城乡一体化发展的关键途径，为农业“四化”同步创造条件。城市和工业不会自动带动农村和农业发展，需要特殊产业作为媒介搭建起桥梁和纽带。通过农产品加工业的发展，能够留住农村资源要素，缓解农村“三留守”和“空心村”问题；能够吸引城市资金、技术、人才、管理等要素向农村回流，承接城市和大工业的辐射带动；能够满足城乡居民日益增长的多样化、多层次要求和安全、健康消费需要。从而有利于在总体上形成以工促农、以城带乡、工农互惠、城乡一体的新型工农城乡关系，让广大农民平等地参与现代化进程，共同分享现代化成果。

五、我国农产品加工业存在的问题

我国农产品加工业经过几十年的发展，在各方面均取得了巨大的进步，但仍处于初级发展阶段，与国外一些发达国家相比有很大的差距，还有很多问题亟待解决。

（1）我国农产品加工业资源利用率低

我国农产品加工仍以初加工为主，加工副产物综合利用不足现象普遍。发达国家农产品综合利用率高达90%，我国仅40%左右，造成资源严重浪费。农业农村部农产品加工局开展的农产品生产及加工副产物综合利用专题调研显示，我国农产品生产及加工副产物数量逐年增加，由于只停留在一级、二级开发上，没有吃干榨尽，直接影响到资源节约、环境保护、质量安全和农民增收。2013年我国粮油、果蔬、畜禽、水产品加工副产物约5.8亿吨，其中60%作为废物丢掉或简单堆放；粮食加工副产物中，稻壳利用率不足5%，米糠不足10%，碎米仅16%；其他类农产品加工副产物综合利用情况，油料为20%以上，果蔬不足5%，畜类为29.9%，禽类为59.4%，水产类为50%以上。

（2）农产品加工机械行业技术水平较低

目前，我国农产品加工机械行业原创性设计水平低，制造质量更是良莠不齐，无百年老店和知名品牌。因此，国产主机设备至今仍无法与国际一流品牌竞争。

农产品加工设备较为陈旧，不符合生产力的要求；农产品加工机械行业的加工能力不足，且没有定期进行技术方面的提升，忽略了农产品加工技术的发展。因此，农产品加工企业要与优良的加工机械行业积极交流，引进先进的农产品加工设备，促进农产品加工机械行业技术水平的提升。

（3）缺乏高素质专业人才，人才流失严重

专业技能人才匮乏是制约我国农产品加工业发展的瓶颈之一。农产品加工企业不仅需要专业技术和管理人才，还需要专业财会和营销人员等。由于农产品加工企业以小型规模企业为主，多数农产品加工企业很难为所需专业人才提供有竞争力的工资待遇和优越的工作、生活条件，对专业人才的吸引力有限，面临高素质人才"引不来，留不住"的问题。缺乏技术、管理、营销等人才，农产品加工企业可持续发展得不到有效保障。同时，农产品加工企业面临人才流失严重的问题，优秀人才流失问题普遍存在于经济发达地区和经济欠发达地区。

（4）农产品标准化缺失

当前，农产品标准化生产技术不配套、不完善；缺乏农产品质量安全的强制性技术规范，没有按照标准要求对农产品生产的产前、产中、产后进行全过程规范和控制，食品安全没有保障；相当一部分企业在加工原料等级、生产与加工技术、质量控制与管理、安全检验、包装标识、储运、销售等环节无标准可依；产地重金属超标，非法添加有毒有害物质现象仍不同程度地存在；农产品标准化生产推广、培训体系不健全；示范效果差，带动性不强；缺乏统一的国家标准或行业标准指引以及标准发展滞后，也在一定程度上阻碍了农产品加工业的持续健康发展。

（5）农产品深加工企业科技含量不高

目前我国农产品深加工领域内的企业一般都是小型企业，这部分企业占据了八成左右，没有形成较为有力的品牌，产业的分布相对来说比较分散。从整个行业来看，少数的像速冻食品做得比较好，但是大多数的食品加工企业还缺乏相应的科技指导，没有形成规模化的发展，依然沿袭小作坊的发展路径，在市场上缺乏竞争力，不能够及时做到转型与升级。

六、我国政府出台了一系列促进农产品加工业发展的政策

（1）促进我国农产品加工业发展的国家指导意见

2002 年党的十六大报告提出：发展农产品加工业，壮大县域经济。同年，国务院办公厅发出了《关于促进农产品加工业发展的意见》，意见提出要在农产品加工业上加大投入力度，落实税收政策，给予相关金融支持。此后，在每年的中央一号文件中均有促进农产品加工业发展的相关论述，其中，2019 年中央一号文件关于促进农产品加工业发展的论述是：要大力发展现代农产品加工业，以“粮头食尾”“农头工尾”为抓手，支持主产区依托县域形成农产品加工产业集群，尽可能把产业链留在县域，改变农村卖原料、城市搞加工的格局。支持发展适合家庭农场和农民合作社经营的农产品初加工，支持县域发展农产品精深加工，建成一批农产品专业村镇和加工强县。统筹农产品产地、集散地、销地批发市场建设，加强农产品物流骨干网络和冷链物流体系建设。培育农业产业化龙头企业和联合体，推进现代农业产业园、农村产业融合发展示范园、农业产业强镇建设。健全农村第一产业、第二产业、第三产业融合发展利益联结机制，让农民更多分享产业增值收益。

2016年，国务院办公厅发出了《关于进一步促进农产品加工业发展的意见》，为进一步推动我国农产品加工业转型升级，促进农业农村经济高质量发展，实现乡村振兴提供新动能。该意见指出，我国农产品加工业的目标是到2020年农产品加工转化率达到68%，规模以上农产品加工业主营业务收入年均增长6%以上，农产品加工业与农业总产值比达到2.4∶1；结构布局进一步优化，关键环节核心技术和装备取得较大突破，行业整体素质显著提升，支撑农业现代化和带动农民增收作用更加突出，满足城乡居民消费需求的能力进一步增强。到2025年，农产品加工转化率达到75%，农产品加工业与农业总产值比进一步提高；自主创新能力显著增强，转型升级取得突破性进展，形成一批具有较强国际竞争力的知名品牌、跨国公司和产业集群，基本接近发达国家农产品加工业发展水平。

2018年，中共中央、国务院印发的《国家乡村振兴战略规划（2018—2022年）》指出，实现乡村振兴计划目标的重点任务之一是围绕发展农业农村新产业新业态，构建农村第一产业、第二产业、第三产业融合发展新体系。特别指出要大力发展农产品加工业，在优势特色农产品产地，依托中小型农产品加工企业、基层经营服务网点和农民专业合作社，培育发展新型农产品加工企业，改造升级现有农产品加工企业，提升企业农产品生产加工能力和质量。实施一批产业融合示范项目，引进先进适用的生产加工设备，在农产品产地建设改造具有贮藏、保鲜、烘干、包装等功能的基地，发展农产品精深加工，延长产业链条，培育地方特色农产品品牌，促进农产品转化增值，带动农民就地转移就业，帮助农民就近实现增收致富。

（2）我国关于促进农产品加工业发展的相关国家项目支持

农产品产地初加工补助项目。农产品产地初加工补助政策采取“先建后补”方式，本项目往年补贴比例为总投资额的30%，自2016年起，国家在全国范围内对项目对象实行定额补贴，标准为1万～34万元。

农业综合开发项目。国家农业综合开发资金从1994年起专门拨出一定比例的资金，设立产业化经营项目，以财政补贴和贷款贴息的方式支持合作组织和涉农企业发展建设农产品生产基地。1999 年，财政部印发《国家农业综合开发项目和资金管理暂行办法》，把农副产品初加工列入综合开发的支持内容，“十一五”期间农业综合开发资金的产业化经营项目投入 173 亿元，2012 年达到 36 亿元。2013 年起，新增了现代农业园区试点项目，旨在推动农村第一、第二、第三产业融合，提升农业农村现代化水平；产业化经营项目投资近 10 年间稳中有增，每年的投资金额在 154.92 亿元的均值上下小范围浮动。

国家扶贫开发资金扶持项目。国家扶贫开发资金大力实施产业扶贫，对贫困地区带动增收效果明显的农产品加工企业给予支持。2004 年开始，国家乡村振兴局在全国范围内认定国家级扶贫龙头企业，并给予贷款贴息支持。据统计，在扶贫龙头企业中，80％以上都是农产品加工企业。资金规模不定，一般为 200 万～500 万元。

国家现代农业发展资金项目。2008 年，中央财政设立现代农业生产发展资金，把支持农产品加工、推动建立一批集优势产业生产和加工于一体的现代农业企业群体作为一项重要内容，成为支持农产品加工业发展的一项重要资金来源。2008 年至 2012 年，中央财政累计安排拨付现代农业发展资金达 381 亿元。

另外，促进农产品加工业发展的相关国家项目还有：主食加工业示范企业申报，农产品加工专项补助项目，农村第一、第二、第三产业融合发展项目，开发性金融支持农产品加工业重点项目和农副资源饲料化利用示范项目等。

（3）我国关于促进农产品加工业发展的税收政策

当前，在农产品加工业方面，国家给予很多优惠的税收政策，如农产品加工业增值税优惠，液体乳及乳制品、酒及酒精、植物油加工行业，农产品进项税额扣除率由现行的 13％修改为纳税人在销售货物时的适用税率，进一步减轻了农产品加工企业的税收负担。

农产品初加工免征所得税。2011 年财政部、国家税务总局发布《关于享受企业所得税优惠的农产品初加工有关范围的补充通知》，进一步规范了农产品初加工企业所得税优惠政策，对相关事项进行了细化。

部分进口农产品加工设备免征关税和增值税。符合国家高新技术目录和国家有关部门批准引进项目的农产品加工设备，除《国内投资项目不予免税的进口商品目录》所列商品外，免征进口关税和进口环节增值税。对龙头企业从事国家鼓励类的产业项目，引进国内不能生产的先进加工生产设备，按有关规定免征进口关税和进口环节增值税。

农产品出口退税政策。自 2009 年 6 月 1 日起，罐头、果汁、桑丝等农业深加工产品的出口退税率提高到 15％，部分水产品的出口退税率提高到 13％，玉米淀粉、酒精的出口退税率提高到 5％。

第二节 我国农产品加工副产物综合利用概述

农产品副产物是在农产品生产或加工时产生的非主产品，农产品加工副产物综合利用可以提升农产品附加值。推动农产品及加工副产物综合利用工作意义重大，是保障农产品加工品有效供给的重要支撑，是解决环境污染问题的重要措施，是催生农产品加工新生态的重要手段，是消除质量安全隐患的重要抓手，是提高企业效益和农民收入的重要来源。

一、我国农产品及加工副产物产量巨大

我国幅员辽阔，农产品丰富。农产品主要有粮食、油料、蔬菜、水果、肉类、奶类、禽蛋和水产品等种类，根据国家统计局数据，2018 年，我国粮食产量 65789 万吨，油料产量 3433 万吨，棉花产量 610 万吨，蔬菜产量 70346 万吨，肉类产量 8517 万吨，禽蛋产量 3128 万吨；奶产量 3500 万吨，水产品产量 6469 万吨。这些农产品经过不同程度加工后，将产生至少 27056 万吨加工副产物（表 1－1）。另外，我国农产品产量增长非常快，与 2010 年相比，2018 年我国粮食产量增长了 17.67％，肉类产量增长

了7.89%，禽蛋类产量增长了12.65%，年增长率分别为2.05%、0.95%和1.50%。

表1-1　我国农产品及农产品加工副产物产量　　万吨

项目	产量[1]	加工量[2]	加工副产物产量[3]
稻谷	21213	20152	7053
玉米	25717	2572	772
小麦	13144	12487	3122
其他谷物	404	384	134
大豆	1597	798	559
进口大豆	8803	8803	6867
其他豆类	1920	960	672
油料	3433	3433	2403
棉籽	915	915	641
甜菜	1128	1128	113
蔬菜	70347	7035	703
薯类	2865	2006	100
水果	25688	5138	771
肉类[4]	8517	—	2555
蛋类	3128	—	156
奶	3500	—	35
水产品	6469	—	323
合计	198788	65811	26975

注：1. 数据来自2018年《中国农业年鉴》、中国国家统计局网站等。2. 数据根据产量按照一定的系数计算所得。3. 数据根据加工量按照一定的系数计算所得，甜菜、蔬菜、水果等加工副产物产量按照风干基础计算。4. 肉类加工副产物包括畜禽屠宰加工产生的骨、血、内脏、羽毛、皮毛的产量。

二、农产品加工副产物综合利用领域广泛、产业巨大

我国农产品加工副产物不仅产量巨大，而且是一个巨大的产业，蕴藏

着巨大的利润和机会，如许多农产品加工副产物富含蛋白质、脂肪、维生素等营养成分，仍是可增值的加工原料；还有一些农产品加工副产物含有丰富的生物活性物质，可在食品、医药、化工等行业广泛应用，进一步加工提取后可以产生巨大的效益。总之，如果能够合理利用农产品加工副产物，可以实现经济效益、生态效益和社会效益三赢，一举多得。

1. 农产品加工副产物的饲料化

据《中国饲料工业年鉴（2019）》介绍，2018 年我国工业饲料总产量为 22788 万吨，产值 8872 亿元。农产品加工副产物是饲料原料的重要来源之一，我国《饲料原料目录》中列举的饲料原料 80%以上为农产品加工副产物。农产品加工副产物饲料化是当前最简单、方便和效益巨大的农产品加工副产物处理方式。

有些副产物直接作为饲料原料使用，如粮食加工副产物、油料加工副产物等。但有的副产物需要进一步加工才能作为饲料原料使用，这些副产物有的是含有较高抗营养因子或者含有毒有害的成分（如棉粕含有游离棉酚、土豆蛋白含有龙葵素等），需要进一步脱毒、加工才能大量作为饲料原料使用；还有些副产物经过进一步加工会大幅度提高其营养价值，如烘烤、发酵、酶解、粉碎等。

2. 农产品加工副产物的其他方面的利用

很多农产品加工副产物含有较高的活性酶，可以提取出来作为发酵工业、食品工业的酶制剂使用，如小麦麸皮中可以提取 β-淀粉酶、植酸酶，每千克麸皮中酶活力总提取量：β-淀粉酶为 3.2×10^{7} U，植酸酶为 6.8×10^{5} U。

大部分农产品加工副产物含有较高的纤维，这些纤维具有天然性、易降解等特点，深加工后可以生产各种生活用品，如向大豆分离蛋白中加入葵花籽壳纳米纤维素与壳聚糖制成混合的可食用膜，用在食品包装中作为食品的一种保护性阻隔膜。使用玉米芯可以生产吸附剂吸附重金属、甲醛等，还可以生产餐具、石墨烯等。

三、我国农产品加工副产物综合利用取得的进展

随着人们对农产品加工副产物综合利用的认识越来越深，近年来我国政府和企业实施了一系列农产品加工副产物综合利用的产业项目和开发研究，并取得了重要进展。近年来，“无废”理念方兴未艾，把原料及其副产物“吃干榨净”，成了不少行业追求的发展模式。2017 年以来，国家农业部门先后公布两批全国农产品及加工副产物综合利用典型模式目录，鼓励相关企业创新提取、分离与制备技术，加快建立农产品绿色加工体系。

2017 年，农业农村部印发了《关于宣传推介全国农产品及加工副产物综合利用典型模式的通知》，对企业、地方创造总结、专家评审和公示的 18 项全国农产品及加工副产物综合利用典型模式，进行宣传推介，供各地学习借鉴和推广。2018 年，农业农村部办公厅关于公布第二批全国农产品及加工副产物综合利用典型模式目录，对企业、地方创造总结、专家评审复核的 110 个全国农产品及加工副产物综合利用典型模式，进行宣传推介，供各地学习借鉴和推广。这批典型模式生产工艺先进，产品市场竞争力强、前景广阔，企业经济效益和生态环保效果显著，对当地农民增收作用明显。加强宣传推介，有利于引导建设绿色加工体系，有利于提升产业质量效益和市场竞争力，有利于变废为宝、化害为利，建立资源节约型和环境友好型产业，是推动当地农业供给侧结构性改革，促进农村第一产业、第二产业、第三产业融合发展的重要抓手。

四、我国农产品加工副产物综合利用存在的问题

我国是农业大国，粮油和畜禽等产品总量多年位居世界首位。但由于农产品加工业起步较晚，综合利用水平低，造成农产品加工副产物大部分未得到有效利用，不仅造成了资源浪费、效益流失，而且还污染了环境，甚至影响农业可持续发展，已经到了必须引起高度重视和迫切需要解决的时候了。

1. 农产品加工副产物综合利用率较低

当前，我国虽然大力推进农产品加工副产物综合利用，但从总体上看，综合利用率还比较低，综合利用产品的科技含量不高，高纯度、功能性、专用型等高附加值产品还比较缺乏。据统计，2013 年我国粮食加工副产物 1.8 亿多吨，其中米糠 2042 万吨，稻壳 4085 万吨，麦麸 2178 万吨，玉米芯 4000 万吨，玉米皮 4112 万吨，糟类 1800 万吨（酒糟 1500 万吨，醋糟 300 万吨）。玉米芯、玉米皮产量年均增长 6.7%，稻壳不足 5%，碎米为 16%，米糠不足 10%，以碎米为最高，稻壳为最低。油料加工副产物 9000 多万吨，其中皮壳 1000 多万吨，饼、粕、油脚、皂脚等 8000 多万吨，综合利用率达到 20%以上。果蔬加工副产物 2.4 亿多吨，其中叶、秧、茎、根、皮、渣等 21265 万吨，皮、渣、籽、壳、核等 3021 万吨（柑橘 1584 万吨，苹果 1155 万吨，葡萄 264 万吨），综合利用率不到 5%。畜禽屠宰加工副产物主要有骨、血、内脏、羽毛、皮毛等，产量总计 5620 万吨，同比增长 5.4%。水产品加工副产物主要有头、皮、尾、骨、壳等，副产物总计 1569 万吨，同比增长 5.4%。综合利用率畜类为 29.9%，禽类为 59.4%，水产为 50%以上。

2. 农产品加工副产物综合利用产品科技含量不高

当前，我国农产品加工副产物不但综合利用率低，综合利用产品的科技含量也不高，高纯度、功能性、专用型等高附加值产品还比较缺乏。副产物中丰富的碳水化合物、蛋白质、脂肪和其他有效物质，是食品、药品、保健品、能源、化工产品等的原料，由于综合利用不充分，大量的资源没能物尽其用，白白地被浪费掉。如目前多数花生高温压榨后，饼（粕）中蛋白质严重变性，只能用作饲料或肥料，导致花生中 25%的蛋白质被浪费；如果采取低温压榨工艺，饼（粕）中蛋白质加工成蛋白粉，其售价为 7000 元/吨，加工成花生浓缩蛋白，其售价为 1.2 万～1.5 万元/吨，加工成花生多肽，其售价为 2.6 万元/吨，但我国花生榨油后饼（粕）进一步加工的比例不到 1%。米糠中含有大量的油酸、亚油酸、亚麻酸等不饱和脂肪酸，膳食纤维，阿魏酸、肌醇、植物甾醇及其酯化衍生物、维生素 E 等多种天然抗氧化剂和生物活性成分，其中脂肪酸、阿魏酸、维生素 E 等具有降血脂、降低血液中的胆固醇含量等功能。若将米糠作为健康食品的原料加以深度开发利用，可使其增值约 60 倍。美国是目前世界上研究开发米糠资源最发达的国家之一，美国利普曼公司、美国稻谷创新公司在米糠稳定化技术、米糠营养素、米糠营养纤维、米糠蛋白、米糠多糖方面的提取、分离、纯化等技术处于领先水平。而我国米糠榨油的比例就很低，米糠的利用率不到20%，与日本（利用率接近 100%）、印度（利用率达 70%）还有较大差距。

3. 我国农产品加工副产物综合利用率低的负面影响

第一，农产品加工副产物利用率低对资源来讲是一种巨大的浪费，如小麦制粉的副产物小麦胚芽占小麦籽粒质量的 2.5%～3.8%，其富含麦胚油、维生素 E 和谷胱甘肽、麦胚凝集素、B 族维生素等有效成分。2013 年我国小麦胚芽产量为 26 万吨，由于小麦胚芽稳定性较差，不易保存，抗营养成分的存在，国内企业缺少相应的产品开发技术及设备，绝大多数制粉企业将其混入麸皮中作为饲料出售，造成资源的严重浪费。玉米芯（又称玉米轴）是玉米生产过程中的主要副产物，2013 年我国玉米芯产量约 2000 万吨。玉米芯可用于生产木糖、木糖醇、低聚木糖、糠醛、乳酸和纳米粒子等一系列高附加值产品，但年产量仅为 40 万～50 万吨；玉米芯还可用作农作物栽培基料、饲料预混料载体、兽药载体等，其年收购量也仅占 10%～15%，绝大部分玉米芯则作为能源燃料被白白烧掉或回田沤肥。

第二，污染环境。我国每年产生的农产品加工副产物近 14 亿吨，由于这些副产物污染事件逐年增加，近年来越来越受到关注。如秸秆焚烧增加了空气污染指数并影响交通和航空运输业；一些加工企业周边污水横流、臭气熏天，严重影响生态环境及景观、居民的日常生活和身体健康，直接导致面源污染和水体富营养化；畜禽副产物中一部分不宜食用的副产物及薯类淀粉生产的薯渣等副产物被排放或丢弃在城市下水道、河流、湖泊、海洋、废弃井矿、采石场或山洞等地方，既污染水体，导致水生物死亡，还会产生臭气，影响居民生活；蔬菜主产区、大型蔬菜集贸市场及加工厂的菜帮堆积如山，腐烂变质，严重污染土壤、地下水和环境等，需要耗费大量资金来治理环境污染问题。

第三，降低收入。农产品加工副产物深加工后，价值会增加很多，企业和农民的收入自然也会增加，如小麦麸皮作为饲料使用，其价格仅 1500 元/吨，加工成麦麸膳食纤维，其价格可达 120 元/千克。豆粕作为饲料使用，价格仅 3200 元/吨，而加工成大豆分离蛋白，其价格可达 10000 元/吨，加工成大豆肽，价格可达 100 万元/吨。

4. 我国农产品加工副产物利用率低的原因分析

对于我国农产品加工副产物利用率低的原因，2014 年农业农村部农产品加工局对农产品及加工副产物综合利用问题进行了深入调研，形成了《农产品及加工副产物综合利用问题研究报告》，该报告中指出以下几点：首先，农业可持续发展要求日益迫切，但大量经营主体缺少综合利用意识。许多经营主体只认为作物果实、动物肉类等是农产品，不把副产物作为农产品，只注重主产品的生产和加工，不注重副产物的加工及利用。农业和加工业发展规划方面，综合利用问题仍是忽略地带。其次，产业聚集和产业关联进展缓慢，客观上不利于综合利用企业的成长和产业壮大。综合利用本应是一个亟待开发的富矿，但由于产业集群化不够，企业关联性差，副产物不集中，缺乏专门企业加工或收购，未能形成市场行情；而进入市场环节的企业加工或收购，未能形成市场行情；而进入市场环节和餐饮环节的废弃物又不能很好地回收，无法进行加工副产物的规模化加工利用，因而综合利用也很难从农产品加工业中分化出一个新的独立支系。第三，技术创新走不好“最后一公里”，大量的技术储备没有形成现实生产力。由于综合利用研发的技术与装备脱节，产业化程度低，专业技术人才缺乏，许多科研成果被搁置；同时在科研上对综合利用领域立项少、立项参与度低，仅有的副产物转化生产的食品、保健品、医药产品、化工产品和建材产品等产品市场竞争能力较弱。

五、我国农产品加工副产物综合利用的建议

我国农产品加工副产物产量大，产业大，但存在综合利用率低、科技含量低等缺点，为此，需要我们不断地努力挖掘农产品增值空间、提高科技水平、推进标准化建设，并加强政策服务和引导。

1. 拓宽农产品加工副产物加工利用途径，挖掘增值空间

要重视农产品加工副产物的二次利用，提高资源利用率，不断挖掘农产品加工潜力、提升增值空间，选择一批重点地区、特色品种和生产环节，创建一批农产品及其加工副产物综合利用试点示范单位，主攻农产品及其加工副产物的梯次利用、循环利用、全值利用。

聚焦国内外粮油加工业发展需求、现代生活的方便功能食品及营养健康食品需求，开发更多的特色营养健康产品，增加企业整体竞争力，创造更大的利润空间。例如，对于油料加工主要加工副产物饼（粕）的利用，除了向饲料加工企业提供原料生产普通饲料外，还鼓励有实力的专业企业生产开发蛋白食品、特种饲料及饼（粕）制品，增加饼（粕）的利用途径，以实现饼（粕）最大限度的增值，提高其综合利用率。

2. 促进科技创新，加强科技成果转化

发展农产品加工业主要靠科技，没有大量的高科技含量、高附加值科技成果的转化，加工业是发展不起来的。因此，需要围绕农产品加工重点领域开展基础研究、前沿研究和共性关键技术研发，为生产本土化、集成化、智能化的加工设备打下坚实的基础。推进加工副产物的高值化利用，支持企业进行技术改造，充分开发农产品加工副产物的营养成分，提高产品附加值。

科技成果面临的主要问题是转化慢。科技成果转化慢，有其自身原因，即一项新产品或新工艺概念的产生，都需要经过从研究、开发、工程

化、商品化生产到市场销售一系列过程；另一方面的原因是“研究与需求错位”和“中试断层”。强化协同创新机制，依托企业建设研发基地和平台。完善国家农产品加工技术研发体系，建设一批农产品加工技术集成基地。培育一批经营管理队伍、科技领军人才、创新团队、生产能手和技能人才。支持大中专院校开设农产品加工、食品科学相关专业。开展职业技能和创业培训，建设一批农产品加工创业创新孵化园，支持返乡下乡人员创办领办加工企业。

3. 推进农产品加工副产物综合利用产品的标准化建设

目前，绝大部分农产品加工副产物综合利用产品没有制定国家和行业标准，更没有基础标准、管理标准、方法标准等有效支持农产品加工标准化工作，许多产品难以被市场认可，极大地限制了农产品加工副产物综合利用。当前，科研工作者和企业要共同推进农产品加工副产物综合利用产品的标准化建设，满足市场对加工副产物相关产品的标准需求，在积极吸收国际标准的同时，对现有标准实行动态管理，定期更新相关标准，制定出符合国情的加工标准体系，使所制定的标准具有更广的适用性，以促进农产品加工副产物综合利用产品进一步发展。

4. 培育现代农产品加工新模式

借力“互联网＋”的大数据、物联网、云计算等新一代信息技术与现代农产品加工业深度融合应用，培育发展网络化、智能化、精细化的现代农产品加工新模式。大力推广“基地＋中央厨房＋餐饮门店”“生产基地＋加工企业＋商超销售”“基地＋加工企业＋旅游休闲农业”等产销模式。同时，立足当地特色优势产业，依托现代农业产业园，创建集标准化原料基地、集约化加工、便利化服务网络于一体的农产品加工园区和特色加工小镇，实现产城融合发展。

5. 加大政策服务力度

为推进农产品加工副产物综合利用的全面发展，制定相对独立的农产品加工副产物综合利用的财政投入政策，包括财政补贴政策、技术改造政策、新产品开发政策、技术创新政策、产业示范政策、项目倾斜政策、贷款贴息政策等，在用地、用电、用水、税费、贷款、服务等方面适当放宽优惠条件；争取在农产品加工副产物综合利用的投融资方面有新的突破；要积极整合农产品加工、农业产业化等涉农项目资金，重点向农产品加工副产物综合利用倾斜。积极制定激励政策，调动加工主体积极寻求副产物综合利用的最佳方式。如米糠、玉米胚芽，要以制油为主，提高我国的油脂自给率；稻壳及皮壳主要用于发电处理，以缓解能源危机，同时节能环保；进一步研究油料加工副产物饼（粕）的性质，进行相应的综合利用技术研究等。

第三节　我国农产品加工副产物饲料化利用现状与分析

农产品加工副产物是饲料原料的主要来源，2018 年我国肉、蛋、奶的产量分别为 8517 万吨、3128 万吨和 3500 万吨，按照料肉比 3.8∶1、料蛋比 2.2∶1 和料奶比 0.3∶1 计算，我国需要全价饲料 4.07 亿吨；而我国可以直接用作饲料原料的玉米、小麦、稻谷约 2.4 亿吨，除去矿物质饲料原料，我国 35％以上的饲料原料是由农产品加工副产物提供的。农产品加工副产物饲料化的利用，不仅为我国饲料产业节约大量的成本，还可以减少环境污染、增加农民收入，产生巨大的经济和社会效益。目前我国农产品加工副产物虽然广泛作为饲料使用，但在技术上还有很大的提升和改进的空间。

一、农产品加工副产物饲料化的意义

1. 增加饲料原料来源，降低饲料业和养殖业的成本

随着养殖业的快速发展，饲料资源的需求量逐渐增加，大力开发农产品加工副产物作为饲料资源，既能弥补现有资源的不足，又能提高资源的利用率，促进饲料业的可持续发展。

农产品加工副产物作为副产物，其价值经常不被农产品加工企业重视。很多农产品加工企业规模小，产品季节性强，副产物产量低，没有引起饲料和养殖企业的重视，因此价格较低，如果能够合理地在饲料中使用，将能够降低很多的饲料成本；很多农产品加工企业与饲料企业或养殖企业距离较近，运费成本也很低。下面将木薯渣与麦麸、米糠、玉米的营养价值与价格作了比较：

①若以每个单位蛋白价格比较：以木薯渣的单位价格最高（约 0.45 元），麦麸的最低（约 0.12 元）。木薯渣单位蛋白价格分别是玉米、麦麸、米糠的 1.45 倍、3.72 倍、2.50 倍。②若以每个单位增重净能价格比较：以木薯渣的单位价格最低（约 0.87 元），麦麸最高（约 1.78 元）。木薯渣单位增重净能价格分别占玉米、麦麸、米糠的 54.69%、49.21%、53.19%。也就是说提供相同的增重能量，在价格上使用木薯渣比用玉米（一级）、麦麸和米糠分别大致节约 45%、50%和 47%的饲料成本。③若以每个单位 TDN（可消化的养分总量）价格比较：以木薯渣的单位价格最低（约 0.016 元），米糠的单位价格最高（约 0.038 元）。木薯渣单位 TDN 价格分别占玉米、麦麸、米糠的 49.49%、52.53%、42.00%。这说明使用木薯渣可节约成本 50%，见表 1－2。

表 1－2　玉米、米糠、麦麸和木薯渣四种原料单位价格比较

原料品种	DM /%	CP /%	TDN /%	增重净能/（兆卡/千克）	市场价格 /（元/千克）	每个单位蛋白价格 /（元/100）	每个单位增重净能价格 /（元/100）	每个单位的 TDN 价格/元
玉米	86	8.7	83	1.69	2.7	31.03	159.76	3.25
麦麸	87	15.7	62	1.07	1.9	12.1	177.57	3.06
米糠	87	12.8	60	60	2.3	17.79	164.29	3.83
木薯渣	86	2	55.79	1.03	0.9	45	87.38	1.61

2. 提高动物生产性能、改善畜禽产品质量

有些农产品加工副产物含有丰富的功能性物质，能够促进动物肠道健康，提高营养物质消化率，改善畜产品品质。

大豆磷脂油是生产大豆油脱胶时的副产物，含有大量的生物活性物质，具有促生长、抗氧化、促进脂类代谢、增强机体免疫等功能。磷脂中的磷脂酸、磷脂酰乙醇胺（脑磷脂）等成分可以螯合重金属离子，抑制重金属离子对油脂形成自由基的催化作用，因此大豆磷脂还具有抗氧化功能。大豆磷脂是一种天然的表面活性剂、乳化剂和润滑剂，对饲料中油脂和脂溶性营养素的保存、消化和吸收均具有积极的作用。大豆磷脂还能促进机体产生内源性抗氧化物质，可以溶解和清除某些过氧化脂质，提高抗氧化酶活性，抑制丙二醛的产生，具有明显的抗氧化和有效延缓衰老的作用。

玉米淀粉加工的副产物玉米蛋白粉不仅蛋白质含量高，而且含有大量色素，其中叶黄素占53.4%，玉米黄质占29.2%，叶黄素含量约为玉米的15～20倍，对鱼类肤色、鸡的蛋黄和肤色均有良好的着色作用。研究发现黄颡鱼可以有效利用玉米蛋白粉中的色素，提高鱼体黄色色泽深度；随着玉米蛋白粉在黄颡鱼饲料中使用量的增加，总类胡萝卜素、叶黄素在黄颡鱼皮肤中的沉积量逐渐增大。研究表明，肉鸡饲料中使用5%玉米蛋白粉等比例替代豆粕，黄羽肉鸡末重增加了5.77%，饲料转化率提高了3.96%，脚胫色度提高了67.04%。在蛋鸡日粮中添加6.5%玉米蛋白粉，蛋鸡的产蛋率提高了4%，蛋黄的色泽级数由8.46提高到9.52。

金针菇的菇脚中含有多糖、蛋白质等生物活性成分，已有的研究表明，金针菇多糖具有抗氧化、提高机体免疫力、抗菌、抗肿瘤等多种生物活性。将金针菇的菇脚添加到肉鸡饲粮中，能提高肉鸡饲喂前期平均日增重和平均日采食量，降低料肉比，提高肉鸡成活率，提高肉鸡生产性能及免疫器官指数，增强肉鸡的T、B淋巴细胞免疫功能。

3. 减少农产品加工业对环境的污染

农产品加工副产物含有丰富的蛋白质、脂肪和碳水化合物，如果不被

充分利用，会造成环境污染。如玉米淀粉加工过程中，玉米经浸泡、胚芽分离、纤维洗涤和脱水等工序所产生的废水虽然无毒，但其危害很大。因为废水中的蛋白质、脂肪等有机物的腐败和亚硫酸的残留会污染水质，使水发黑并产生臭味，排入江河后水中蛋白质、脂肪等有机物质的腐败会大量消耗水中的氧气，发生厌氧腐败，散发恶臭，鱼、虾、贝类等水生动物可能会因为氧气缺乏而窒息死亡。如果对废水进行浓缩、干燥，不仅可减少环境污染，生产的玉米浆还是价值非常高的饲料原料。

甘薯淀粉加工过程中，从淀粉加工车间排放出的废液中含有大量的蛋白质，这些蛋白质在环境中被微生物降解，产生了大量具有强烈气味的挥发性气体，影响周边的空气质量，排入江河后，污染河流。中国农业科学院农产品加工研究所研究出的“甘薯淀粉加工废液中蛋白回收技术”（农科果鉴字〔2006〕第034号）以甘薯提取淀粉后的废液为原料，经过离心、浓缩、变性以及喷雾干燥处理，最终得到蛋白含量超过60%的甘薯蛋白粉。通过该技术可以使甘薯淀粉加工废液中蛋白含量由最初的1.2%左右，降低到0.1%左右，大大减少了淀粉废液中的有机物含量。而甘薯蛋白作为饲料使用，不仅消化率高，抗营养因子含量低，还有促进动物健康的功能。

4. 增加企业收入

农产品加工副产物作为饲料应用，既解决了副产物浪费问题，又是企业的一项重要收入来源。2017年农业农村部推广的《全国农产品及加工副产物综合利用典型模式》中，多种模式是通过将副产物加工成饲料，增加企业收入。如“甘薯皮渣生产膳食纤维、食用醋”模式和“鱼虾加工副产物生产饲料和甲壳素”。甘薯加工过程中的去皮和蒸煮，会产生大量的甘薯皮剩余物和甘薯蒸煮废糖液。甘薯皮、甘薯渣、废糖液含有大量的营养成分和淀粉、糖类，经过接菌发酵技术可加工食用醋；经过挤压烘干技术将甘薯皮、甘薯渣等加工副产物加工成宠物食品；经过沼气池厌氧发酵，可发酵产生沼气；直接干燥加工可得到颗粒饲料，基本实现10%～30%配合饲料代替率。利用残次甘薯及副产物1.2万吨，经过综合利用可实现产值5000万元，利润720万元。鱼虾生产加工过程中产生的副产物主要有鱼头、鱼皮、鱼骨、鱼鳞、鱼鳍、鱼内脏及虾头、虾壳及内脏，占水产品总重的60%以上。这些副产物可综合利用，生产成鱼虾饲料和甲壳素。年加工鱼虾副产物2.3万吨，生产副产物冷冻冷藏品及初级鱼虾粉1.84万吨，甲壳素360吨，实现产值4800万元、利润320万元。

二、农产品加工副产物饲料化存在的问题

1. 农产品加工副产物营养成分变异较大、质量不稳定

作为副产物，由于企业使用原料的差异、加工工艺的差异，造成了一些农产品加工副产物的营养成分的变异较大。而成品饲料的产品品质在很大程度上取决于饲料原料的优劣，农产品加工副产物营养成分变异较大会影响其在饲料中的应用。表1-3列出了我国部分农产品加工副产物营养价值的变异情况，由表中数据可以看出，大部分原料营养成分的变异系数在10%以上，饲料加工企业使用这些原料时，很难保证配合饲料产品稳定性。对于蔬菜加工副产物，通过对110个西红柿渣营养成分分析发现，其粗蛋白、粗脂肪和粗纤维的平均值分别为16.87%、14.27%和29.41%，变异系数分别为11.76%、39.41%和18.64%；通过对110个苹果渣营养成分分析发现，其粗蛋白、粗脂肪和粗纤维的平均值分别为6.64%、6.29%和15.15%，变异系数分别为22.29%、28.57%和35.28%。

表1-3　　我国部分农产品加工副产物营养成分　　%

原料	项目	粗蛋白	粗脂肪	粗灰分	粗纤维	Lys	Met
玉米DDGS[1]	平均值	32.17	8.63	5.43	7.4	0.91	0.55
	最大值	36.84	14.18	9.07	9.86	1.08	0.66
	最小值	28.46	2.82	2.87	5.64	0.74	0.44
	变异系数	7.66	43.75	23.6	14.18	10.68	10.48

续表

原料	项目	粗蛋白	粗脂肪	粗灰分	粗纤维	Lys	Met
小麦麸[2]	平均值	18.48	2.92	5.37	9.74	0.57	0.22
	最大值	19.88	3.86	6.49	13.96	0.63	0.25
	最小值	17.06	1.45	4.74	8.62	0.53	0.13
	变异系数	26.21	31.60	27.07	29.25	4.57	13.75
全脂米糠[3]	平均值	16.23	18.81	8.16	9.14	0.63	0.24
	最大值	18.25	25.21	9.68	14.54	0.70	0.28
	最小值	14.54	13.54	6.22	7.32	0.59	0.15
	变异系数	5.97	13.73	11.44	20.56	4.94	14.48
棉粕[4]	平均值	41.66	0.59	18.26	6.17	1.51	0.49
	最大值	46.91	1.55	23.00	7.68	1.77	0.56
	最小值	37.15	0.23	12.41	5.21	1.22	0.40
	变异系数	7.10	57.71	16.89	11.05	10.25	9.72
菜粕[5]	平均值	42.00	1.50	8.46	14.37	2.09	0.90
	最大值	43.64	1.98	10.06	17.26	2.41	1.00
	最小值	39.37	0.70	7.15	12.60	1.94	0.76
	变异系数	3.51	20.86	9.32	9.04	32.50	32.83

注：1 数据来源于李平（2014）博士论文；2 数据来源于黄强（2015）博士论文；3 数据来源于施传信（2015）博士论文；4 数据来源于马晓康（2015）硕士论文；5 数据来源于王凤利（2013）硕士论文。

2. 农产品加工副产物的营养物质消化率低

农产品加工副产物通常含有很高的纤维，如小麦麸皮、玉米胚芽粕和米糠的粗纤维含量分别为9.74%、9.50%和9.14%，纤维本身是很难被动物消化吸收的，同时还会造成内源营养物质排放增加，降低营养物质消化率。

当前，除了豆粕外，许多农产品加工副产物生产、很少考虑营养物质消化率，缺少标准的操作程序，加工过程中出现烘干时加热温度过高、加热时间过长等，造成产品营养物质消化率较低。表 1－4 为部分农产品加工副产物与玉米、豆粕营养物质消化率的比较，表中数据显示，玉米 DDGS、小麦麸皮、棉粕、菜粕的营养物质消化率远低于玉米和豆粕，同时也显示出其营养价值有很大的提升空间。

表 1－4　农产品加工副产物与玉米、豆粕营养物质消化率的比较[1]　%

原料	粗蛋白	总能	Lys[2]	Met
玉米	83	88	75	87
豆粕	92	89	88	89
玉米 DDGS	79	72	61	82
小麦麸皮	77	60	73	72
棉粕	79	64	63	73
菜粕	74	72	74	85

注：1 数据来源于谢飞（2017）博士论文；2 数据为标准回肠消化率，来源于第 30 版《中国饲料成分及营养价值表》。

3. 部分农产品加工副产物含有较高的抗营养因子

抗营养因子是指一系列具有干扰营养物质消化吸收的生物因子。含抗营养因子的产品用作饲料时，在加工调制不当或摄食过量的情况下，会对动物产生各种毒害作用，影响营养物质的消化吸收和利用，降低饲料营养价值、影响生产性能和机体健康，如生长速度减慢、饲料利用率降低、内分泌发生紊乱，间或有器官损害等，严重的甚至造成死亡。

农产品加工副产物有很多种，有些是天然存在植物中的一种固有成分，自然界中发现的抗营养因子有数百种，主要有蛋白酶抑制剂、非淀粉多糖、单宁、饲料抗原、植酸、胀气因子、抗维生素因子等。这些抗营养因子在不同的农产品加工副产物中含量不同，如豆粕中的抗胰蛋白酶因子和大豆抗原蛋白是限制其作为饲料原料的主要抗营养因子；游离棉酚是限制棉粕在饲料中大量使用的主要抗营养因子；芥酸和硫苷是限制菜籽加工副产物在饲料中使用的主要抗营养因子。

有些抗营养因子是农产品加工过程中使用的一些化工产品保留在了副产物中，如玉米淀粉加工过程中，需要将玉米在0.2%～0.25%的亚硫酸溶液中浸泡一段时间，这造成了副产物玉米浆中含有一定的亚硫酸盐，长期饲喂亚硫酸盐含量较高的饲料会造成家畜的末梢神经产生脱鞘性病变，导致一系列神经症状，如跛行、截瘫、便血、乳房炎及流产等中毒症状和维生素A、维生素D、维生素E的缺乏症。

霉菌毒素是对动物健康威胁最大的一类抗营养因子，饲料行业比较关注的霉菌毒素中最主要的有黄曲霉毒素、玉米赤霉烯酮、呕吐毒素、T-2毒素、赭曲霉毒素以及伏马毒素等。由于霉菌毒素具有耐高温、耐酸、耐碱等特点，农产品加工后，霉菌毒素通常在副产物中富集，数倍于农产品中的含量。研究表明，2017年，我国玉米、玉米副产物、小麦及麸皮、粕类和全价料中黄曲霉毒素检出率分别为84.57%、93.33%、57.33%、95.38%和100.00%，超标率分别为11.11%、17.78%、1.33%、27.69%和7.65%；玉米赤霉烯酮的检出率分别为80.25%、88.89%、92.00%、58.46%和82.94%，超标率分别达到2.47%、28.89%、0%、6.15%和13.53%；呕吐毒素的检出率分别为96.30%、100.00%、89.33%、81.54%和100.00%，超标率分别达到1.23%、6.67%、10.67%、3.08%和1.76%。

4. 部分农产品加工副产物适口性差

饲料适口性是饲料的滋味、香味和质地特性的总和，是动物在觅食、定位和采食过程中视觉、嗅觉、触觉和味觉等感觉器官对饲料的综合反应，它通过影响动物的食欲来影响采食量。采食量是衡量动物摄入营养物质数量的尺度，因而是影响动物生产效率的重要因素。饲料适口性好，则动物的食欲强，当出现饥饿感时，能够采食大量的饲料。反之，饲料适口性差，则动物食欲缺乏，当出现饥饿感时，可能采食，但采食量较小。

农产品加工副产物中含有的抗营养因子是影响其适口性的主要因素，如具有苦涩味道（单宁和芥子酸等）或其在动物体内会降解为有刺激性异味的成分（硫葡萄糖苷），如果添加到饲料中会影响饲料的适口性和动物的采食量。另外，还有一些如β-葡聚糖、阿拉伯木聚糖等非淀粉多糖类抗营养因子会在动物肠道中增加黏性，不易被分解吸收，进而影响动物的食欲。

另一个影响农产品加工副产物适口性的因素是脂肪酸氧化酸败。油脂在高温、高湿、氧气充足和无抗氧化剂条件下，会发生一系列氧化过程，生成醛、酮和酸等具有苦涩味道的物质，进而降低饲料的适口性。特别是一些脂肪含量较高的副产物，如玉米DDGS、全脂米糠、菜籽饼、棉籽饼等，粗脂肪含量均在7%以上，加工过程中温度过高或者加工后储存不当，脂肪非常容易酸败。

第三个影响农产品加工副产物适口性的因素是霉变。有的农产品在加工前就已经霉变并含有较高的毒素，其加工副产物含有比原料高得多的霉菌毒素，如玉米DDGS和麸皮等；还有一些副产物由于还含有较高的水分，储存不当时容易发生霉变，如一些蔬菜、水果加工副产物和畜禽屠宰行业的一些副产物。受到霉菌污染后会出现发热和产生霉味等一系列物理化学变化，失去原来的香味，动物摄入该类饲料会对机体产生毒害作用，从而降低动物采食的欲望。

最后，一些饲料原料在其加工过程中不可避免地会有某些刺激性味道的成分残留，动物对这些味道十分不喜欢，在饲料中大量添加这些原料就会明显降低饲料的适口性，影响动物的采食量。如酵母粉、氨基酸下脚料，以及制药、酿酒、酱油工业所产生的副产物等，发酵后具有刺激性气味，会影响一些动物的食欲和饲料的适口性。

5. 农产品加工副产物营养价值低，氨基酸不平衡

日粮氨基酸的平衡是指日粮中各种必需氨基酸在数量和比例上同动物特定需要量相符合，即供给与需要之间的平衡，是最佳生产水平的需要量的平衡。如果日粮中一种或几种氨基酸的数量过多或过少，都会出现氨基酸平衡失调，影响其他氨基酸营养功能的发挥，降低饲料蛋白质利用率，

严重时会引起氨基酸中毒。很多农产品加工副产物氨基酸与动物需要量差别很大，这就要求制作饲料配方时提高蛋白含量或者添加晶体氨基酸来满足动物需要。如表 1-5 数据显示，鱼粉和豆粕的氨基酸组成与猪需要量比较接近，而其他几种产品虽然蛋白质含量都很高，但氨基酸组成非常不平衡，如玉米蛋白、小麦蛋白、棉籽粕和菜粕的赖氨酸含量均比较缺乏。

表 1-5　几种农产品加工副产物氨基酸含量与猪需要量的比较　%

项目	玉米蛋白	小麦蛋白	棉籽粕	豆粕	菜籽粕	血粉	鱼粉	猪需要量
粗蛋白含量	64.4	84.0	50.95	46.82	37.35	88.65	67.88	—
赖氨酸含量	1.01	1.29	2.10	3.10	1.87	8.60	5.43	0.98
蛋氨酸/赖氨酸	160	98	32	19	41	14	34	29
苏氨酸/赖氨酸	194	325	72	63	83	51	53	60
色氨酸/赖氨酸	29	62	28	18	24	16	13	17
缬氨酸/赖氨酸	255	259	101	75	101	93	64	65

注：表中数据来源于《猪营养需要》，2014。

6. 不能为饲料企业稳定供货

饲料原料稳定的供应是维持饲料加工企业正常运转的基础，也是一些饲料原料在配方中使用的基础。我国很多农产品加工企业规模较小，布局较分散，副产物产量很低，限制了其在饲料中的应用。

农产品加工企业不能为饲料企业稳定供应副产物的另一个因素是产品具有季节性。很多农产品的季节性很强，特别是一些不耐储存的农产品，如蔬菜、水果类，均在收获后短时间就全部加工完成，导致副产物的供应也具有季节性。

三、我国农产品加工副产物饲料化现状

1. 当前我国农产品加工副产物作为饲料使用的依据

2012 年我国农业农村部第 1773 号公告发布了《饲料原料目录》，该目

录主要包括：谷物及其加工产品，油料籽实及其加工产品，豆科作物籽实及其加工产品，块茎、块根及其加工产品，其他籽实、果实类产品及其加工产品，其他植物、藻类及其加工产品，乳制品及其副产物，陆生动物产品及其副产物，鱼、其他水生生物及其副产物，乳制品及其副产物，微生物发酵产品及副产物，矿物质，其他饲料原料等 13 大类 600 多种饲料原料。后经过几次修订，几乎列出了我国所有当前的农产品加工副产物，这为农产品加工副产物作为饲料原料使用提供了法律和技术依据。另外，2018 年 5 月 1 日正式实施的新版《饲料卫生标准》作为强制性国家标准，全面规定了各类有毒有害污染物在饲料原料、饲料产品中的限量值；细化了各项目在不同饲料原料以及不同动物类别和不同生长阶段饲料产品中的限量值，为农副产品在饲料中的应用提供了技术标准。

2. 农产品加工副产物饲料化的主要技术支撑

当前，可消化氨基酸体系、净能体系、理想氨基酸模式等技术体系在饲料配方中的应用，为我国农产品加工副产物饲料化提供了理论和技术支撑，但可消化氨基酸体系、净能体系与农产品加工副产物的配合使用，还要依赖于饲料用酶制和饲料用氨基酸技术的迅速发展。

自 20 世纪 90 年代植酸酶投入应用以来，在近年的历程中，饲用酶制剂的研究、开发与应用取得了巨大的进步，饲用酶制剂的种类由过去的植酸酶扩展到非淀粉多糖酶与消化酶等多种单酶及数十种复合酶，饲用酶制剂的功能由过去的提高营养物质消化率、减少氮磷排放等发展到保护动物肠道健康、改善动物福利与促进环境保护。饲用酶制剂在农产品加工副产物饲料化方面的研究取得了巨大的进展，有力地推动了农产品饲料化的进程，尤其在提高饲料营养物质消化率、消除抗营养因子、改善动物肠道健康方面起到了非常重要的作用。2018 年，我国饲料用酶制剂产量 166658 t，其中饲料添加剂 119761 t，混合型饲料添加剂 46897 t。

饲养标准（1981）首次提出了理想氨基酸模式，将理想蛋白质定义为饲料蛋白质中的各种氨基酸含量与动物用于特定功能所需要的氨基酸量相一致。理想氨基酸模式在饲料配方中应用的优势有：节约饲料成本，减轻动物应激，减少氮排出量，保护环境等；理想氨基酸模式应用的前提是饲料用氨基酸生产技术的快速发展，为行业提供价格低廉的产品。而许多农产品加工副产物的氨基酸不平衡，而晶体氨基酸生产及应用技术的发展，迅速推动了农产品加工副产物在饲料中的大量应用。2018 年，我国饲料用赖氨酸、蛋氨酸、苏氨酸和色氨酸产量分别是 1218578 t、261718 t、630386 t 和 17445 t。

3. 我国农产品加工副产物饲料化应用技术快速发展

当前，我国粮食饲料作为常规饲料的供需缺口越来越大，过度地依赖粮食作为饲料已不能满足畜牧业发展的需要。将我国丰富的农产品加工副产物饲料化不仅是饲料企业开发新的饲料原料资源，降低畜禽饲养成本的重要方法，也是农产品加工企业增加经济效益，减少处理废弃物成本的手段，更是保证我国粮食安全、降低粮食进口依赖的途径之一。因此，近年来，我国农产品加工副产物饲料化应用技术迅速发展。

首先，我国常见的农产品加工副产物作为饲料原料的使用技术越来越成熟。当前，我国常见的农产品加工副产物的技术研发和技术应用均取得了巨大的进展，如粮食加工副产物麸皮、米糠、玉米 DDGS 等，油料加工副产物豆粕、菜籽粕和棉粕等作为饲料原料，在营养价值评价、不同生长阶段动物饲料中使用比例、饲料加工工艺的改进和酶制剂的使用等方面都取得了巨大进展。

其次，农产品加工副产物的一些功能型物质不断被发现和利用。农产品加工副产物含有纤维、碳水化合物、脂类、小肽和色素等物质，具有提高动物免疫力、改善动物肠道健康、生产优质动物产品等功能，目前许多功能已经被发现和利用，如大豆磷脂能够促进动物脂肪吸收；甜菜渣、魔芋粉渣和苹果渣能够改善母猪肠道健康；棉粕中棉籽糖能够改善动物肠道健康；玉米蛋白粉中叶黄素能够改善家禽和鱼类肤色。这些功能的发现和利用能够提高相关副产物的利用价值和企业的经济收入。

四、我国农产品加工副产物饲料化存在的问题

1. 农产品加工副产物的营养价值参数缺乏

营养价值数据是农产品加工副产物饲料化的基础，也是其在饲料中高效使用的依据。当前，我国农产品加工副产物营养价值评价十分落后，饲料配方师很难获得一些副产物的营养价值数据。2012 年我国农业农村部公布的《饲料原料目录》中有 600 多种饲料原料，而我国最新公布的《中国饲料成分与营养价值表》中仅有 84 种饲料原料的数据。

2. 对农产品加工副产物饲料化重要性的认识不够

目前，一些农产品加工企业，甚至一些饲料企业对农产品加工副产物饲料化的意识不足，大多数副产物被随意丢弃或者随意焚烧，从而造成了资源的浪费、环境的污染，甚至生态的严重破坏。有些企业即使有对副产物进行饲料化利用，也是相当粗放的，相关资源的附加值远远没有得到充分挖掘。

3. 许多农产品加工副产物缺乏生产和使用标准

农产品加工副产物的质量受到原料来源、加工工艺、生产目的等很多因素的影响，质量变异很大，设立统一的质量标准相当困难。目前，我国很多农产品加工副产物没有标准或者标准制定时间很长，不适合评价当前产品，在饲料化过程中给企业的采购和技术人员造成很大困扰。另外，我国缺乏农产品加工副产物在饲料中的使用技术规范，无法指导饲料和养殖企业大量使用农产品加工副产物。

4. 许多农产品加工副产物饲料化方式还不成熟

很多农产品加工副产物不能直接饲喂动物，需要经过物理、化学或微生物处理后才能被畜禽利用；但该技术还没完全成熟，部分加工方式破坏了饲料的营养价值，需进一步完善。如一些农产品加工副产物可以代替部分常规饲料，已经获得确切的认识。而且在降低饲料成本、增加经济效益等方面也得到公认。但在日粮中以确保良好的饲养效益和经济效益为目的

的应用方法还没有得到确切论证。

五、促进我国农产品加工副产物饲料化利用的策略

我国非粮型饲料资源来源广、种类多、总量大，但目前未得到充分利用，造成了资源的极大浪费。加强其综合利用，可以获得巨大的经济效益、生态效益和社会效益。应该切实履行农业现代化、农业可持续发展和科教兴农三大战略，提高人们的农产品加工副产物资源利用意识，改善资源利用状况，加强企业联合，提高加工技术水平，依靠科技创新、体制创新和机制创新，走循环经济之路，走出一条具有我国特色的农产品加工副产物资源利用的可持续发展道路。

1. 促进农产品精深加工，培育精深加工企业

我国农产品加工业存在着“初级加工产品多，精深加工产品和多层次开发的产品少；农副产品原料加工污染和浪费多，资源综合利用少”的局面。因此，要促进农产品精深加工，将副产物中的抗营养因子和有毒有害物质消除，将营养和功能物质进行提取，生产高营养价值和附加值的饲料原料和饲料添加剂产品。促进企业研发植物性蛋白质提取加工技术，单细胞蛋白生产技术，棉籽、菜籽饼（粕）和花生饼（粕）中植物性蛋白质、大豆蛋白的提取加工技术以及果蔬综合利用技术等。

促进农产品精深加工，首先要培育精深加工企业，鼓励一批在经济规模、科技含量和社会影响力方面具有引领优势的加工企业突出主业，适度延伸产业链条，增强核心竞争能力和辐射带动能力，形成一批领军企业和平台型企业。支持企业牵头成立科技创新联盟，推动“产学研推用”一体化发展。

2. 加强农产品加工副产物饲料化的技术研发

第一，合理评价农产品加工副产物的营养价值、饲料价值和商品价值；一定要对其养分含量进行检测，对其营养价值进行正确评定，确定其有效养分含量，例如，有效能值、有效赖氨酸、有效磷等，并通过动物试

验对其有效利用率进行研究，建立相应的营养成分数据库，为合理使用和日粮配方的设计提供基本参数。企业以农产品加工副产物真正可利用的养分如能量、蛋白质、氨基酸、钙、磷为基础，结合一些常规饲料原料价格，评估农产品加工副产物合理的价格。

第二，加强农产品加工副产物饲料化技术研发，生产出提高其饲用价值和营养价值的新型饲料添加剂，如酶制剂、甜味剂和香味剂等；研发改善适口性和提高消化率，提高农产品加工副产物在日粮中的使用比例的加工技术，如发酵、粉碎、膨化或微波处理等。

第三，利用营养基础理论和技术指导农产品加工副产物饲料化，如使用动物营养平衡理论、净能体系、低蛋白技术和动物的消化生理特点等指导农产品加工副产物在饲料中使用比例研发，其他饲料原料和添加剂配合使用的技术研发等。

3. 促进产业化发展

以市场为导向，以农产品加工副产物资源为依托，以解决“人畜争粮”问题为目标，强强联合，充分挖掘和发挥全国各地区各类农产品加工副产物资源的优势，科学规划，合理布局，使农产品加工副产物资源的加工逐步形成区域化、规模化、专业化的产业格局。大力推进以企业为主体、产学研结合的农产品加工副产物资源加工科技创新体系与产业化体系。

为此，我们需要大力扶持和培育龙头企业，为龙头企业提供必要的政策扶持和资金援助，促进龙头企业进一步发展。鼓励加工骨干企业与大专院校、科研院所联合组建科学技术研发中心，研究和解决农产品加工副产物饲料化关键技术问题。健全农产品加工副产物资源加工技术服务体系，大力发展信息、评估、咨询业等中介组织，为农产品加工副产物的加工科技成果产业化提供全方位服务。

4. 制定标准与规范

首先，制定作为饲料使用的农产品加工副产物国家标准、行业标准、地方标准或者企业标准，使副产物有合理的评价指标，为其在饲料中使用提供参数和依据。其次，制定农产品加工副产物在不同饲料中使用时的科学搭配、合理使用等技术规范，使其在生产实践上有章可循。

5. 加大宣传与推广

国家和各级政府、科研单位应大力提高农产品加工副产物饲料化的利用意识，更新观念，加强农产品加工副产物资源利用方面的宣传和培训。同时，完善技术推广体系建设，加大宣传和培训力度，提高企业认识，并最终形成合力。适当鼓励副产物收集和加工企业的发展，科学管理和使用这些未被重视的资源。

第二章　饲料化利用技术类型

随着我国土地资源紧张加剧、耕地面积减少，已经出现动物与人争粮的严峻局面，严重制约了畜牧业生产水平的提高。因此，开发非常规饲料资源是缓解饲料资源不足、降低畜禽饲料成本、提高经济效益的重要途径，也是我国畜牧业发展的大方向。在此过程中，需要对农产品加工副产物进行科学的加工处理。以下着重阐述国内外农产品加工副产物饲料化利用的几种加工处理技术与方法。

第一节　干燥技术

饲料水分含量是评价饲料质量的重要标准，含水量的高低将会直接影响饲料产品的品质及企业的经济效益。饲料中水分含量超过标准会减少饲料中的营养成分，降低饲料能量，且不利于保存，容易导致饲料发霉变质；水分过低，则会增加成本，降低企业经济效益，同时也会影响饲料的适口性，进而影响动物的采食以及生产性能。因此，如何控制好饲料原料和成品的水分一直是饲料相关企业密切关注的问题。

一、饲料在加工过程中的水分含量

饲料原料中水分存在方式分为三种：①化学结合水，即结晶水；②物理化学结合水，即吸附水、渗透水和结构水；③机械结合水，即自由水、毛细管水、润湿水和空隙水。由于饲料具有吸湿和解湿的特性，所以，饲料内的水分因外部环境的变化，其水分亦不断地在吸湿和解湿之间转换。当饲料在加工过程中，饲料所处环境的介质空气处于不饱和状态，饲料表面水蒸气分压大于空气介质的水蒸气分压时，饲料表面水分能自动向介质空气中蒸发。当饲料表面水蒸气分压小于饲料内部的水蒸气分压，内部水分就转移到表面再向介质空气中蒸发，这就形成了饲料解湿的基本过程。饲料原料和成品（主要包括颗粒料和粉料）的水分一般分别为13%～14%和11.5%～12.5%，一般饲料原料和成品水分会在10%～16%范围内，一些特殊原料或饲料加工阶段，譬如膨化机生产的膨化颗粒饲料水分高达20%～26%，这些水分含量过高的物料只进行冷却处理，水分不易降低到安全储存标准。

二、常用干燥技术

干燥作为饲料加工过程中的一个重要环节，主要用来降低饲料原料或成品中的水分含量，同时也是耗能比较多的单元操作。因此，高效、节能和环保的干燥技术是未来发展的方向。物料干燥过程是传热与传质相结合的过程，按照热能传给湿物料的方式，干燥可分为传导干燥、对流干燥、辐射干燥和联合干燥。

1. 传导干燥

1）滚筒干燥

滚筒干燥是将黏稠状的待干物料均匀涂抹或喷洒在加热的滚筒表面而进行的干燥（图2-1）。滚筒干燥装置一般由一个或多个内部加热的旋转滚筒组成，基于筒体与料膜传热间壁的热阻，形成温度梯度，筒内热量传导至料膜，使料膜内的水分向外转移，当料膜外表面的蒸汽压力超过环境中的蒸汽分压时，即发生蒸发和扩散作用，从而得到脱水产品。滚筒干燥既可以在常温下进行，也可以在真空下进行。有单滚筒和双滚筒之分，滚筒表面的温度一般持续在100 ℃以上。待干物料在滚筒表面停留干燥的时间为几秒到几十秒。滚筒干燥设备的结构简单，干燥速度快，可连续作业，物料在滚筒表面停留时间短（2～30 s），热量利用率较高，但常压滚筒干燥可能会引起物料色泽和风味的变化，而真空滚筒干燥的成本较高。

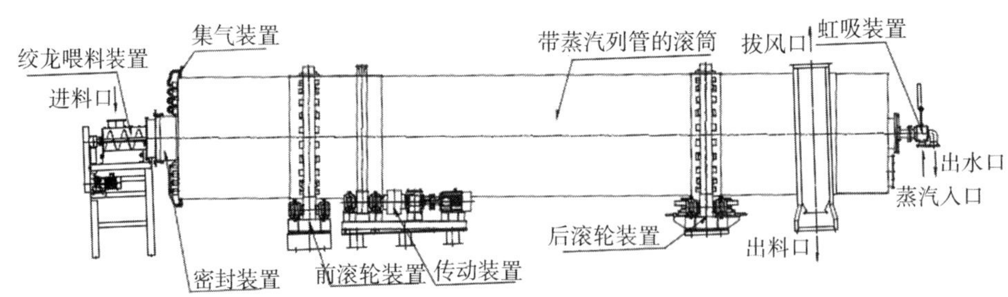

图 2-1 滚筒干燥示意图

例如，当进料温度 42 ℃，进料质量分数 13.6%，滚筒转速 30 r/min，滚筒表面温度 143 ℃时，达到甘薯全粉的最佳滚筒干燥工艺，此时，甘薯全粉与样品色差小，堆积密度为 0.51 g/mL，此时，干燥产品成膜厚薄较均匀，颗粒度小，流动性好，出粉率高且无气泡，表现出良好的干燥效果。

2）带式真空干燥

带式真空干燥是在真空条件下，连续将液体原料涂布在传送带上，物料随传送带运动经过加热区被干燥，然后被冷却脆化的一种干燥方法（图 2-2）。在整个干燥过程中，物料处于真空、封闭环境，干燥过程温和（40 ℃～60 ℃），可以最大限度地保持其物性。带式真空干燥技术应用范围较广，该干燥方法干燥速度快，成品的质量好，适用于中草药等天然产物的提取，尤其是对于黏性高、易结团、热敏性物料。此外，带式真空干燥的传送带运行速度、物料的厚度、温度和环境真空度等参数均可调节，以适应不同的产品需求，性能上优于喷雾干燥，但是设备相对结构复杂，成本较高。带式真空干燥的特点：①干燥温度低，物料温度可控制在 40 ℃～60 ℃的低温状态，适合干燥热敏性的物料；②适合干燥易氧化的中草药活性成分，在干燥过程中氧气极少，可防止易氧化成分被破坏；③适合干燥高浓度、高黏性的物料，干燥过程中，物料可均匀平铺在传送带上，保证物料各部分受热均匀；④产品溶解性能好，物料被加热干燥后可形成多孔性结构的物料层，显著改善溶解性；⑤干燥过程中，可连续进料和出料，适用于大规模生产。

例如，当传送带速度为 4 cm/min，地黄叶浸膏进料速度为 25 mL/min，加热系统稳定在 75 ℃时，物料含水率为 2.54%。带式真空干燥具有干燥产品含水率低、有效成分含量高和干燥时间短等优点（表 2-1）。

表 2-1　　地黄叶总苷浸膏不同干燥方法效果比较

干燥方法	产物含水量/%	地黄叶总苷保留率/%	干燥时间/h
带式真空干燥	2.54	90.7	0.83
微波真空干燥	2.91	88.37	0.3
真空烘箱干燥	4.13	73.26	30
喷雾干燥	2.57	94.19	—
冷冻干燥	4.16	73.26	30

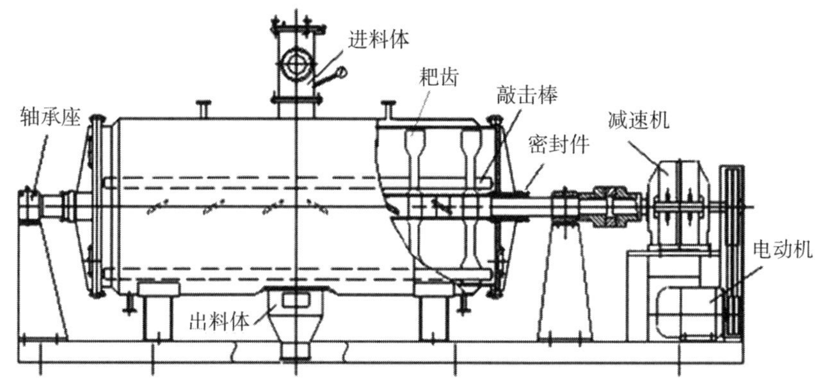

图 2-2　带式真空干燥示意图

2. 对流干燥

1）喷雾干燥

喷雾干燥是用喷雾器将料液喷成雾滴分散于热气流中，使料液所含水分快速蒸发的一种干燥方法，可对溶液、悬浮液、乳浊液等进行干燥，所得产品粒度小、均匀，流动性和速溶性好（图 2-3）。它延长了物料的保质期，便于包装、贮存和运输。同时，简化了物料的加工工艺，可用于干燥维生素、玉米淀粉载体、活性菌剂、血浆蛋白粉等。

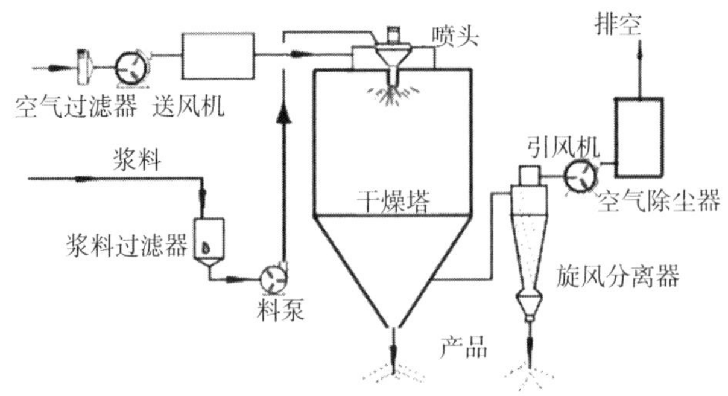

图 2-3 喷雾干燥示意图

当进风温度为 150 ℃、进料流量为 50 r/min、菌液与保护剂配比为 1∶1 及复合保护剂配比为 1∶1（10% β-环糊精∶10%麦芽浸粉）时，达到生产活性菌剂的喷雾干燥最佳工艺，此时乳酸菌菌粉和米曲霉菌粉活菌数分别达到 5.2 亿个/克菌粉和 7.5 亿个/克菌粉。当喷雾干燥工艺参数为进风温度 135 ℃、出风温度 75 ℃、保护剂辅美粉浓度 20%时，抗菌肽得率最高为 91.6%，含水量 3.94%，符合抗菌肽制剂质量要求，此时，工艺生产成本低，效率高，适合工业化大规模生产。

进风温度是喷雾干燥加工菌粉时热量的主要来源，雾滴在喷雾干燥室需要适宜的温度提供热量，进风过高则会导致活性物质失活或活菌大量死亡，进风温度过低则会导致物料水分含量高，难以收集。

2）气流干燥

气流干燥是将粉末或颗粒状物料悬浮在热空气流中进行干燥（图 2-4）。该法操作简单，干燥速度快，但是动力消耗大，容易产生颗粒磨损，设备体积较大。气流干燥适合于在潮湿情况下仍能在气体中自由流动的颗粒或粉末状物料如淀粉、鱼粉的干燥，且原料的含水量不超过 35%。气流干燥的特点：①干燥时间短，效率高。干燥管内热气流的速度一般为 15～35 m/s，干燥过程一般只需要几秒。②结构简单，产量大。整个系统的转动部件只有加料器和通风机，设备投资小。气流干燥采用并流操作，可采用高温气体作为干燥介质，并在进出口两端气体和物料的温差可以很大。③两相传热表面积大。高速气流携带颗粒在管中运动，使粒子显著分散在整个管内，从而显著增加有效干燥面积。④并流操作。表面蒸发可持续到较低含水量，可采用高温气体作为干燥介质，并且在进出口两端气体和物料的温差可以很大。气流干燥中将粉碎、输送、干燥等环节联合，流程简单。

目前，许多以粮食及其副产物为原料的酿造业、酱菜业等的副产物——糟渣，资源丰富、蛋白含量高，是廉价的蛋白质饲料资源，且固形物细度小、黏稠度大，含水量高达95%以上，使得物料干燥困难极大，而气流干燥可利用高温气流脱掉糟渣料中的水分，不会产生物料糊化现象，且操作简单。此外，发酵饲料、高水分膨化料、羽毛粉、酒糟等物料的干燥均可应用气流干燥。但由于发酵饲料具有黏性和酸性，易出现积料、堵塞等现象，附着的物料容易腐蚀管壁，设备维护成本较高。

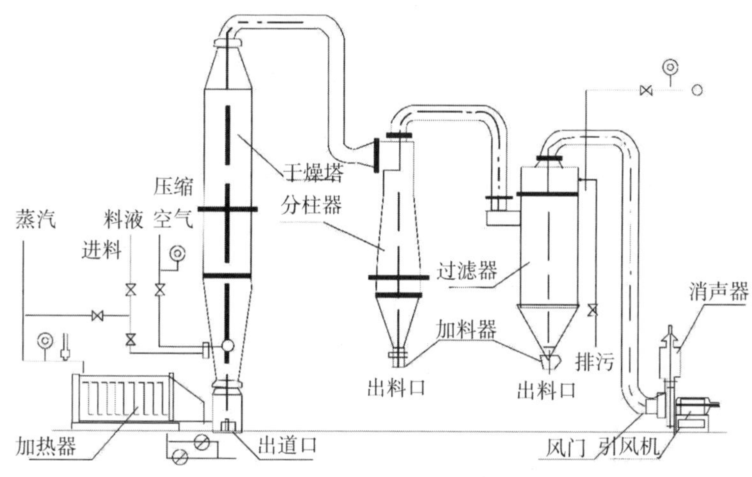

图 2-4　气流干燥示意图

3）流化床干燥

流化床干燥是将颗粒状物料置于干燥床上，使热空气以足够大的速度自下而上吹过干燥床，使农产品在流化态下获得干燥的方法（图 2－5）。该方法的优点是物料与热空气的接触面积大，湿热交换十分强烈，干燥速度快。流化床内温度分布均匀，可采用较高的温度而不会引起物料的损伤。其缺点是热空气的利用率低，颗粒状物料易被气流带走而损耗掉，颗粒在干燥器内停留时间不均匀，导致物料含水量不均匀。

国内发酵饲料的生产由于采用固态发酵工艺，物料颗粒大，所以干燥工艺主要采用流化床干燥、滚筒干燥等传统方法，相对气流干燥设备成本低。但原料颗粒较大且黏性高，溶液凝结成块，影响热循环，能耗同样很大，同时黏结的物料易烧焦，极大地影响产品外观和营养成分，使成品质量不高。

用单层床面的振动流化床烘干膨化颗粒饲料时，排放尾风的温度较高，在 60 ℃～70 ℃，热能浪费大，影响了振动流化床在膨化饲料生产中的应用。而多层床面的振动流化床，热风烘干了下层床面上的物料后可继续加热上层床面上的物料，可降低尾风温度，既能充分利用热能，又能提高产量，且有保持烘干颗粒水分均匀的优点。

在 120 ℃恒定干燥条件下，发酵菜粕的恒定干燥速率为 82.62 kg/(m^2·h)，恒速干燥阶段蒸发的水分占总蒸发量的 44.54%，降速干燥阶段占总时间的 50%，蒸发的水分占总蒸发量的 29.48%。流化床干燥所需时间为 15.54 min。发酵饲料烘干速率取决于烘干的温度和物料的烘干表

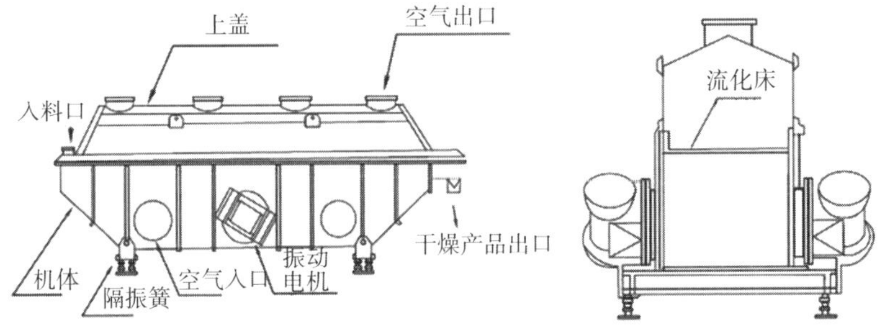

图 2－5　流化床干燥示意图

面积。烘干温度控制在 120 ℃～130 ℃较为经济合理。通过在干燥设备内加装搅拌、剪切、击打装置，从而扩大干燥面积，提升干燥速率，加快干燥进程。

4）热风干燥

热风干燥是常见的干燥技术，具有易操作、成本低、适应性强等特点，已被广泛应用于各种果蔬、药材的干燥处理（图 2-6）。

热风温度和切片厚度对干燥时间影响较大，风速对干燥过程影响不显著；热风温度越高，切片厚度越薄，干燥速率越快，干燥至安全含水量（11%以下）所需时间越短。在苹果片的热风干燥研究中也有类似的结果，研究表明干燥速率随切片厚度的变薄、热风温度的升高而增加，超声波能促进干燥过程；苹果片最佳热风干燥工艺参数为热风温度 60 ℃，厚度 1.5 mm。但热风干燥过程中物料易发生氧化，产生褐变，降低物料的干燥品质。因此，可用干燥前预处理（加护色剂或抗氧化剂等）的方式来解决物料干燥过程中的氧化问题，联合超声波或热辐射预处理方式也可以提升干燥速率。

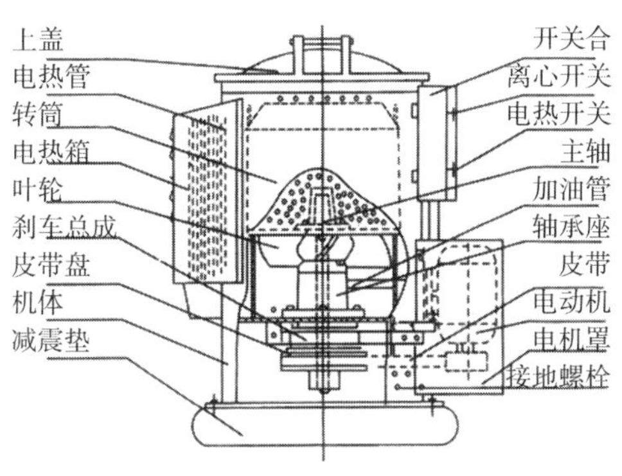

图 2-6 热风干燥示意图

5）顺流干燥

顺流干燥是热介质流动方向与物料运动方向相同的一种干燥工艺，通常是热空气与饲料共同从上方向下流动，利用热气不断流动带走水蒸气，因此成为顺流。相对湿度低的高温热介质首先与高水分低温的物料接触，既可迅速气化物料表面水分，达到干燥物料的目的，又不会使物料本身受热稳定过高；热介质在穿越物料过程中其湿度不断增大、稳定性不断降低，从而可避免物料干燥过程中的大幅度升温，保证了物料的干燥品质。顺流干燥的特点：可使用高温干燥介质，单位的热量和耗气量低，干燥后的产品品质良好等。

6）过热蒸汽干燥

过热蒸汽干燥法是现在的饲料生产业中使用比较多的一种，也是一种新兴的比较节能的干燥方法（图 2－7）。其原理是：利用过热蒸汽直接与湿物料接触而去除水分的一种蒸发式的干燥方法。与传统热风干燥相比，过热蒸汽干燥是以水蒸气作为干燥介质，在干燥过程中仅有一种气态成分存在，传质阻力非常小。同时排出的废气温度保持在 100 ℃以上，回收比较容易，利用压缩、冷凝等方法回收蒸汽的潜热可重复利用，因而这种方法的热效率高。另外，由于水蒸气的热容量要比空气的大 1 倍左右，干燥介质的消耗量明显减少，即单位能耗低。

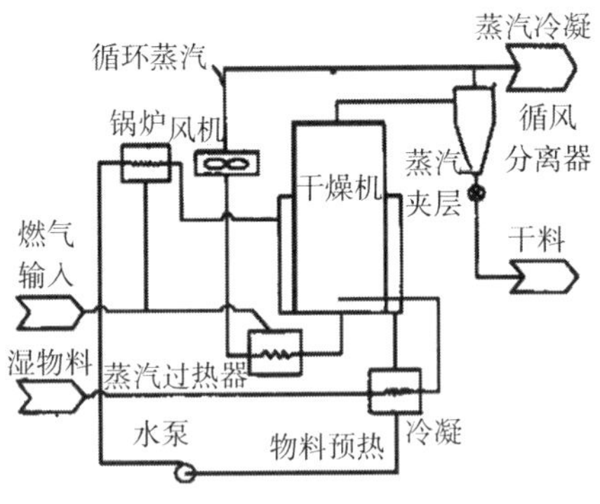

图 2－7　过热蒸汽干燥示意图

过热蒸汽干燥方法的主要优点是：传质阻力小、传热系数大、蒸汽用量少、利于保护环境、无爆炸和失火的危险，且具有灭菌消毒的作用等。但过热蒸汽干燥也有一定的局限性，对于热敏性物料，这种干燥方法不适宜使用，若过热蒸汽回收不利则节能效果会受到极大影响，另一方面成本也相对较高。干燥装置的密封效果和输送物料能力将直接影响干燥装置的效果和干燥性能。与传统干燥装置相比，过热蒸汽干燥在酒糟、牧草、鱼骨和鱼肉等物料的干燥上具有干燥速率、能源效率、操作成本和产品质量等方面的优势，适于初始水分高的农产品物料的大批量干燥。

3. 辐射干燥

1）微波干燥

微波是一种高频电磁波，频率为300～300000 MHz，波长为0.0001～1 m。微波干燥不同于其他干燥方式，食品吸收微波后内部直接升温，形成较小的正温度梯度，有利于内部水分的扩散，加快干燥速度（图2-8）。

微波干燥的原理是通过微波发生器将微波辐射到干燥物料上，当微波射入物料内部时，穿透使水等极性分子随微波的频率作同步旋转，使得物料瞬时产生摩擦热，导致物料表面和内部同时升温，使大量的水分子从物料中逸出，达到使物料干燥的效果。干燥时只需通过调节外加微波的频率便可改变干燥的时间，当增强外界的电场强度和升高微波的频率时，分子运动更加剧烈，温度升高更快。微波干燥的特点：①干燥速度快、干燥时间短；②干燥的产品质量高；③反应灵敏、易控制；④热能利用率高，节能、环保，设备占地少；⑤支持低温杀菌，保持物料营养和风味。

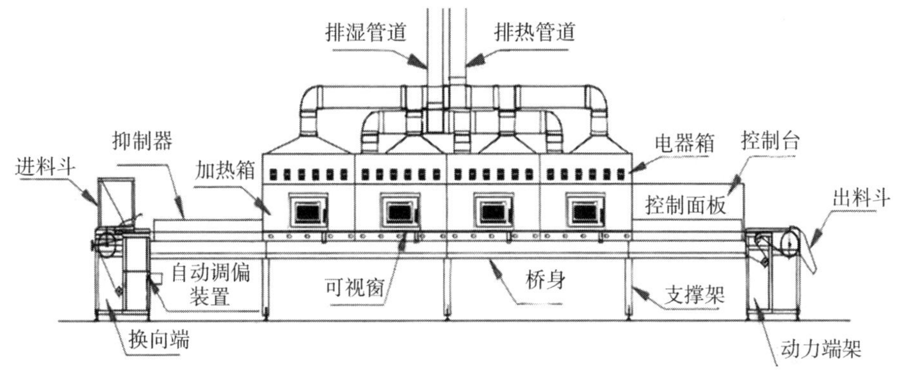

图2-8 微波干燥示意图

微波可直接作用到颗粒内部，使颗粒内外一致地受到水和热的作用，降低了饲料的粉化率；此外，在水、热的作用下，颗粒饲料含有的淀粉得以糊化，蛋白改性，淀粉和蛋白由散粒状化为凝胶状，并黏结周围其他组分，使整个颗粒成为一体，从而改善了颗粒饲料的耐水性。热风长时间干燥也会破坏饲料的原有成分，微波干燥对成分损耗较小。

2）太阳能干燥

太阳能干燥是指利用太阳辐射能和太阳能干燥装置所进行的干燥作业（图 2-9）。针对不同来源的原料，国内外已开发出相应的太阳能干燥设备。太阳能干燥设备（系统）是以太阳能利用为主的干燥设备，一般由集热器和干燥室组成，还有其他如风机、泵、辅助加热设备等的辅助设备。

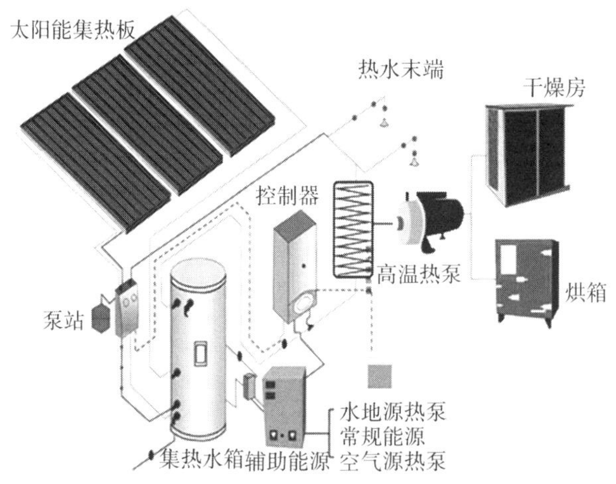

图 2-9 太阳能干燥示意图

太阳能干燥原理是利用热能，使固体物料中水分汽化，并扩散到空气中去，是一个传热、传质的过程。被干燥的物料直接吸收太阳能或通过太阳能集热器，加热空气对流传热，间接地吸收太阳能，物料表面获得热能后，再传至物料内部，水分从物料内部，以液体或气体方式扩散，使物料逐步干燥。这个过程进行的条件是被干燥物料表面所产生水汽的压强大于干燥介质中的水汽分压，压差越大，干燥越迅速。太阳能干燥的特点：

①节约能源，减少环境污染；②适合广大农村和乡镇企业使用，促进农村种植业发展。

3）红外线干燥

红外辐射加热干燥是利用红外线作为热源，直接辐射到物料上，使其温度升高，引起水分蒸发而获得干燥的方法（图 2－10），主要影响因子有干燥温度、辐射距离、红外功率、切片厚度、物料粒径等。红外辐射是指波长范围介于微波和可见光之间、波长为 0.76～1000 μm 的电磁波。根据波长不同，红外线分为近红外线和远红外线，干燥的机理均为红外线引起物料分子、原子的振动，电能转变为热能，水分吸热而蒸发。红外线干燥器的主要特点是干燥速度快，干燥时间是热风干燥的 1/5 甚至 1/10，生产效率高。由于物料表面和内部同时吸收红外线，因而干燥比较均匀，干制品质量好。设备结构简单，体积较小，成本低，主要用于谷物的干燥。在农业物料加工中，红外加热技术主要以远红外辐射为主，主要是由于农业物料在 2.5～1000 μm 红外和远红外辐射中吸收能量的效率最高。

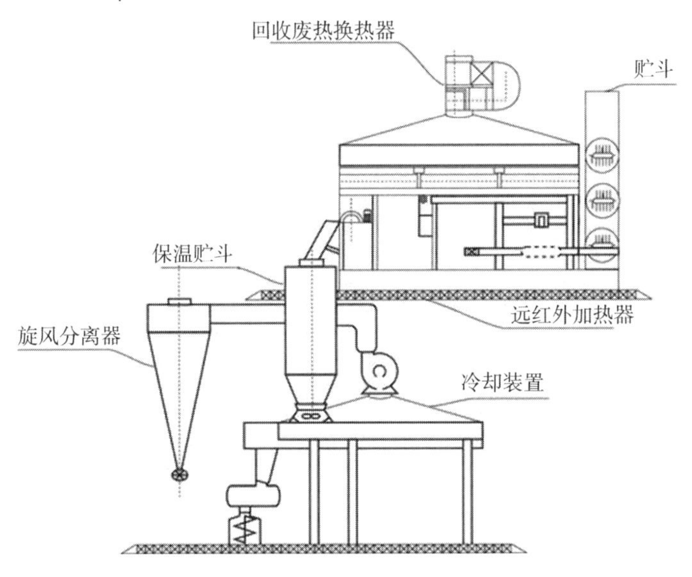

图 2－10　红外线干燥示意图

红外线干燥具有较高的干燥速率，相比对流干燥方式，其干燥时间可缩短 47.3%，红外线干燥和对流干燥比单一对流干燥速率高；单一红外线干燥和90 ℃对流干燥时，酵母存活率、霉菌和细菌最小，高温杀菌效果好；红外线对流干燥过程中，延长红外线加热阶段的干燥时间，能达到更好的灭菌效果。单一红外线干燥的葡萄渣多酚和花青素含量高，降低干燥温度，能减少这两种功能活性物质的损失。

4. 联合干燥

各种干燥技术都各具特色，各有长短。在选择干燥方式时，要根据物料的多样性、复杂性和产品质量要求决定干燥方式。联合干燥可分为并联干燥和串联干燥。并联干燥是指将几种干燥方式同时用在一种干燥设备上，成为组合式设备，如微波热风干燥等；串联干燥又称为分阶段联合干燥，不同阶段使用不同的干燥方法，如热风—真空冷冻干燥、热风—真空微波干燥等。相比之下，联合干燥可结合各种干燥方式，实现优势互补，从而避免单一干燥方式的缺点，达到单一干燥所不能达到的目的。

1）真空冷冻干燥

水的固、液、气三态是由温度和压力共同决定的，当压力下降到 610 Pa、温度在 0.0098 ℃时，水的三态就可共存。实验研究所得，当压力低于610 Pa时，无论温度如何变化，水的液态都不能存在。此时若是对冰加热，冰只能越过液态过程而直接升华成气态。同理，若保持温度不变而降低压力，也会得到同样的结果。真空冷冻干燥是根据水的这种性质，利用制冷设备将物料先冻结成固态，再抽成真空使固态冰直接升华为水蒸气，从而达到干燥的目的。

冷冻干燥应用非常广泛，但是成本相对较高，目前在饲料工业中主要用于益生菌、发酵产物等饲料添加剂的干燥（图 2－11）。真空冷冻干燥与传统的晒干、烘干相比，其特点是可以保留新鲜物料的色、香、味，保持物料原有的形态，避免了营养的损失。目前，真空冷冻干燥技术是生产高品质物料的方法，常见于鱼粉、益生菌及其发酵液等产品的干燥。

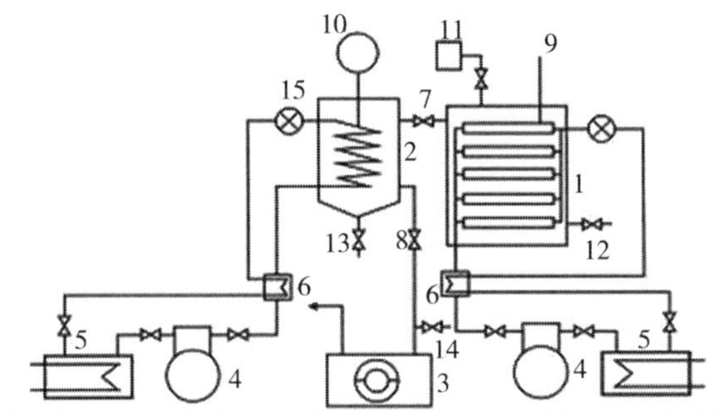

1. 冻干箱；2. 冷凝器；3. 真空泵；4. 制冷压缩机；5. 水冷却器；6. 热交换器；7. 冻干箱冷凝器阀门；8. 冷凝器真空泵阀门；9. 板温指示；10. 冷凝温度指示；11. 真空计；12. 冻干箱放气阀门；13. 冷凝器放出口；14. 真空泵放气口；15. 膨胀阀。

图 2-11 冷冻干燥示意图

2）热泵干燥

热泵干燥是利用热泵从低温热源吸收热量，将其在较高温度下释放，从而对物料进行干燥的方法（图 2-12）。与普通热风干燥相比，热泵干燥充分利用了干燥排出的水蒸气潜热，在整个干燥过程中没有能量损失，能耗低，是一种节能型技术，在含水量高的产品中应用效果更加显著。研究表明，利用热泵干燥技术对海产品进行干燥，每千瓦时电耗可脱水1.49 kg，较普通电热干燥节能近 50%。此外，热泵的干燥温度易于控制在25 ℃～32 ℃，避免了物料中不饱和脂肪酸的氧化，减少了蛋白质变性，

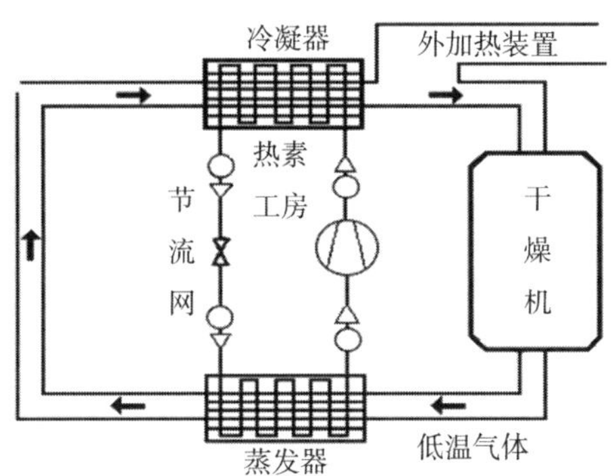

图 2-12 热泵干燥示意图

物料变形、变色和呈味类物质的损失，保证了物料的品质。

热泵干燥的主要问题是设备组成较为复杂，维护费用较高。使用过程中尽量减小物料的尺寸，使内部水分和水汽扩散的距离减小，是提高干燥速率或缩短干燥时间的有效方法。

三、常见干燥设备

1. 螺旋闪蒸干燥机

螺旋闪蒸干燥机主要由加料器、干燥室、旋风分离器和布袋收集器组成。物料由加料口进入干燥室内，热风沿切线方向进入干燥室，并以高速旋转状态由干燥室底部向上流动，与物料充分接触，使物料处于稳定的平衡流化状态。在干燥室内搅拌器的冲击和高速旋转气流的共同作用下，物料块被分散成不规则的颗粒状。随着物料被分散和物料间的相互撞击，物料块表面已干的颗粒将移向干燥室气体旋转轴心线，与气流一起排放到物料收集器，从而得到粒度及干燥程度均匀的干燥产品。此干燥机的特点是干燥效率高、能耗低、产品干燥均匀、结构紧凑、将粉碎与干燥融于一体。适用于干燥黏稠状、膏状、粉状、滤饼状物料。在饲料工业中，可用于干燥血粉、肉骨粉、鱼粉、蛋白质膏剂等。

2. 螺旋振动干燥机

螺旋振动干燥机由内外筒、环状孔板、振源等组成。直线振动和扭转振动的合成，使得物料沿水平环状孔板自上而下做连续跳跃运动（图 2-13）。而干燥介质由鼓风机通过进风口吹入干燥筒，自下而上通过各层孔板，穿过物料层。由于物料不断地抛掷、翻转，既可以避免物料黏着螺旋槽表面，又大大增加了物料与干燥介质的接触面积，从而强化了物料与干燥介质的传热、传质过程。螺旋振动干燥机的特点是节能、适用物料范围广、生产效率高。适用于干燥各种粉状、块状、片状的物料。在饲料工业中，该干燥机可用于干燥鱼虾饵料、酒糟、淀粉渣、植物蛋白等。

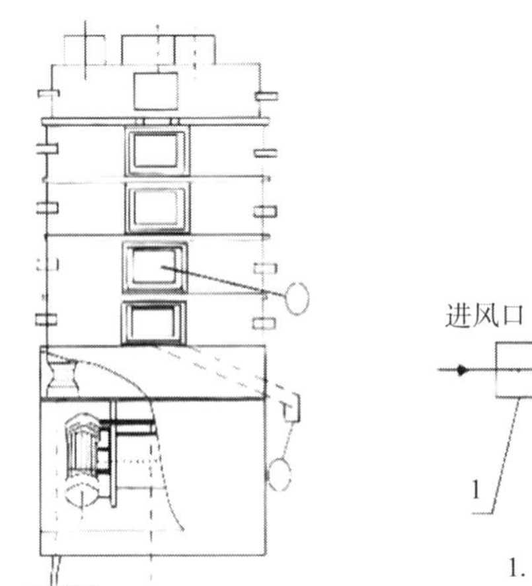

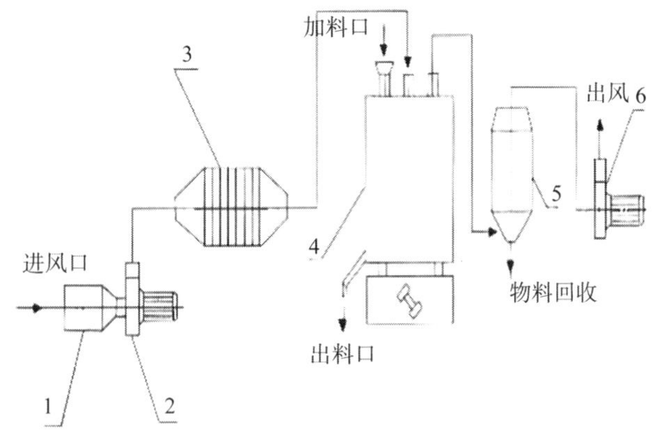

1. 初效过滤器；2. 鼓风机；3. 加热圈；4. 主机；
5. 手动式布袋除尘器或旋风分离器；6. 引风机。

图 2-13 螺旋振动干燥示意图

3. 旋片式干燥机

旋片式干燥机属于顺流式干燥机，物料进入回转滚筒内，被安装在筒内的提料板将物料提到顶部落下，物料落下时被筒内的高速旋转的叶片破碎，如此往复，一直移动到出口（图 2-14）。与此同时，由燃烧炉产生的热空气进入筒内同物料充分接触，使物料迅速烘干，然后经出料端的输送机排出。该干燥机的特点是传热系数大，效率高，处理量大。适用于干燥

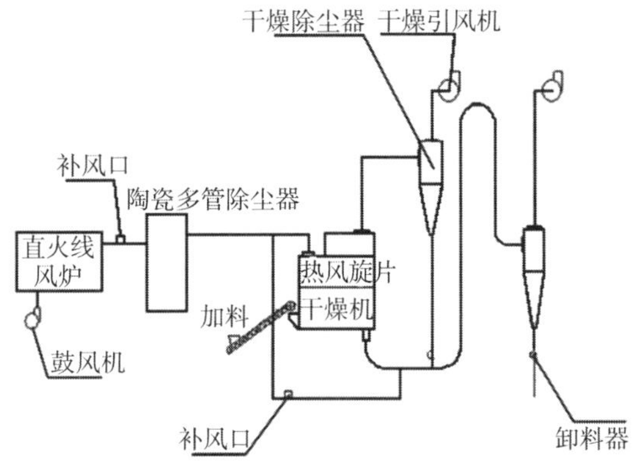

图 2-14 旋片式干燥示意图

各种颗粒状、小块状、片状的高湿物料。在饲料工业中，该机可用于干燥牧草、糟渣等。

饲料工业经过多年发展，其关键技术之一的干燥技术也日趋成熟，干燥的方法也多种多样。未来的干燥技术将会朝着自动化、精度化、节能降耗、稳定高效的方向不断发展。

第二节　粉碎技术

粉碎是饲料加工生产过程中的重要工序之一，同时也是饲料厂能耗较高的工序，占饲料厂能耗的30%以上。粉碎作业涉及饲料加工成本（电耗、易损元件）、重量损耗（粉尘、水分）、饲料质量、操作环境的改善（粉尘、噪声）等诸多方面。饲料粉碎技术对提高饲料生产效率、饲料产品质量和降低生产成本具有重要的经济意义。

饲料粉碎粒度要根据畜禽消化生理特点、粉碎成本、后续加工工序和产品质量等要求来确定。饲料粉碎粒度可由筛板开孔大小、对辊粉碎机的轧辊距或气流风速大小进行控制。

一、粉碎机的作用

通过粉碎，对饲料营养价值和其他品质有较明显的贡献：①增加了动物肠道消化酶活性微生物，提高饲料消化率，减少动物粪便排泄、减少营养流失和对环境的污染；②使得各种原料组分混合均匀；③可提高饲料调质效率和熟化程度，改善制粒和挤压膨化效果；④便于动物采食，减少饲料浪费，也便于储存、运输、氨化、青贮和发酵等加工；⑤粉碎可破坏颗粒结构，改善适口性，破坏杂草籽实。

二、粉碎机的类型

粉碎机的类型不同，其内部结构和粉碎特点也不相同。根据粉碎物料的粒度不同可分为普通粉碎机、微粉碎机、超微粉碎机；根据粉碎机的结构不同可分为锤片式、劲锤式、对辊式和虎爪式粉碎机。

1. 普通锤片式粉碎机

普通锤片式粉碎机在饲料工业生产中应用最广泛（图 2－15）。其粉碎原理是无支撑式的冲击粉碎，在粉碎过程中，锤片与物料的碰撞绝大部分为偏心冲击，使物料在粉碎室内发生旋转，会消耗一部分能量，这也是锤片粉碎机能耗高的重要原因之一。同时，由于锤片式粉碎机的粉碎室结构和物料受高速锤片的冲击作用，物料在离心力作用下会贴着筛面形成圆周运动，产生环流层，大颗粒的物料在外层，小颗粒的物料在内层，粉碎达到粒度要求后小颗粒不能及时从筛孔正常排出，出现了物料与锤片的反复冲击，形成物料的过度粉碎，增加电损耗，同时水蒸气与细粉末会黏附于筛板上，筛孔堵塞更加严重，粉碎效率下降，尤其是在物料细粉碎时，环流对粉碎效率的影响更严重。一般的畜禽料通常采用普通锤片式粉碎机。

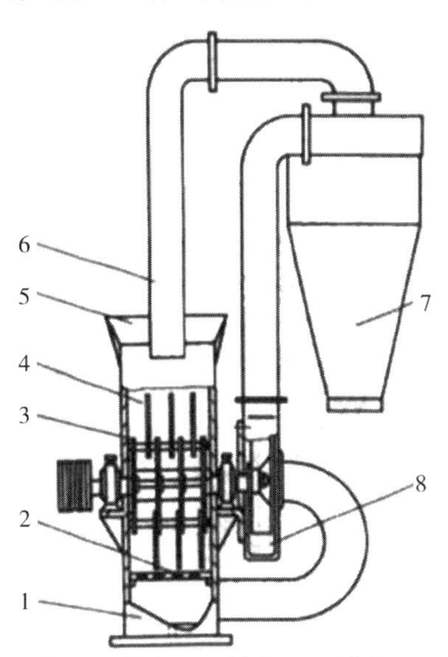

1. 机体；2. 筛片；3. 转盘；4. 锤片；
5. 喂料斗；6. 回风管；7. 集料筒；8. 风机。

图 2－15 锤片式粉碎机示意图

2. 水滴形锤片粉碎机

水滴形锤片粉碎机将粉碎室从圆形变为水滴形，既增大了粉碎室筛板的有效面积，又能破坏物料在粉碎室形成环流，有利于粉碎后物料排出粉碎室，粉碎效率提高15%（图2-16）。另外，水滴形锤片粉碎机有主粉碎室和再粉碎室，物料在粉碎室内可形成二次打击，同一台粉碎机能实现粗、细、微细三种粉碎形式，粉碎后的物料粒度为100～500 μm。

水滴形锤片粉碎机可适应畜禽鱼对物料粉碎粒度的不同要求，在综合性饲料厂粉碎工艺中具有优势。

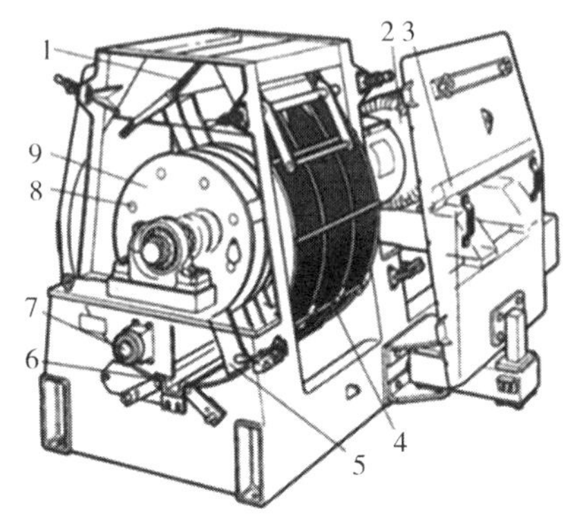

1. 进料导向板；2. 电动机；3. 操作门；4. 筛片；5. 锤片；6. 底槽；7. 主轴；8. 销轴；9. 锤架板。

图2-16 水滴形锤片粉碎机示意图

3. 立轴式粉碎机

立轴式粉碎机是锤片式粉碎机的一种（图2-17），粉碎过程可分为预粉碎和主粉碎两个区域，采用360°环筛，还有底面的筛板，筛理面积大，有助于粉碎后物料快速排料；同时粉碎机转子上的刮板保证了底筛的有效利用，且产生一定的风压，促进粉碎后物料的快速排出，有效提高了整个粉碎室的筛落能力，无需在排料中设置独立吸风系统，减少了物料在粉碎过程中水分的损失。粉碎效率和粉碎机产量有较大程度的提高，粉碎后的物料粒径均匀，潜在的细粉少，粉碎电耗可降低25%。适合于饲料粗粉碎，不适合于物料的细粉碎。

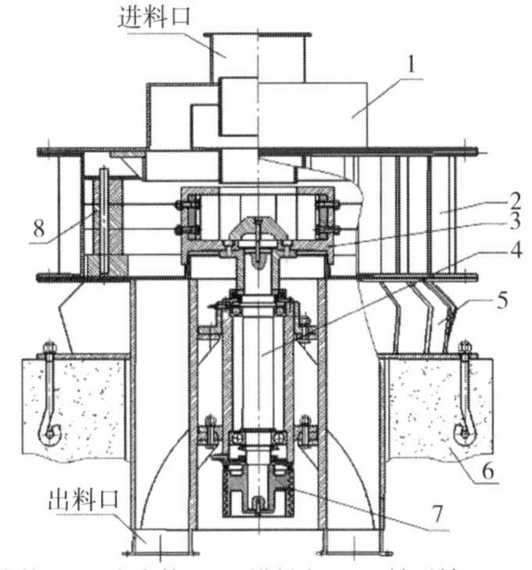

1. 上壳体；2. 中壳体；3. 撒料盘；4. 转子轴；5. 下壳体；
6. 地基；7. 皮带轮；8. 反击衬板。

图 2-17　立轴式粉碎机示意图

4. 对辊式粉碎机

对辊式粉碎机主要由对辊的剪切、挤压作用产生（图 2-18），外力绝大部分作用于物料的粉碎，粉碎效率比较高，能有效降低粉碎的能耗（没有物料旋转、过度粉碎，物料升温较小）。Roskamp 对辊式粉碎机与传统锤片式粉碎机相比，节能 60%以上，可减少粉尘，降低噪声，节约成本。粉碎过程中物料水分损失较少，粒度均匀，物理特征较佳，有利于物料流

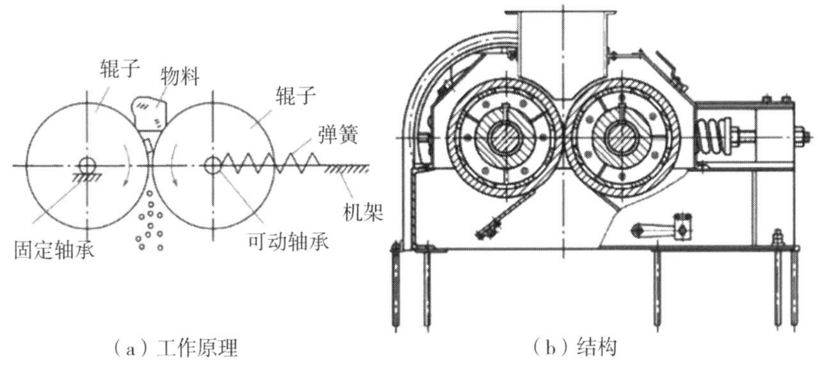

（a）工作原理　　（b）结构

图 2-18　对辊式粉碎机示意图

动和混合，在物料的粗粉碎中能取得较好的粉碎效果，但不适合于细粉碎。

5. 超微粉碎机

超微粉碎机一般为无筛式粉碎机（图 2－19），粉碎物料粒度由气流速度控制，粉碎后 95％的物料可通过 100 目筛（150 μm），通常用于特种水产饵料或开口饵料。超微粉碎通常由超微粉碎机、气力输送、分级机配套来完成，在带来物料特性改变的同时也产生了诸多问题，譬如静电吸附、物料流动性差、粉碎消耗能量大和生产成本高等。超微粉碎的优点：①提高物料吸收率，提高生物利用率；②节省原料，便于应用；③可利用超微功能性添加剂替代普通饲料添加剂，大大改善畜禽产品的质量和食品安全；④提高饲料适口性、采食量和转化效率；⑤封闭操作，可避免微粉污染环境，又可控制微生物和灰尘的污染。

饲料进行超微粉碎后，颗粒的形状改变，表面积增大，从而表现较强的吸附力，例如超微蒙脱石对霉菌毒素有较强的吸附能力，能在一定程度上阻止毒素对畜禽的毒害作用。饲料在超微粉碎中，在机械能作用下产生机械力化学反应。饲料中粗纤维含量过高，会影响饲料整体消化率，降低经济效益。利用超微粉碎可增加膳食纤维表面积，增加水溶性和分散性，

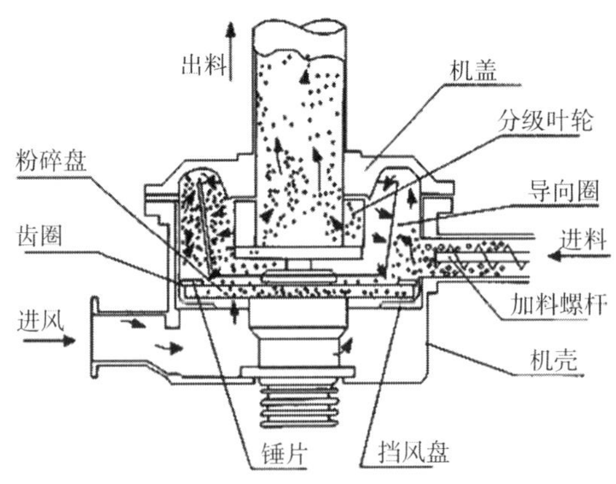

图 2－19　超微粉碎机示意图

提高纤维消化率。

三、粉碎粒度对动物生产性能的影响

饲料粉碎粒度对饲料加工质量以及动物的生产性能有着重要影响。合理粉碎粒度的粉碎处理会对饲料加工中的其他环节如混合、调制、制粒、膨胀、挤压膨化产生有利影响并能减少加工中原料的分级现象。粉碎粒度会影响混合的均一性和物料的流动性，日粮中各组分粒度大小越接近，越不容易出现分级现象。从动物生产性能的角度来讲，控制粉碎粒度可适当增大饲料的表面积，使饲料充分与动物肠道接触，从而提高营养物质的消化率，减少营养物质的流失及动物粪便排泄量，减少环境污染。

1. 粉碎粒度对猪生产的影响

通常情况下，饲料粉碎粒度越小，仔猪平均日增重和日采食量会增加，饲料干物质、蛋白质和能量消化率越高，饲料转化率越高。对于断奶仔猪，不同来源饲料的最佳粉碎粒度也不尽相同。通常玉米粒径为 300 μm，小麦粒径为 400～600 μm，豆粕经超微粉碎后粒径在 30 μm 以下时，仔猪饲喂效果较好。大麦的粉碎粒度从 789 μm 降到 676 μm，仔猪平均日增重及饲料报酬率提高 5%。国内对乳猪料加工采用的粉碎筛片孔径一般为 1.5～2 mm，粒度为 0.7～1 mm。

随着仔猪日龄增加，饲料最适粉碎粒度也会随着增大，最佳粉碎粒度还有待进一步研究。生长肥育猪对玉米、小麦、豆粕的最适粉碎粒度为 400 μm 左右，此时猪只的生长性能最佳。用粒度为 400～1200 μm 的玉米饲喂生长猪，平均粒度每降低 100 μm 可使增重饲料比提高 13%。用含可溶物的脱水酒精糟代替日粮中 30%的玉米，粉碎粒度为 595 mm 含可溶物的脱水酒精糟的消化率显著高于 818 mm 含可溶物的脱水酒精糟。

日粮中的谷物适度细粉碎，可提高经产母猪的生产性能。饲喂经产母猪时，降低粉碎玉米日粮粒度（400～1200 μm）后消化能提高 14%，窝增重提升 11%，粪便干物质排出量减少 21%，氮排放减少 31%。母猪饲料中谷物最适粉碎粒度建议为500～600 μm。

值得注意的是，日粮中饲料颗粒过细会对猪胃肠道健康产生不良影响，同时也会影响适口性，降低猪的采食量，不同来源饲料原料的最佳粒度还需要进一步研究。

2. 粉碎粒度对家禽生产的影响

鸡偏好采食整粒或较大的颗粒饲料，饲料粉碎过细会影响采食量和生产性能。同时，饲料粉碎过细，在穿过消化道时易黏结成块，降低消化率。饲料粉碎粒度过大，则易发生自然分级，不易与各种添加剂搅拌混匀，往往会造成鸡发生某些营养物质的缺乏症。饲料颗粒大小的均匀度会影响肉鸡的生产性能，1～45日龄小母鸡的体重及饲料转化率随饲料粒度的减小而显著增加，45日龄后则无显著变化，肉鸡日粮中谷物的粒度为0.7～0.9 mm时平均日增重和饲料报酬率达到最高。与0.9 mm粒度相比，饲料粒度为1.47～1.75 mm时肉鸡的体重及饲料转化率下降。肉鸡前期和中后期饲料的粉碎机筛片孔径为1.6～2.2 mm。通常，谷物粉碎粒度一致性越好，肉仔鸡生产性能越高。与细料相比，较粗颗粒谷物有利于肉仔鸡消化道发育，可改善肉仔鸡生产性能。此外，饲料粒度对肉鸡生产性能和消化参数的影响与谷物类型也有关系。

由于蛋鸡后备前期消化功能相对较弱，生长旺盛，粒度要求与肉鸡相似；蛋鸡后备中后期和产蛋期多采用限制饲喂，鸡只有很强的饲料消化能力。蛋鸡后备前期、中后期和产蛋期饲料的平均粒度分别可取0.7 mm、1 mm和1.3 mm。不同粒度石粉加入蛋鸡饲料后发现，适当增大粒度石粉（50目）比例（75%）有利于提高蛋壳质量。在加工蛋鸡饲料时应适当选择相对较粗的饲料粉碎粒度，筛孔直径通常为5～8 mm。

3. 粉碎粒度对反刍动物生产的影响

饲草的粉碎具有节约饲料、增加适口性、方便贮藏、缩短进食时间以及提高家畜消化率等优点。饲草粉碎机同样分为压碎、击碎、锯切碎和磨碎，粉碎机也包括齿牙式、锤片式等类型，然而，饲草的粉碎与谷物不同，因此，通常在通用粉碎机上添加专门粉碎饲草的装置或开发专门的饲草粉碎机。我国较常见的是牛羊饲草的铡碎机，秸秆的粉碎仍以锤片式粉碎机为主。

将谷物等精饲料粉碎可提高所含营养成分的消化率，提高瘤胃中挥发性脂肪酸的产生速度和丙酸的比例，进而提高增重速度和效率。而粗饲料切碎的长度对反刍动物瘤胃发酵形式有影响，当饲料切得较细碎时，有利于瘤胃产生较多的丙酸和乳酸。一般对肉牛而言，稻草、玉米秸秆粉碎的长度为 1～1.5 cm，麦秸、干草粉碎长度为 2～7 cm，奶牛饲料粉碎长度要略高于肉牛饲料，将秸秆类切碎、粉碎或揉碎均有利于肉牛增重。将玉米用对辊式粉碎机磨碎显示出比锤片式粉碎机粉碎有更好的饲喂效果。燕麦以中等磨碎粒度饲喂效果最好，大麦以较细的磨碎粒度饲喂效果好，高粱以细碎粒度饲喂效果好。粉碎粒度对奶牛生产的影响与对肉牛的影响不同。不同奶牛个体对同一饲料的瘤胃发酵类型有很大差异。与粗碎相比，细碎可使高粱对奶牛的饲养价值提高 8%。当日粮结构合理时，配合高品质蛋白和高发酵碳水化合物时，会提高瘤胃的消化能力和产奶量。

4. 粉碎粒度对水产养殖的影响

鱼虾由于消化道生理、食性、个体大小及生活环境的特殊性，对饲料的粉碎要求较高。鱼虾消化道短，采食量少，而鱼虾料中的植物性谷物和杂饼类难以消化吸收，需粉碎至较细，便于鱼虾消化；通过将鱼料粉碎充分，可使淀粉充分糊化，蛋白充分变性，在制粒或膨化成型后，可提高在水中的稳定性，便于鱼虾采食。一般鱼用配合饲料原料的粉碎粒度要求通过 40 目筛（0.425 mm 筛孔）、60 目筛（0.250 mm 筛孔），筛上物不大于 20%，其粒径应在 200 μm 以下。水产饲料要求的粉碎粒度很细，通常需要进行微粉碎。鱼虾的种类较多，不同种类鱼虾料其最适粉碎粒度也不尽相同。

幼鱼配合饲料的粉碎粒度应为 0.25～0.3 mm，成鱼配合饲料粉碎粒度应为 0.355～0.6 mm。通过降低鲤鱼饲料粉碎过程中锤片微粉碎机的筛片孔径（从 1.2～1.5 mm 降到 0.6～1 mm），鲤鱼的总重饲料比提高了 5%～10%。中国对虾的饲料粉碎粒度要求是留存于 0.425 mm 筛孔上的物料不超过 3%，0.25 mm 筛孔上的留存物不超过 20%，也有研究表明对虾饲料粉碎粒度应小于 0.177 mm。

四、过度粉碎的缺点

有研究表明，较大颗粒可促进动物消化道的发育，促使机体分泌更多消化液，提高动物对营养的吸收利用。就猪饲料而言，饲料粉碎过细，不仅会引起猪的消化道疾病，使其生理功能紊乱，还会增加生产成本。同时，消耗相同的电量，细粉碎比合理粉碎的饲料产量减少一半，因此，适宜粒度有利于提高动物消化率，同时兼顾降低成本。

虽然我国饲料粉碎工艺的研究已取得较大的进展，但目前仍存在一些问题。今后应深入探讨动物机体对不同饲料原料和配方的最适粒度要求及消化吸收机理，充分发挥粉碎工艺对提高饲料价值和动物生产性能的作用；进一步研究新型节能降耗的粉碎设备及工艺，提高粉碎机锤片及筛片的质量，提升粉碎自动化、智能化水平，开发可连续调节锤筛间隙和具有更好筛片与锤片的粉碎机，提高粉碎效率，降低粉碎成本。

第三节　挤压膨化技术

挤压膨化是一种集混合、搅拌、破碎、加热、蒸煮、杀菌、膨化及成型为一体的加工技术（图 2-20），其工艺过程比较复杂，影响产品质量的工艺参数较多，控制技术要求较高。此外，挤压膨化处理能提高原料利用率、破坏抗营养因子，使原料的营养成分最大限度地保留下来，同时可改善产品适口性、杀灭有害细菌、延长饲料保质期以便于贮藏、减少资源浪费，在畜牧养殖中具有广阔的应用前景。

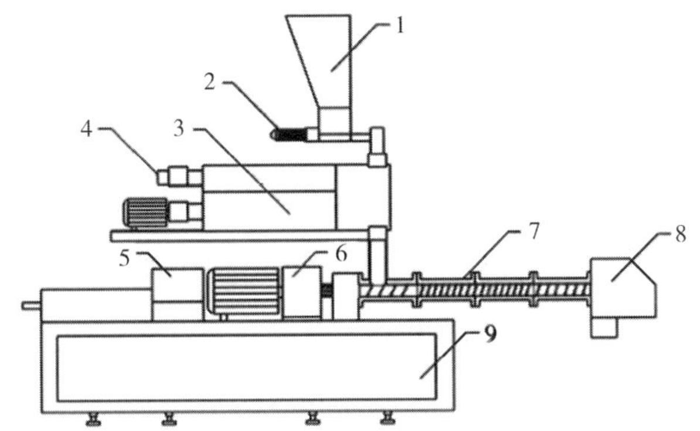

1. 进料槽；2. 进料控制阀；3. 调质装置；4. 水/蒸汽输送；5. 电控设备；
6. 传动装置；7. 挤压膨化装置；8. 剪切出料装置；9. 底座。

图 2-20 挤压膨化机示意图

一、挤压膨化机的类型

挤压膨化设备有单螺杆挤压膨化机、双螺杆挤压膨化机和多螺杆挤压膨化机。目前应用较多的是单螺杆挤压膨化机和双螺杆挤压膨化机。

表 2-2 单螺杆挤压膨化机和双螺杆挤压膨化机的性能对比

性能名称	单螺杆挤压膨化机	双螺杆挤压膨化机
物料运送方式	摩擦	滑移
自洁性能	无	较好
物料内热分布	不均匀	均匀
可靠性	易堵塞	平稳可靠
控制参数	可控参数少	可控参数多
生产能力	小	大
剪切力	强	弱
耐久性	强	稍差
加工产品种类	少	多

单螺杆挤压膨化机虽然生产成本低、能耗较低，但是工艺参数较难控

制，人工操作较多，生产能力较低，且机器不容易清洗，产品形态较差，对原料要求高，主要用于淀粉含量较高的物料，不适用于油料作物。双螺杆挤压膨化机以其性能佳、效率高、成本低、产品质量好和适用范围广而广泛应用于食品与饲料行业。双螺杆挤压膨化机中有两根螺杆可以加工出饲料、食品领域的高级别膨化产品，内部两根螺杆旋转方向可以同时正转或反转，相比单螺杆挤压膨化机，双螺杆挤压膨化机具有更好的混合能力并且利用率更高。

一般而言，饲料原料加工主要以谷类为主，单螺杆挤压膨化机在挤压过程中，有可能会发生由于压力作用不能均匀分配所导致的错误，而使用双螺杆挤压膨化机就可以在一定程度上减少这种压力不能均匀分配的问题，而且也避免了由于单螺杆挤压膨化机所带来的无法精确剪切的问题。

二、挤压膨化过程中物料原料的结构变化

饲料原料在挤压机中的螺杆作用下，经高温、高压及剪切多单元复合操作处理，由粉末变为糊状，蛋白质发生变性，其他营养物质也发生改变。饲料原料被喷出的瞬间，由于压强瞬间降低，水分迅速气化，胶状原料中水蒸气逸出形成微孔并迅速冷却定型，原料膨化过程结束。挤压膨化可通过改变物料原料的角蛋白空间结构，提高动物消化吸收率。处理过程中角蛋白内部结构发生不可逆的组织化热变性，二硫键、空间结构被破坏，破坏程度与膨化温度成正比。

三、挤压膨化技术对饲料原料特性的影响

挤压膨化处理不仅能有效地使原料中抗营养因子失活，而且有利于改变蛋白质空间结构、淀粉糊化，增加可溶性纤维含量，提高原料适口性和消化率，延长保质期。

1. 挤压膨化技术对谷物类加工副产物的影响

挤压膨化技术在谷物类食品及其加工副产物中具有广泛的应用。谷物

经挤压膨化处理后自身的物理化学特性会发生很大的改变，如淀粉、蛋白质、粗纤维等大分子物质被切断成小分子物质。此外，营养物质的保存率和利用率与未经挤压膨化的谷物相比也有所提高。

麸皮中富含膳食纤维，其中大部分为不溶性膳食纤维，不易被动物消化吸收和利用。研究表明，挤压膨化可破坏纤维的交联网状结构，使纤维性物料微粒化，增加纤维素分子与水分子的接触面积，促使不溶性膳食纤维转变为可溶性膳食纤维。当加水量 15%，出料口温度 140 ℃，螺杆转速 100 r/min 时，所得小麦膳食纤维持水力和膨胀力最高，分别为 4.18 g 和 3.45 mL/g。小麦麸皮经挤压膨化后膨胀率和持水力增加，不同品种小麦间差异较大。当温度 140 ℃、挤压转速 150 r/min、物料含水量 20%时，小麦麦麸可溶性膳食纤维含量较原麦麸提高了 70%，持水性、持油性、膨胀性显著提高。由此可知，挤压后麸皮膳食纤维水合特性和可溶性膳食纤维含量均显著提高，淀粉、蛋白和不溶性膳食纤维含量有所降低，其他成分含量基本未发生变化，这也为饲料提供了良好的可溶性膳食纤维来源。

玉米含有丰富的淀粉、蛋白质、脂肪、粗纤维、矿物质等营养成分，利用挤压膨化技术不仅可以杀菌、钝化不良因子，还可加速淀粉的糊化以及提高蛋白质的利用率。淀粉和蛋白质作为谷物的主要组成成分，在挤压过程中各种理化特性发生改变。玉米经挤压膨化处理后，还原性糖和可溶性膳食纤维含量增加，持水力、可溶性膳食纤维含量显著提高；糊化度可由 10%～13%提升到 50%～100%；淀粉、不溶性纤维含量显著降低；粗蛋白平均值为 8.11%，玉米的理化特性得到有效改善。

大麦营养丰富，蛋白质、膳食纤维、维生素、矿物质元素含量较高，但由于自身缺少麦谷蛋白和其他黏性蛋白质，因而大麦制品往往较硬，适口性差。在挤压温度 140 ℃，物料水分 22%，进料速度 18 r/min，螺杆转速 100 r/min 条件下，可使原料最大限度糊化，提高大麦利用率。

豆渣是利用大豆生产豆腐、豆皮、豆乳等产品的副产物，富含膳食纤维和蛋白质等营养成分，每年有 2200 万吨以上的湿豆渣生产得不到有效利用，造成资源的极大浪费。通过挤压膨化处理，豆渣中可溶性膳食纤维含量从 2.05 mg/g 降低到 1.33 mg/g，总黄酮由 0.54 mg/g 降低到0.5 mg/g。

2. 挤压膨化技术对畜禽加工副产物的影响

羽毛是禽类表皮细胞角质化的衍生物，占体重的 5%～11%。羽毛及其下脚料蛋白质含量为 75%～90%，含硫氨基酸 10%以上，属角质蛋白。角质蛋白不能被动物消化吸收，因而不能直接用作饲料，需对其进行处理，破坏角质蛋白空间结构，促进其消化吸收。目前常见的加工羽毛粉的方法有：高温高压水解法，酸碱水解法，酶解法，微生物分解法等。虽然水解、酶解羽毛粉在一定程度上使羽毛利用率提高，但这些方法存在设备要求高、成本高、氨基酸损失严重、有效菌筛选难等缺陷，加之污染环境，成本偏高，不适合工业化生产。通过挤压膨化技术处理羽毛，可有效破坏二硫键及蛋白空间结构，提高吸收率，更适合于工业化生产。

羽毛经挤压膨化工艺处理后营养成分结构发生变化，动物消化率增加。由于饲料原料在高温高压条件下水分蒸发致使维生素损失，还需在饲喂时添加外源维生素。羽毛粉膨化后氨基酸消化率为 86.25%，代谢能为 13.29 MJ/kg，达到常用蛋白质饲料的可消化率要求；膨化羽毛粉同高压水解羽毛粉相比，每吨产品可增加 180 kg 可消化氨基酸；膨化羽毛粉胱氨酸含量为 4.11%，比酸解羽毛粉高 1.03 倍；消化率为 84.95%，低于进口鱼粉。而赖氨酸含量低是其缺点，为保证氨基酸平衡，应与富含赖氨酸的原料搭配使用；在断奶仔猪饲料中添加 3%膨化羽毛粉替代 6%豆粕对日增重、采食量及料重比没有显著影响；在公鸡日粮中添加膨化羽毛粉，其氨基酸的体内消化率高达 86.25%，胃蛋白酶的体外消化率高达 90%以上，代谢能为 13.29 MJ/kg，显著提高了羽毛粉中胱氨酸的留存率。

3. 挤压膨化技术对水产品加工副产物的影响

通过对虾壳粉进行挤压膨化破壁研究，得出最佳膨化工艺为含水量 24%、螺杆转速 314 r/min、挤压温度 120 ℃、供料速度 116 r/min，处理后虾壳粉晶体破坏较明显，结晶度有较大程度下降；采用双螺杆挤压膨化机对玉米渣和鱼肉混合物处理，得出口感佳且贮藏稳定的膨化食品，改善了其营养特性；对海带渣进行挤压膨化处理研究表明，挤压膨化后其吸油率、吸油速率、漂浮率和吸水率均提高且海带渣粒度为 0.9 mm。

4. 挤压膨化对果蔬加工副产物的影响

果渣、果皮、蔬菜渣含有大量功能活性成分，大量丢弃会造成环境污染和资源浪费。利用挤压改性对苹果渣进行处理后果胶含量增加 146.81%，不溶性膳食纤维含量较原样减少 31.42%，并得出最佳改性工艺条件为压力 1.2 MPa、螺杆转速 200 r/min、物料含水量 30%、挤压温度 130 ℃；对杏鲍菇深加工剩余残渣的挤压膨化改性，研究表明当残渣含水量 25%、喂料速度 29 Hz、挤压转速 97 r/min、套筒温度 103 ℃时，其残渣可溶性膳食纤维较未处理前提高了 46%，此改性方法显著提高了杏鲍菇深加工残渣的利用率；对蓝莓果渣进行挤压膨化处理，花青素、黄酮醇含量分别达到 2.551 mg/g 和 1.677 mg/g，膨化产品水溶性指数为 48.73，更易于动物消化吸收；对酿酒葡萄皮渣进行挤压膨化处理，得出挤压膨化有利于提高纤维的持水力、膨胀力及阳离子交换能力，但其抗氧化活性则显著降低。

在生长育肥猪日粮中添加混合果渣，对育肥猪的采食量、日增重和饲料利用率无不良影响，但对降低饲料成本、提高养猪经济效益效果明显(14.34%)。由于果渣水分含量高，容易腐败变质，故在饲喂时忌堆积和隔夜饲喂，以防止过夜酸败造成中毒事故的发生。

5. 挤压膨化对其他加工副产物的影响

除了谷物、果蔬等副产物改性加工外，挤压膨化技术也被应用于茶渣等副产物的改性。经挤压膨化改性茶渣的容重较小，产品酥脆，可溶性膳食纤维和可溶性蛋白质含量分别增加 10.11%和 15.56%，且保留了茶香味。在物料含水量 70%、喂料速度 58 r/min、螺杆转速 60 r/min、加工温度 60 ℃条件下，绿茶渣中没食子酸含量提升 4.06 倍，在物料含水量

70%、喂料速度106 r/min、螺杆转速120 r/min、加工温度20 ℃时，茶渣氨基酸总量可达到1.98%，提升了2.3倍；对铁观音茶梗的挤压膨化改性研究中得出改性后茶梗的可溶性膳食纤维含量、持水力、膨胀力、结合脂肪能力均有显著提高。

四、挤压膨化在动物饲料生产中的应用

1. 挤压膨化技术在猪饲料生产中的应用

乳猪的胃容量小，肠道消化吸收能力弱，在断奶过程中极易出现营养性腹泻。未经膨化的饲料由于淀粉糊化度不够，灭菌不理想，易引起仔猪消化道应激反应，造成仔猪腹泻。挤压膨化工艺处理将饲料糊化、灭菌，从而使原料组分中某些球蛋白抗原成分被破坏，减轻仔猪过敏反应，降低仔猪腹泻率。膨化饲料与硬颗粒料相比，可降低饲养成本，缩短育肥时间，带来较大的经济效益。

饲料经挤压温度135 ℃、压力350 kPa、制粒温度82 ℃、蒸汽压力400 kPa的膨化处理后饲喂母猪，其平均日增重提高了14.1%，同时降低了耗料量和饲养成本，饲料经膨化后维生素C、维生素E和维生素K损失率较大，其他维生素含量与普通饲料相差不大；膨化“双低”菜籽配制高能母猪日粮，效果略优于膨化大豆配制的仔猪日粮，可使母猪泌乳力提高10.4%，哺乳仔猪日增重提高9.7%，母猪哺乳期（28 d）失重较普通哺乳母猪料减少12.8%，饲料效率比普通母猪日粮组提高18.9%；挤压膨化可大幅度降低菜籽硫苷含量，消除对母猪血液的不良影响，且“双低”菜籽经膨化后菜油、脂肪含量增加，可以提高母猪乳脂肪含量、产奶量和仔猪存活率。因此，膨化猪饲料可提高猪只的生产性能，还能够降低生产过程中的污染。

2. 挤压膨化技术在家禽饲料生产中的应用

饲料经高温高压处理后，大部分致病菌被灭活，家禽发病率降低。当螺杆转速为450～550 r/min，挤压温度为140 ℃～150 ℃，大豆水分为

13.1％时，膨化全脂大豆替代部分豆粕和全部豆油，可使肉仔鸡全程日增重提高1.9％～2.3％，饲料转化率提高3.4％～4.4％，氮表观消化率提高4.5％～5.1％，脂肪表观消化率提高5.3％～5.8％，日粮部分氨基酸利用率略有改善。蛋鸡饲料用17％膨化大豆替换豆粕后，产蛋率明显提升26％，采食量提升23.5％，鸡群的死淘率未出现明显差异，饲料费用有所降低。目前，挤压膨化技术在家禽生产中的应用相对较少，可显著提高饲料的利用率，但在挤压膨化过程中，可能降低游离氨基酸的含量及氨基酸的有效性。

3. 挤压膨化技术在反刍动物饲料生产中的应用

利用膨化技术处理反刍动物饲料可提高反刍动物对尿素的利用率，增加过瘤胃蛋白质的量，减少饲料中动植物蛋白用量，提高反刍动物的饲料消化率，从而降低饲养成本；膨化玉米能明显提高干物质和淀粉在泌乳奶牛瘤胃中的降解率，随着挤压膨化温度的升高，干物质和淀粉的瘤胃降解率线性下降。膨化日粮对肉牛和犊牛的增重效果与饲料品种相关，膨化大麦的增重效果较好，膨化大豆或豆粕的增重效果相对较差。在以小麦和大麦为基础的奶牛日粮中添加膨化油菜籽，可使产奶量增加14.7％。膨化大豆相比全脂大豆，可明显改善牛乳的品质，提高组织中的长链不饱和脂肪酸的比例。动物摄食挤压膨化饲料可以提高动物生长性能，降低饲料成本，但高温高压也会降低饲料中的某些功能性物质的活性。

4. 挤压膨化技术在水产养殖中的应用

近几年，我国水产养殖业飞速发展，但水产养殖饲料的生产仍处于粗放型发展，有些地区由于饲料盲目投放，不仅造成资源浪费，而且引发水污染，影响水产品健康。随着水产养殖品种增加，对饲料的要求也越来越高。饲料要根据不同鱼类的摄食习性，而具有不同的性质：浮性、沉性或慢沉性，能在水中保持一定时间，以便动物有足够时间摄取食物。饲料的这些特性可以通过挤压膨化工艺来实现。传统颗粒水产饲料耐水性差，粉化率高，营养容易流失，而水产膨化饲料具备多孔性、高韧性、高水中稳定性等优点。经膨化后的饲料，2～10 h不溶解，可极大地减少饲料中营养成分的流失、溶胀和溃散等现象发生，减少饵料的损失。当螺杆速度31 Hz、挤压温度149 ℃、物料含水量17.5%时，水产饲料膨化度、容积密度、吸水性和溶失率分别为1.193 g/mL、0.392 g/mL、215.44%和4.267%，表现出较好的浮性。经挤压膨化工艺处理的水产饲料，可减少水质污染、饲料分解浪费等问题，但挤压膨化加工工艺较传统颗粒饲料设备投资高，针对不同水产品种的膨化水产饲料还需深入研究。

饲料的挤压膨化技术生产工艺简单，可减少环境污染，降低生产成本，提高动物消化率，拓展饲料资源，在玉米、大豆及麸皮等饲料原料中研究成果较多，但畜禽、水产等加工副产物由于技术尚不成熟，生产上应用较少，仍处于初级阶段。另外，原料中氨基酸、水分及维生素的损失等问题有待解决。谷物、畜禽等加工副产物的开发与利用仍有着很高的研究价值和广阔的应用前景。

第四节　发酵及其他技术

微生物发酵饲料是指在人为可控制的条件下，以植物性农产品加工副产物为主要原料，通过一种或多种有益复合微生物的发酵作用，降解部分多糖、蛋白质、脂肪，消除抗营养因子和积累有益的代谢产物等大分子物质，生成有机酸和可溶性多肽等小分子物质，形成营养丰富、适口性好和活菌含量高的生物饲料。

通过微生物发酵饲料产生促进动物生长的有益成分，提高饲料消化率，增加适口性，延长储存时间，将有毒粕类转变为无毒、低毒的优质饲料，提高氮利用率，减少畜禽养殖过程中环境污染，降低粪便中氮污染，抑制病原微生物滋生，积累小肽和乳酸等有益代谢产物，大幅减少或完全替代抗生素的使用。

一、发酵菌种的选择

微生物发酵饲料的菌种必须符合安全原则，不能危害环境固有的生态平衡；不能产生有毒有害的物质；菌体本身具有很好的生长代谢活力，合成小肽和有机酸等小分子物质；能在培养基中迅速生长；能有效降解大分子和抗营养因子；菌种能保护和加强动物体菌群的正平衡。目前，市场上用于饲料发酵的益生菌种类主要是乳酸菌、芽孢杆菌、酵母菌和链球菌等。

1. 乳酸菌

乳酸菌是应用最早、最广泛的益生菌，是一类能在可利用的碳水化合物发酵过程中产生大量乳酸的细菌的总称。它们一般喜欢无氧环境，有的是兼性厌氧菌。乳酸菌的抗酸能力较强，甚至在 pH 4.5 以下的环境中依然能够存活。乳酸菌的代谢产物和活菌液对革兰氏阳性菌、阴性菌均有较强的抑制作用，酸度越低，抑制作用就会相应地增强，乳酸菌体内及其代谢产物中的超氧化物歧化酶相对较高，可以增强畜禽的自身免疫力。

将乳酸菌发酵棉粕添加到肉鸡日粮中，发现添加组的 6%的肉鸡生长性能、免疫性能及血液生化指标均提高。

2. 芽孢杆菌

芽孢杆菌具有较强的淀粉酶、蛋白酶、脂肪酶活性，可降解植物性饲料中的纤维素、半纤维素和木质素等，并且芽孢杆菌的抗高温、耐酸能力也较强，是一种抗逆性较强的好氧菌。由于芽孢杆菌抗酸碱能力较强，胃酸和消化液对芽孢杆菌的影响较小，到达肠道后段便可定植；作为一种好氧菌，小肠内的氧气会被芽孢杆菌消耗，保证肠道的厌氧环境，使大量的厌氧益生菌能够生长繁殖，同时抑制好氧有害病菌的生长，使动物肠道内的菌群保持平衡。

将地衣芽孢杆菌和乳酸菌按不同比例混合制成联合菌种发酵饲料，用比例为 1∶1 的混合菌种发酵饲料饲喂 35 日龄的肉鸭，其平均体重及末期体重均显著高于平行试验组和对照组。

3. 酵母菌

酵母菌是一种单细胞真菌，非丝状的真核生物，能发酵碳水化合物。酵母菌喜欢潮湿或液体环境，也可在动物肠道内生存。酵母菌体中含有丰富的蛋白质、脂肪、酶等营养成分，对畜禽的生长性能有极大的促进作用，能够提高畜禽的抗病力、减少应激等。同时，酵母菌中含有多种消化酶（淀粉酶、蛋白酶、纤维素酶、半纤维素酶等），对营养物质的消化吸收起着重要作用。酵母细胞还可直接和肠道中的病原体结合，中和胃肠中的毒素。同时，酵母菌具有浓烈的酵母香味。

目前，饲用酵母菌主要包括热带假丝酵母、啤酒酵母、产朊假丝酵母、酿酒酵母、红酵母、毕赤酵母等。

4. 链球菌

链球菌属主要包括粪链球菌和乳酸链球菌，可以产生抗菌物质和过氧化氢，起到抑制有害菌繁殖、清除有害代谢物的作用，具有调节肠道菌群的效果。

二、发酵饲料的特点

1. 增加有益菌，使肠道内的微生物群处于平衡

在正常情况下，动物肠道内的各种微生物种群间处在一种动态平衡的状态，厌氧菌在肠道内数量最多，决定了肠道内菌种的发展状况。如果畜禽体内菌群平衡遭到破坏，导致优势菌群发生改变，有害菌数量增加，则会导致畜禽各项身体功能出现障碍，自身免疫力降低，进而导致患病甚至死亡。

2. 抑制有害菌，提高畜禽机体抗病力

发酵饲料中的乳酸菌和双歧杆菌在畜禽体内能够分泌醋酸、甲酸，芽孢杆菌能分泌甲酸、丁酸、己酸等，降低肠道酸度，从而抑制不耐酸的有害菌的繁殖。同时，有益菌还可作为免疫激活剂刺激畜禽肠道黏膜中的免

疫细胞，增强畜禽机体的各项技能，提高畜禽的抗病能力。

3. 合成营养物质，加快畜禽机体的生长速度

有益菌在动物肠道中会产生蛋白质、碳水化合物、脂肪等营养物质，被畜禽消化利用后可加快畜禽的生长速度，提高各项生产指标。有益菌种在进行各种活动的过程中还可以合成许多消化酶，这些消化酶可以与畜禽体内自身存在的消化酶协同配合，提高机体对营养物质的消化吸收率，提高饲料转化率。此外，芽孢杆菌等还可产生丰富的纤维素酶、果胶酶、葡聚糖酶等，可分解饲料原料中的碳水化合物，提高纤维类饲料原料的消化率。

4. 充分发挥非常规饲料原料利用价值，降低饲养成本

微生物能够利用多种非常规饲料原料进行发酵，如棉粕、米糠等。发酵之后，饲料中各营养成分较之前得到很大改善。饲料蛋白质的吸收率比发酵前提高 20%～30%；饲料中的部分纤维量下降 10%～20%；已经发酵好的饲料中乳酸菌总量可达 1×10^7 CFU/g 以上，为了使有益菌能够在畜禽肠道定植成功，大肠埃希菌等其他杂菌的数量需控制在 1×10^3 CFU/g 以下；许多非常规饲料原料中 80%以上的有毒有害物质在发酵过程中可被降解，生产饲料成本有所减少，极大地节约了饲料成本。

5. 原料来源广泛

世界上已发现的微生物种类在 10 万种以上，不同微生物具有各自不同的特点，这些具有各自特点的微生物可以分解各种各样的有机物质。许多废弃物都可以作为微生物发酵饲料的原料，如各种农产品加工副产物以及有机废水、废渣等。

三、发酵饲料的生产形式

发酵饲料可以分为液体发酵饲料和固体发酵饲料，其中液体发酵饲料在国外应用较多。液体发酵饲料可有效改善饲料的消化特性，提高动物的生产性能，但存在发酵过程不易控制等问题，在一定程度上限制了其应

用。固体发酵饲料指发酵底物含有少量的游离水，发酵底物为微生物生长提供良好的载体，同时也为微生物提供丰富的碳源、氮源等营养，在生产上具有操作简单、无二次污染等特点，在我国应用广泛。

当前国内采用的固态发酵方式主要是厌氧微生物发酵，一种是适合养殖户自己操作的袋装发酵，另一种是规模化生产线的袋装发酵。在发酵过程中，其运用的微生物种类基本相同，主要是酵母菌、芽孢杆菌和乳酸菌。固态厌氧发酵袋式发酵方式相对来说操作简便，发酵成品无需烘干，在生产上应用广泛。固态发酵技术只需接种、混合、包装等几个过程，能够减少劳动强度，适于在我国推广应用。

目前，可用于微生物发酵饲料生产的菌种数量众多且趋于菌株的协同发酵，体现了微生物之间协同作用、功能互补，一般混合发酵效果要优于单菌发酵。从多菌种的使用情况来看，霉菌和酵母菌的组合发酵应用较多。黑曲霉和热带假丝酵母的混合发酵后蛋白含量高达37%，由于霉菌同化淀粉和纤维素的能力强，可以将其降解为酵母能利用的单糖、二糖等简单糖类，实现生物转化蛋白饲料的效果。

微生物发酵工艺过程复杂，受培养基成分、温度、pH以及培养时间等多种因素综合影响。因此在优化发酵工艺研究中，如何优化培养基成分和培养条件，从而高效、系统地获得微生物目标产物是研究的重点，工业生产上常用单因素法、正交试验、响应面分析法进行优化发酵条件，达到优化目的。

四、不同发酵底物

1. 中药渣发酵饲料生产

中药渣发酵饲料是指以中药饮片与提取物副产物为底物，在一定温度、湿度下，通过接种酿酒酵母、枯草芽孢、乳酸菌等菌种和复合蛋白酶、纤维素酶、木酶等酶制剂进行有氧和厌氧发酵，分解或转化饲料中抗营养因子并释放药物有效成分，更有利于动物消化、吸收，且安全无毒。

中草药发酵饲料能激发动物自身免疫功能，起到预防和治疗疾病的功效。中国每年有数百万吨中药渣被废弃处理，造成巨大的资源浪费。常见的中药有人参、黄芪、川芎、茯苓等，其药渣中多糖、苷类、碱类、氨基酸、微量元素含量为20%～30%，制作中药渣发酵饲料是对中药渣开发利用的有效途径。

中药渣制备发酵饲料的最佳工艺条件为外源添加15%～20%蔗糖，按照0.05%～0.5%的接种量（混合菌剂，包括植物乳杆菌、嗜酸乳杆菌和安琪啤酒酵母），与高湿药渣搅拌均匀后于常温下（25 ℃～37 ℃）密闭发酵2 d后即可使用或长期存放。中药渣经过发酵，降低了粗纤维和灰分含量，同时增加了粗蛋白、各种有机酸等有益成分的含量，可作为发酵饲料在养殖行业中部分替代普通饲料。

由于中药渣粗纤维含量高，不易消化、适口性较差，在动物养殖方面应用受到限制，如何利用发酵工艺将中药渣转变为高品质发酵饲料，还需要进一步研究。

2. 粮食加工副产物

粮食加工副产物主要有面粉厂的麸皮、次粉，小麦淀粉厂的戊聚糖、纤维，玉米淀粉厂的玉米皮、胚、玉米浆、玉米蛋白等。麸皮中约含20%的淀粉，13%～15%的蛋白质及丰富的维生素及一些矿物质。这些都是价廉质优的发酵原料，常用作固体培养基原料和饲料原料。然而，一些麸皮、次粉中也含有呕吐毒素、霉菌毒素等，影响其在动物饲料中的应用。同时，麸皮、次粉含有大量的纤维素、戊聚糖等，不利于动物消化吸收。麸皮、次粉等经微生物发酵后，可分解部分微生物毒素，有利于动物健康；分解部分纤维和戊聚糖，改善动物肠道生理功能，提高饲料转化率，减少动物肠道疾病；发酵过程中会产生大量活性肽，显著增加麸皮消化利用率，减少猪舍的臭味，改善母猪产后食欲，预防便秘。此外，麸皮、次粉由于结构疏松且表面积大，有利于通风，在固体好氧发酵中是较常见的固体培养基原料。

酒厂、酒精厂、调味品厂（酱油、醋）等的下脚料，一般微生物已将粮食中的淀粉消耗完毕，剩余纤维、蛋白、发酵过程中添加的物质等，这类物质的特点包括：①蛋白、脂肪含量高，并含有发酵中生成的未知促生长因子；②水分含量高，作为发酵饲料可节约干燥费用；③大分子分解，有利于畜禽消化吸收；④物料香味浓郁，可提高畜禽采食量。

3. 果蔬加工副产物

在果蔬加工过程中，往往产生大量副产物，这类物料水分高、成分复杂。以葡萄皮渣为底物，添加产朊假丝酵母和嗜酸乳杆菌（比例 1.5∶1）发酵制备生物饲料，当固体培养基配方为葡萄皮渣 75%，硫酸铵 1.5%，硫酸镁 0.4%，硫酸二氢钾 1.5%，发酵料投放量 100 g/500 mL，料水比 1∶1，接种量 10%，32 ℃发酵 72 h 条件下，发酵终产物的真蛋白质量分数为 14.45%（干基），比发酵前提高 4.35%。利用酵母菌、枯草芽孢杆菌、植物乳酸杆菌进行混菌发酵果蔬浓浆液体饲料，当发酵 72 h（好氧厌氧发酵时间 1∶1），好氧期温度 30 ℃，厌氧期温度 40 ℃，pH 6.0，接种量（酵母菌∶枯草芽孢杆菌∶植物乳酸菌接种量比例 3∶4∶3）10%时，相比普通发酵，其粗蛋白含量提高至 19.88%，粗纤维含量降低至 2.01%，乳酸、生物量、钙和磷含量分别提高至 61.88 g/L、162.73×10^{6} CFU/mL、0.99%和 0.91%，通过混菌发酵果蔬浓浆液体饲料，其营养价值得到明显提升。通过饲喂 30 g/kg 的果蔬混菌发酵液体饲料，仔猪日增重比对照组提高 19.01%，料重比降低 10.29%，且显著提高胃肠中乳酸菌含量，显著降低大肠埃希菌数量，降低仔猪血清超氧化物歧化酶和尿素氮含量，对机体免疫功能没有负面影响。

4. 畜禽加工副产物

畜禽加工副产物主要是指不能食用的内脏、刺、骨、血等。这些物料一般水分含量比较高，蛋白质含量也较高。经过发酵后，不易消化吸收的蛋白质分解成易消化的小肽与氨基酸，不易被消化吸收的骨、刺等变成容易被消化吸收的有机钙、磷及微量元素。同时在发酵过程中也产生诱食类芳香物质，可增加动物的采食量。目前畜禽加工副产物的主要处理措施是填埋、焚烧等，会引起空气、土壤和水源污染，此外焚烧的恶臭又影响空气质量。因此，利用微生物发酵方法处理畜禽加工副产物具有较高的可行性。

当 pH 值为 7.4～7.6，培养温度 37 ℃，通气量为 3.5 L/min，搅拌速度为 250 r/min，羽毛粉添加量为 6%（质量体积比），发酵 72 h 时，菌种 NJQ2 和 NJQ3 混合菌液发酵降解羽毛粉能力最强，可溶性蛋白含量达 6.3 mg/mL。猪、鸡对发酵羽毛粉的体外消化率较高，分别可达 56.43% 和 55.47%；而鲫鱼对其体外消化率较低，只有 38.6%。

自然界中较多腐生真菌已被证实具有较高的角蛋白降解能力，交链孢霉菌 K2 和构巢曲霉 K7 均表现出降解鸡毛、鸭毛、鹅毛和火鸡毛的能力。从家禽沼气池的有氧区域分离出的一株地衣芽孢杆菌 PWD61 经改造后也表现出较强的 β-角蛋白降解能力。但由于有些降解角蛋白微生物如嗜温细菌等具有一定的致病性，因此，在筛选应用微生物降解角蛋白过程中应格外注意生物安全性。目前，已发现的角蛋白酶对角蛋白的降解率相对偏低，因此筛选改造能够高效降解角蛋白的生物安全型微生物是未来研究的重点。

5. 水产加工副产物

全国水产资源丰富，各种水产品年产量可达 4896 万吨，加工过程中产生的鱼头、鱼骨、鱼鳞、鱼鳔和其他水产品内脏等水产加工副产物占水产品总量的 40%～60%，每年淡水鱼加工副产物产量在 250 万吨以上。这些加工副产物在缺乏鱼粉生产设备时，可通过加酸或加糖蜜发酵抑制其腐败细菌生长，加速其自身酶的作用，制备成耐贮的、营养丰富的液体鱼蛋白饲料，其中含有大量的微生物以及原料自身的组织酶类。

鱼骨富含钙、蛋白质和矿物质等，由于钙和蛋白质分别以结合态形式和三螺旋结构的骨胶原形式存在，很难被机体吸收利用。骨胶原在蛋白酶的作用下可降解为肽和少量氨基酸，但单纯水解并不能使鱼骨中结合态钙完全转化为游离态，影响鱼骨中钙质的利用。而发酵可使羟基磷灰石转变为易吸收的离子钙，是提升鱼骨营养价值和利用率的有效手段。当葡萄糖添加量为17.11 g/L，接种量为4.27%，发酵起始pH为5.95，发酵时间为20.07 h时，植物乳酸杆菌L－ZS9活菌数达3.55×10^{8} CFU/mL，发酵液中可溶性钙质量浓度达20.88 mg/mL，同时磷、镁及蛋白质含量分别提升14.4%、6.5%和26.7%。常见的发酵剂包括酵母菌、葡萄球菌、微球菌和乳酸菌等，其中乳酸菌种类较多，发酵过程中产生的乳酸具有调节动物肠道菌群、促进营养吸收、增强抵抗力等功效。

五、微生物发酵饲料在动物生产中的应用

微生物发酵饲料在水产动物、家禽、反刍动物和猪等畜禽养殖中大范围应用，作为抗生素和蛋白的替代品可以大大降低药源性疾病，改善动物整体健康状况，还可以生产无抗生素残留的优质畜禽产品，满足人们对绿色健康食品的迫切需求。微生物种类繁多，资源丰富，尤其是可以利用各种农作物秸秆、糠、木屑等物质，开发潜力巨大，发酵原料来源广泛，减少环境污染，同时又变废为宝，在饲料工业中具有广阔的发展前景。

1. 微生物发酵饲料在猪生产中的应用

微生物发酵饲料能够有效促进断奶仔猪、生长猪的生长，提高饲料的消化率，增强机体免疫力。断奶仔猪饲喂微生物发酵饲料比对照组平均日增重5.56%，料重比降低3.53%，并且试验组粪便有益菌群增多，同时有害菌相应减少，pH值降低，仔猪对饲料的转化率提高。在30 kg梅花猪日粮中添加40%的发酵啤酒糟饲料（复合酶制剂和益生菌发酵），体重增长快（每头猪0.51 kg/d），饲料报酬率高（3.69：1），很大程度上降低了梅花猪的饲养成本（相比对照组达90 kg体重可节约饲料成本134.4元），并能有效控制腹泻和减少粪臭。在饲喂成本相同的情况下，使用发酵饲料的试验组的平均日增重比对照组增长了近4.7%；比对照组平均每头猪提高收入超过16元，腹泻率也显著低于对照组，提高了经济效益。生长育

肥猪饲料中添加20%的无抗发酵饲料，能显著提高其生长性能，改善肠道微生物平衡，提高对营养物质的消化能力，育肥猪日粮中添加10%发酵玉米秸秆，料肉比下降8.06%，饲料成本下降6.73%，增重成本下降14.1%，经济效益明显提高。

2. 微生物发酵饲料在家禽生产中的应用

将微生物发酵饲料添加到肉鸡饲料中，可以有效减少抗生素等药品的使用，改善肉类品质。将经过发酵的苹果渣添加于肉鸡饲料中，发现鸡的日增重显著增加，同时鸡肉中的蛋白质含量大幅提高，脂肪含量降低。将发酵饲料替代30%的豆粕饲喂雏鸡后发现，饲料成本显著降低，雏鸡的腹泻率也得到有效控制。嗜酸乳杆菌等复合菌种发酵饲料饲喂产蛋鸡，试验组Ⅰ和试验组Ⅱ分别添加5%和10%微生物发酵饲料，平均蛋重较对照组均有提高，产蛋率分别较对照组提高1.66%和2.1%，料蛋比均降低。42周龄海兰褐壳蛋鸡饲喂10%添加量的微生物发酵饲料后发现，微生物发酵饲料可显著改善蛋鸡的肠道微生态平衡，降低氮磷排泄率。用米曲霉、黑曲霉、枯草芽孢杆菌作为菌种，以米糠、粉渣、苹果渣、菜籽粕和蔬菜加工废弃物等为原料进行发酵生产肉鸭饲料，发现微生物发酵饲料具有较高的转化率，可提高肉鸭的生产性能，调节体内微生态平衡，增强肉鸭的抗病能力。

总体来看，在家禽日粮中添加发酵饲料可促进肠绒毛生长和提高肠道消化酶活性，调整胃肠道微生态平衡，从而提高家禽对饲料的消化吸收能力，促进家禽生长，提高机体免疫力，保持机体健康，使家禽有较好的生产性能。

3. 微生物发酵饲料在反刍动物生产中的应用

微生物发酵饲料也广泛应用于反刍动物的养殖生产中，对于调节幼龄反刍动物营养吸收和成年反刍动物的生长繁殖方面，均有较多的研究。微生物发酵饲料可以有效改善动物的生长状态，利用其生物特性，加快营养吸收，提高养殖效益。

反刍动物虽然能直接采食秸秆等其他家禽家畜难以利用的粗饲料，但消化吸收率有限。采用微生物发酵技术可以将粗饲料中的纤维转化，从而提高消化率。经发酵的玉米青贮可以提高消化率；采用发酵稻草替代85％、90％和95％的基础日粮饲喂牛 90 d后，各处理组生产指标相比对照组均有提高，饲养成本大幅降低，经济效益显著提高。将乳酸菌等复合微生态制剂发酵的甜高粱渣饲喂奶牛，试验组奶牛产奶量和采食量均高于青贮玉米秸秆组，牛奶中乳蛋白含量和乳脂率均提高。将秸秆用乳酸菌发酵后饲喂架子牛，乳酸菌发酵秸秆组的平均日增重比对照组高 0.17 kg，饲料转化率减低 11％。微生物发酵饲料气味酸甜，羊较喜食，用发酵饲料饲喂动物，可提高动物的抗病力，增强免疫力，促进生长，提高成活率、日增重，改善肉品质等。将基础日粮替换为50％的发酵饲料，羊平均日增重比对照组提高了 19.06％，血清尿素氮含量降低了 33.55％。

4. 微生物发酵饲料在水产养殖中的应用

微生物发酵饲料比传统饲料更具有环保性，在渔业生产中广泛应用。枯草芽孢杆菌定植于凡纳滨对虾肠道中，可抑制病原菌在肠道定植，减少肠道中的副溶血弧菌；同时能诱导消化酶的产生并刺激宿主的自然消化酶活性，进而提高食欲。豆粕、棉粕、菜粕等植物蛋白原料中添加 0.3％的复方中草药共同发酵，相比对照组，试验组草鱼增重率提高 37.8％，饵料系数降低了 17.2％。植物蛋白原料经发酵后棉酚、硫苷等抗营养因子大幅降低，并产生了乳酸等有益鱼类生长的物质。在豆渣、木薯渣和菌糠罗非鱼饲料中添加复合微生物发酵饲料 15％，试验组罗非鱼日增重提高22.14％，成活率提高 98.07％，饲料系数下降 15.14％，可有效提高罗非鱼的免疫能力，减少罗非鱼链球菌病的发病率，促进生长，提高了饲料转化率。

六、微生物发酵饲料在生产应用中存在的问题

微生物发酵饲料在生产过程中需要得到有效控制，目前在生产上还存

在一些问题。我国发酵技术、设备和专业人才还相对落后，对于发酵饲料还没有形成一定技术规范和生产过程管理监督制度，导致市场上产品多样，标准不一，扰乱市场秩序。同时发酵饲料在生产过程中也容易受到外界环境污染，生产出来的产品存在一定的安全隐患。因此需要规范行业的生产制度，建立相应的监管机构，对发酵饲料的产品质量进行统一把控，保障行业不断发展。发酵饲料在应用过程中，不同地区、不同种类的畜禽，其养殖效果差异较大。如何选取适应当地畜禽肠道环境的微生物种群，对发酵底物进行发酵，是当前研究的重要方向。此外，微生物发酵生产菌株的性能不稳定，耐受性低；某些活菌制剂不易保存；有益菌群协同作用机制或拮抗作用不明确，对其有效成分缺乏研究，对微生物发酵饲料的品质难以鉴定。这些问题都阻碍了微生物发酵饲料的进一步发展。

第三章　粮油加工副产物饲料化利用

稻谷、小麦、玉米、大豆、油茶是我国主要的粮油原料，包括酿酒在内的粮油加工是对原料的精深加工，从而提升粮油附加值。然而，粮油原料在加工过程中产生的副产物却很少用于深加工和再利用，造成了环境污染和大量资源浪费，反映了我国对于粮油加工副产物综合利用率低和关键技术装备水平落后的客观事实。实际上，这些粮油副产物中往往蕴含着丰富的营养物质和各种生理功效的活性物质，通过一定的技术手段，可改善其营养价值和提取其活性物质加工成饲料或饲料添加剂。因此，粮油加工副产物的改进及其应用，是我国粮油行业的大势所趋，旨在为粮油加工业和饲料加工业的深度发展、副产物的高值化利用提供参考。

第一节　稻谷加工副产物饲料化利用

稻谷是指水稻脱粒后的颖果，其中糙米部分占 80%～82%，包括果皮与种皮、胚以及胚乳等。稻谷是全球范围内半数人口的主食，也是我国最主要的粮食作物。据国家粮油信息中心调查数据表明，2017 年我国稻谷产量约为 2.1 亿吨，产量和消费量均为世界第一。从最开始仅仅只能满足人类口粮需要的原米制品，到深加工综合利用，再到其加工副产物利用，稻谷在国民经济和生态中具有越来越重要的地位和作用，推动产业提质增效势在必行。

目前，稻谷原米制品的生产工艺已基本成熟（图 3－1），但对其副产物的利用还处在初级阶段。稻谷由颖和颖果（即外壳和糙米）两部分构成，经过筛选后，通过砻谷机后分离得到稻壳和糙米，糙米再经物理作用碾去皮层和胚，再经过一系列步骤后所剩下的胚乳部分即主产物精米，在此期间会产生大量副产物，如米糠、碎米、大米次粉和稻壳等。其中米糠、脱脂米糠（米糠饼和米糠粕）和碎米的营养价值较高，是目前主要的饲料化利用部分，稻谷加工副产物的营养价值详见表 3－1。

稻谷及其加工副产物都具有很高的应用潜力，但这些副产物的利用率都很低。例如 2011 年统计资料表明，米糠仅有 58.9%得到加工再利用（饲料化利用仅占 27.9%），高达 41.1%的米糠随意废弃造成严重资源浪费，甚至将其焚烧造成严重的环境污染。实际上，稻谷加工副产物中的部分营养和利用价值并不比主产品大米低，而价格显著低于大米，甚至可能低于玉米，特别是对于主产稻谷的南方地区来说具有来源广泛、运输便捷的特点。本节将详细介绍稻谷主要加工副产物的营养特征、技术工艺和应用实例，旨在通过科学的加工途径将其转化为新型饲料资源。

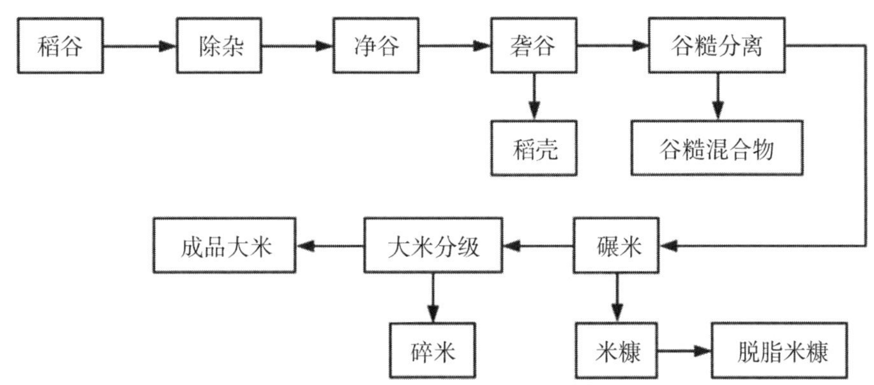

图 3－1　稻谷及副产物加工工艺流程图

表 3－1　稻谷及主要副产物营养价值表[1]

组分/%	稻谷	糙米	米糠	米糠饼	米糠粕	碎米[2]
干物质	86.0	87.0	90.0	90.0	87.0	88.0
粗蛋白	7.8	8.8	14.5	15.0	15.1	10.4
粗脂肪	1.6	2.0	15.5	9.2	2.0	2.2

续表

组分/%	稻谷	糙米	米糠	米糠饼	米糠粕	碎米[2]
粗纤维	8.2	0.7	6.8	7.6	7.5	1.1
无氮浸出物	63.8	74.2	45.6	49.3	53.6	72.7
粗灰分	4.6	1.3	7.6	8.9	8.8	1.6
中洗纤维	27.4	1.6	20.3	28.3	23.3	0.8
酸洗纤维	13.7	0.8	11.6	11.9	10.9	0.6
淀粉	63.0	47.8	27.4	30.9	25.0	51.6
钙	0.03	0.06	0.05	0.14	0.15	0.06
总磷	0.36	0.35	2.37	1.73	1.82	0.35
有效磷	0.15	0.13	0.35	0.25	0.25	0.12

注：1 参考《中国饲料成分及营养价值表》(2019 年第 30 版)；2 碎米的营养价值等同于大米。

一、米糠

米糠即糙米的外皮，是稻谷加工成大米过程中产生的主要副产物，占总质量的 6%～8%，相对其他副产物最易被利用，目前我国每年饲料用米糠的总量约 1200 万吨。米糠是由糠皮、胚芽以及部分碎米、淀粉颗粒和其他杂质的混合物组成，呈黄色，带有米香味，其出糠率主要受品系、水分、杂质和加工程度等因素影响。米糠集中了大部分的稻谷营养素，其营养水平受稻谷精加工程度的影响，米糠中胚乳的多少决定其营养水平的高低。

感官性状上米糠色泽呈黄色或褐色，粒度一般为粉状，带有米糠特有的气味。化学指标水分低于 12.0%，不得高于 12.4%；粗蛋白高于 13.0%，不得低于 12.4%；粗纤维小于 6.0%，不得高于 6.8%；粗脂肪大于 15.0%，不得低于 14.2%；粗灰分小于 8.0%，不得高于 8.3%；杂质不得高于 2%。此外，米糠使用十分注重新鲜程度，原则上只能使用新鲜米糠，不能久存，现配现用，越新鲜越好。新鲜米糠和陈谷米糠的区别见表 3-2。

表 3-2　　新鲜米糠和陈谷米糠的区别

感官性状	新鲜米糠	陈谷米糠
色泽	色泽鲜艳，肉眼可见到新鲜带绿色的大米胚芽。	色泽暗淡，肉眼看不到鲜绿色的大米胚芽。
气味	新鲜、有淡淡的清香味。	具有一股陈谷的浊味。
口感	有鲜甜感、顺口，无残渣。	口感微甜，略带涩味，可能有残渣。

脱脂米糠［米糠饼（粕）］是米糠经过脱油后制得的副产物，其中以压榨法加工成片状称为饼，最后一步以浸出法加工成粉状称为粕。与米糠相比，脱脂米糠在留存大多数营养物质的同时，去除了部分抗营养因子，以及由于脱油减少了米糠中的脂肪酸，其保质期也大幅延长；并且脱脂米糠在经过高温脱油处理后，将使其中的粗纤维分解，淀粉糊化，消化吸收率也有所增加。须注意的是，脱脂米糠的有效能较低，用作肉鸡饲料不太适宜。

1. 主要营养成分

据分析测定，米糠约含水分 12%，粗蛋白 14.5%，粗脂肪 15.5%，粗纤维 6.8%，淀粉 27.4%，灰分 7.6%。米糠中胆固醇类含量极低，氨基酸比例较好，所含脂肪主要为不饱和脂肪酸，其中必需脂肪酸达 47%。另外，米糠还含有 0.95%～1.45%的植酸盐，以及 B 族维生素、谷维素以及角鲨烯等多种天然抗氧化成分。米糠的营养特性表现为：①钙少磷多。米糠中的钙磷比只有 1∶20，以植酸磷为主要形式，对于动物的消化吸收有较大负面影响。因此，添加米糠作为饲料时应考虑掺入植酸酶以提高磷的利用率，同时注意额外补充钙元素。②微量元素中铁含量较高而铜、锰偏低；B 族维生素和维生素 E 含量较高而维生素 C、维生素 D 相对缺乏。

米糠油脂中含有 80%以上的不饱和脂肪酸，主要由油酸和亚油酸组成。其营养价值超过菜籽油和豆油，能有效地降低血液中坏胆固醇（LDL-C）浓度，提高好胆固醇（HDL-C）浓度，用于防治心血管病、高脂血症及动脉硬化症等疾病。米糠油中的不饱和脂肪酸组成为油酸 40%～50%、亚油酸26%～35%和棕榈酸13%～18%，具有耐高温变性、耐长时间储存、适口性佳和有害成分极少等特点，即使作为食品用油也属上乘。脂类中包括大量的天然维生素E及较多的B族维生素。此外，米糠油脂中还具有角鲨烯、谷维素和阿魏酸等功能性物质，对于改善动物生理功能、生产性能、消炎抗毒、风味改善等具有明显的作用。

米糠中蛋白质含量较之主产物大米还要高得多。米糠蛋白质的主要组成为37%白蛋白、36%球蛋白、22%谷蛋白和5%醇溶蛋白，其中可溶性蛋白质约占70%，与大豆蛋白质接近。且氨基酸平衡情况较好，稻谷及主要副产物氨基酸含量详见表3-3。其中赖氨酸、色氨酸和苏氨酸等多种氨基酸含量均高于玉米，赖氨酸含量可达0.84%。此外，米糠蛋白还具有呈味氨基酸（Asp、Glu、Arg、Ala、Gly）含量高的特点，能提升米糠的鲜味和适口性。

表3-3　　稻谷及主要副产物氨基酸含量*

组分/%	稻谷	糙米	米糠	米糠饼	米糠粕	碎米
精氨酸	0.57	0.65	1.20	1.19	1.28	0.78
组氨酸	0.15	0.17	0.44	0.43	0.46	0.27
异亮氨酸	0.32	0.30	0.71	0.72	0.78	0.39
亮氨酸	0.58	0.61	1.13	1.06	1.30	0.74
赖氨酸	0.29	0.32	0.84	0.66	0.72	0.42
蛋氨酸	0.19	0.20	0.28	0.26	0.28	0.22
胱氨酸	0.16	0.14	0.21	0.30	0.32	0.17
苯丙氨酸	0.40	0.35	0.71	0.76	0.82	0.49
酪氨酸	0.37	0.31	0.56	0.51	0.55	0.39
苏氨酸	0.25	0.28	0.54	0.53	0.57	0.38
色氨酸	0.10	0.12	0.16	0.15	0.17	0.12
缬氨酸	0.47	0.49	0.91	0.99	1.07	0.57

注：*参考《中国饲料成分及营养价值表》（2019年第30版）。

2. 加工工艺及使用方法

在实际使用过程中使用米糠需要掌握一些方法和要点，例如以植酸和脂肪酶为主的抗营养因子处理、全脂米糠的保鲜问题以及养殖各种动物的使用量问题等。

1）加工方法与工艺

包括米糠在内的稻谷加工副产物，在加工工艺上应考虑与其相似的大宗原料。根据物理、化学和营养特性来选择合理的加工方法。例如从物理性质上来说，米糠与麸皮相似，碎米与玉米粉相似，因此在加工方法和工艺上没有太大变化，只需要根据它们特有的营养成分与其他饲料原料配合使用即可。因此利用稻谷加工副产物作为饲料原料对于原有工艺和设备要求不高，只需根据其特点有针对性地做一些改进即可。

2）抗营养因子及稳定化处理方法

米糠含有不少抗营养因子，其中植酸是最主要的一种。未经处理用于养殖业不仅会阻碍蛋白质的消化吸收，而且会损伤脏器功能，容易造成动物腹泻或便秘、消化不良，皮毛粗糙，严重影响生产性能；并且由于磷多钙少，比例不当，影响动物对微量元素的消化利用；还容易使动物产生饱腹感，以致摄入营养不足。因此，饲料中添加米糠时不仅要注意米糠的新鲜程度，还要采用加植酸酶等处理方法消除植酸影响。此外，由于米糠含有较多半纤维素，将导致动物肠道黏度过高，因此可以考虑加入木聚糖酶、β-葡聚糖酶等高黏度日粮用酶制剂。

米糠在稻谷加工后极易发生酸败变质，主要原因是加工过程中外层的脂肪分解酶和氧化酶被释放到米糠中。如果不做任何处理，那么在加工后酸价便会在短时间内快速上升，且时间越长温度越高变质速度越快。变质米糠不仅口感骤降，其中的营养物质也将遭受损失，甚至还会产生对动物有害的物质，不应再作为饲料原料。防止米糠酸败的根本方法就是让这些脂肪酶失活，稳定化处理包括化学试剂钝化、热蒸汽处理和挤压膨化等。其中挤压膨化是一种比较合适的方法，膨化能使米糠中热敏性较强的脂肪水解酶、脂肪氧化酶被钝化，从而降低米糠中的游离脂肪酸含量。但过高的温度又会破坏维生素 E 等天然的抗氧化物质，因此可以设置温度为 120 ℃～130 ℃，时间为 6 min 的膨化条件。这样既可以尽可能失活脂肪酶，保持含水量在 6%左右，又可以最大限度地保留天然抗氧化物质，从而延长米糠整体保鲜期。

3）不宜长期存放

如果条件有限难以如上处理米糠，由于米糠中的抗营养因子影响，因此米糠使用时越新鲜越好，使用越快越好。夏季大米加工厂制得的米糠，其存储时间最好不要超过 7 d。选择米糠时，应尤其注意米厂的存放条件和储藏时间，存放条件应当通风，环境温度较低、堆压高度合理，否则容易导致米糠发热变质。各企业应根据饲料生产与销售量的实际情况进行采购，如夏季每 2～3 d 或秋冬季每 4～5 d 计划采购新鲜米糠并一次性用完。而陈谷米糠可以调整至夏季每 5～6 d 或秋冬季每 7～10 d。原则上应尽量采购新鲜米糠；当由于某些原因市面上采购不到新鲜米糠时，要多加留心分辨陈谷米糠，其中是否掺入了稻壳或其他杂质。质控人员应当随时关注米糠的质量变化，同时尽量保证米糠不要堆垛存放。

3. 米糠在动物生产中的应用

鉴于新鲜米糠的不稳定性，当前应用较多的是脱脂米糠或稳定化后的米糠。即使如此抑制了米糠中的脂肪酶，但由于其自身不免含有较多的游离脂肪酸和抗营养因子，米糠的适口性和饲料养分利用率不是很好，因此在饲料中需根据种类和生长阶段适量添加，研究重点集中在相关的酶制剂和抗氧化剂。

1）米糠在猪生产中的应用

米糠的适口性一般，添加过多会使猪的生长减缓，饲料利用率降低，且米糠脂肪酸构成多为不饱和脂肪酸，饲喂过多会产生软脂肪从而影响猪肉品质。一般来说米糠在生长育肥猪饲料中的添加量最多不超过 15%，在母猪饲料中的添加量最多不超过 20%，仔猪则应谨慎使用为宜。在生长猪饲料中添加膨化脱脂米糠＋酶制剂后发现，生长猪的养分和矿物质消化率都得到了提高。此外，据最新的研究表明，高添加水平的脱脂米糠不仅会降低育肥猪外周血中炎症因子的水平，还会提高结肠的健康水平，研究结果为脱脂米糠改善育肥猪的肠道健康提供了参考依据。仔猪方面也有研究表明，在无抗仔猪料中添加稳定化米糠，能够增加仔猪肠道有益菌群的数量，改善无抗仔猪料中营养素的利用率，使仔猪的生长速度提高10%。

2）米糠在家禽生产中的应用

米糠是鸡的重要能量饲料。与玉米相比，其蛋白质含量和氨基酸比例都更适宜，包括赖氨酸、色氨酸、苏氨酸等。但据试验表明：肉鸡生长速度总体随日粮中米糠使用量的增加呈负相关，但是添加量为5%～10%没有明显影响，故建议新鲜米糠添加量在5%左右，稳定化米糠最多在15%以内。对于肉用仔鸡最多不宜超过5%，否则可能导致仔鸡胰脏肿大而影响生产性能。蛋鸡对米糠的耐受量较肉鸡强，且由于富含亚麻酸的关系，蛋重会有所增加。研究表明，在蛋鸡日粮中添加20%米糠情况下，产蛋率比对照组高1.2%，料蛋比较对照组高1.0%，每只鸡在产蛋期内可直接提高经济效益2.2元。

米糠对鸭来说是一种比较理想的饲料来源，因为鸭对米糠耐受力更强，日粮中高比例的米糠对生产性能和胴体品质影响较小，成年鸭饲料中米糠最多可添加至40%左右。另外在含植酸酶的米糠日粮中最好再添加部分动物源性饲料，全植物性饲料则对肉鸭生长性能不利。在雏鹅日粮中添加30%米糠＋0.2%复合酶能有效降解米糠日粮中的抗营养因子，改善养分的消化能力，加速鹅的生长，这可能是由于酶制剂在鹅的回肠中才进行作用。

3）米糠在反刍动物生产中的应用

与上述相比，米糠对反刍动物的负面影响要小很多。在配合饲料中可以达到20%左右的添加量。但过量添加同样会造成牛肉和牛乳品质的下降。以米糠：麦麸为1：5的比例混合制作发酵米糠饲料，出栏6个月前以每日 1 kg 饲喂肉牛，实验结果表明，胴体等级以及里脊的大理石花纹和五花肉肉质都得到显著改善，并且饲喂期间未发现下痢症状。在瘤胃尼龙袋法和泌乳奶牛饲养试验中，研究了在泌乳奶牛日粮中添加玉米胚芽粕和米糠对奶牛生产性能的影响，结果表明，在泌乳中期奶牛日粮中添加 3.4％的米糠和 6.8％的玉米胚芽粕，能显著提高奶牛 DMI、产奶量、4％标准乳产量及各项生产指标，提高净收入 12.61 元/(日・头)。

4）米糠在水产养殖中的应用

米糠是草食性及杂食性鱼的优质饲料，富含水产动物所需的能量和各类营养素，尤其是 30％左右的淀粉和 15％的脂肪都是鱼类合适比例的营养物质。此外米糠中还富含的肌醇是水产动物的必需维生素之一。由于米糠的制粒性较差，过多添加将使颗粒料漂浮。因此，一般添加 10％～15％为宜。如使用环膜制粒工艺（压缩比为 2∶1)，则可进一步添加使用量。用 10％的米糠粕代替小麦对草鱼生长性能没有影响，因此可压缩草鱼饲料的成本。

二、碎米

碎米是指长度小于同批试样米粒平均长度的 75％，留存直径 1.0 mm 圆孔筛上的不完整米粒，占稻谷质量的 10％～15％。碎米作为食品，大众接受度不高，导致收购价偏低，因此将碎米制成饲料原料是一种合理的选择。实际上碎米与主产物大米在加工过程中仅是机械作用的区别，其营养价值、加工工艺和饲料化应用等方面也基本近似大米。根据稻谷年产量推算，每年产生 2000 万～3000 万吨碎米，但食品工业仅能利用其中 10％左右，在饲料行业则有着广阔的前景。

感官性状上碎米呈碎籽粒状、白色，无发酵、霉变、结块及异味、异嗅，水分含量不得超过 14％。其余标准可依据《饲料用碎米》（NY/T 212—1992）来执行。

1. 主要营养成分

碎米与大米的营养成分基本一致。碎米粗纤维和矿物质含量比大米略高，其中水分含量为12.0%～14.0%，粗纤维含量为0.2%～2.7%，粗蛋白含量为5.0%～11.0%，无氮浸出物为61%～82%，矿物质含量在2.3%左右。可见碎米营养成分变异系数较大，最好以实测值为依据添加。碎米与玉米相似，营养价值的特点表现为粗纤维含量低而无氮浸出物含量高。碎米中的氨基酸含量差异也较大，一般情况下必需氨基酸如赖氨酸、蛋氨酸和色氨酸的含量也显著高于玉米，且亮氨酸含量较低，可以减少缬氨酸、亮氨酸、异亮氨酸三者的互斥作用。

碎米比玉米总淀粉含量高12%左右，其中支链淀粉比例比玉米高5%，无论是数量还是质量都要优于玉米。因为支链淀粉断裂形成断链糊精后，降解成可溶性的还原糖，具有适口性好及消化吸收利用率高的特点。而直链淀粉含有抗酸抗酶成分，不利于消化吸收。

综合来看碎米的营养价值应该是高于玉米的，且抗营养因子很少，因此基本不需要额外的工艺进行处理。其主要的胰蛋白酶抑制因子也会在饲料加工过程中常规加热温度下基本被破坏，对动物的实际影响很小。

2. 碎米在动物生产中的应用

1）碎米在猪生产中的应用

碎米是良好的生长育肥猪饲料，可以大比例替代玉米。研究结果表明，使用稻谷和碎米作为能量饲料完全替代玉米饲喂生长猪，与对照组相比平均日增重、料重比均没有显著差异。这可能是因为生长猪在谷物中最偏好大米，而偏好程度与可消化营养成分相关，有文献表明大米型日粮拥有最高的肠道营养物质消化利用率。

通过试验表明，碎米可与米糠联合应用。龙际飞等进行了碎米-米糠型日粮与玉米型日粮在宁乡猪生长育肥阶段的研究，结果表明，与对照组相比，日采食量提高了13.8%，平均日增重提高了23.4%，料重比降低了8.4%，以及回肠绒毛高度提高了13.1%。充分表明稻谷加工主要副产物不仅可以提高猪的生产性能，而且能促进猪肠道发育，但对断乳仔猪来说，或需提高淀粉糊化度来改善营养物质的消化率，与蒸汽加工处理的玉米型日粮相比，同样处理的碎米型日粮可使断奶仔猪的采食量、日增重显著提高，而料肉比没有差异。

2）碎米在家禽生产中的应用

碎米在尼克红母鸡中的表观代谢能为14.4 MJ/kg，粗蛋白的表观消化率为56%。北京鸭中碎米代谢能值和表观消化率相当于玉米的90%；而Thr、Met、Leu和Ile等氨基酸消化率均明显高于玉米组。以上结果表明碎米与玉米营养价值基本相当，可以在禽饲料中使用。

有研究比较大米、碎米饲料对艾拔益加肉仔鸡在常规养分代谢率、代谢能值和回肠标准氨基酸消化率的影响，结果表明肉仔鸡两种原料的氮校正代谢能值和标准回肠氨基酸消化率无显著性差异，说明碎米作为禽饲料开发具有广阔的应用前景。

三、其他

1. 统糠（稻壳）

稻壳是碾米过程中产生的数量最多的副产物，每年产量约4000 t，又称为砻糠、粗糠。稻壳的特征是含有大量的纤维素、木质素和硅化合物，因此这类物质不易被吸收利用，所以稻壳难以直接饲喂动物，尤其是单胃动物，须通过各种物理或化学手段对稻壳进行处理。稻壳与米糠按照一定比例混合后形成统糠。统糠即米糠与稻壳的混合物，其中三七糠指米糠与稻壳的比例为3∶7；二八糠指米糠与稻壳的比例为2∶8，这样也可部分替代原料。

稻壳饲料主要的加工方式有膨化、发料和制粒等。一种制作膨化饲料的方法：将稻壳与水按质量比10∶1混合，连续加入膨化设备中，调节温度至230 ℃左右，在1.5个标准大气压（1.5×10^5 Pa）下压缩10秒，然后立刻释放压力，就能制备松软呈片状的膨化稻壳饲料。膨化后稻壳的口感和消化率有了较大的改善，可用于配合饲料的配制。发酵饲料是以稻壳为原料，根据原料特性加入不同的菌种进行发酵，可分为温水发酵法、酵母糖化法和微贮法。其中微贮主要目的是降解过高的粗纤维，并由微生物通过生化作用合成氨基酸、脂肪酸、次生蛋白及次生代谢产物等，产生畜禽喜爱的酸醇风味，改善稻壳的口感和营养水平。

经过发酵的稻壳可适量添加至畜禽饲料中喂养，但推荐制成全价颗粒饲料。一种制作稻壳颗粒饲料的方法：粉碎稻壳：蜂蜜水为12：1，制成直径为8 mm，高度7～20 mm的圆柱形颗粒。相关实验表明，发酵稻壳颗粒饲料可以100%代替稻草喂肉牛等反刍动物，且运输和储藏较稻草更便捷，还可降低饲养中部分生产成本，喂给量一般控制在精饲料重量的20%以内。

2. 大米蛋白

除了直接作为原料添加，将碎米用来生产高蛋白质饲料同样具有可行性。工业上对碎米进行液化糖化处理得到主产物淀粉糖之后，其副产物即为大米蛋白。全国大米蛋白粉的潜在产量约为每年100万吨，目前研究多集中在对人的保健功效上，尚未在畜牧领域展开系统研究。其实大米蛋白氨基酸组成合理，必需氨基酸比例丰富，具有较高的饲用营养价值，大米生物效价与牛肉、鱼粉相近，是一种优质的植物蛋白。在断乳仔猪饲料以大米蛋白粉替代鱼粉的实验表明，大米蛋白组的平均日采食量降低2.67%，平均日增重提高1.01%，计算得料重比降低3.77%。表明3.6%的大米蛋白粉替代2%的鱼粉在不影响断乳仔猪生长性能的情况下降低饲料成本。

3. 大米次粉

大米次粉，也称细米糠、大米粉，是在大米精加工过程中由冷抛光工艺产生的米糠，主要成分为脱落的米胚和部分残存的米糠。据测定，大米粉含干物质87.2%、粗灰分4.0%、粗脂肪8.2%、粗蛋白11.7%、粗纤维0.6%、无氮浸出物62.6%、钙0.083%和磷0.861%，其淀粉含量在80%左右，是一种非常优质的能量饲料，蛋白质大多数为保留在米胚中容易被动物消化的白蛋白和球蛋白。此外大米次粉的粗纤维的含量较其他能量饲料更低，其适口性也优于小麦、玉米等，因此在禽畜养殖中已经有一定规模地使用大米次粉。

近年来，我国土地重金属污染严重，水稻对镉元素有较强的生理耐受和富集能力，因此稻谷在这些被污染区域往往会因为镉含量超标而不能被人类直接食用。这类被称为“镉米”的受重金属污染的稻谷来源广、数量大，如何有效利用它们成了当前研究的热点问题。经过检测，镉米就其营养价值与普通稻谷并无显著差异。因此只要控制好其他源头的镉摄入（主要是矿物质添加量及其种类)，开展相关科学试验探究镉米的应用方案和机制，通过动物的首过代谢作用，生产出镉残留量小于 0.1 mg/kg 的符合国家标准的畜禽产品，将是一种合理的镉米利用方式。

4. 米糠微生态饲料

米糠微生态饲料是以米糠为主要原料，将有益微生物通过培养、发酵、干燥等技术制得的高品质饲料。它能够提高营养吸收利用率，降低畜牧单位产量对环境资源的消耗。同时能增加肠道有益微生物的丰度，维持肠道内微生态平衡，改进并增强机体的免疫功能，提高机体的抗应激能力，是抗生素替代方案中的关键一环。其主要工艺为：① 通过膨化技术稳定化处理新鲜米糠，并采用微波干燥进行杀菌处理。② 将枯草芽孢杆菌、嗜乳酸杆菌、酵母菌等有益菌菌丝接种于灭菌米糠中，在恒温下进行固态发酵。③ 培养 20 d 左右即可发酵完全，经干燥、粉碎后得到发酵米糠粉。④ 将发酵米糠粉与其他饲料原料按比例混合制得微生态饲料。

第二节　小麦加工副产物饲料化利用

小麦是我国主要的谷类粮食作物之一，主要包括表皮、糊粉层、胚以及胚乳等。小麦仅次于玉米和稻谷，是我国主要的粮食作物之一，据国家粮油信息中心统计，2017 年我国小麦产量约为 1.3 亿吨，产量和消费量均为世界第一。作为世界范围内最具加工优势的谷物之一，小麦加工副产物也有着庞大的体量亟待开发。

目前小麦面粉制品的生产工艺已基本成熟（共通工艺详见图3-2），一般情况下，小麦先经过各种设备等清除杂质后，进入洗麦机或润麦机。调质后的小麦进入磨粉机研磨成粉，经平筛筛选后得到第一道面粉，中间的物料再进入另一台面粉机研磨，如此反复提取小麦面粉。在此期间会产生大量副产物，约占小麦的30%。由于加工工艺、制粉程度和出麸率的差异，不同国家对小麦加工副产物的分类有较大差别。只是这些副产物同名不同物或者同物不同名，但一般来说这些副产物包括麸皮类、次粉类、小麦胚芽粉、小麦酒糟及其可溶物等。其中麸皮和次粉的营养价值较高，占比较大，是目前主要的饲料化利用部分，小麦及其主要加工副产物的营养价值详见表3-4。

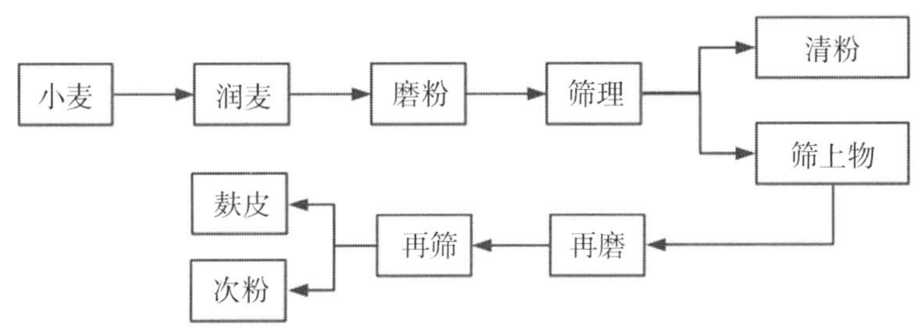

图3-2 小麦及其副产物加工工艺流程图

小麦及其加工副产物都具有很高的应用潜力，然而这些副产物的利用率还很低。这是因为实际上它们的营养成分很不稳定，主要因素包括小麦来源、存储条件及时间，加工过程中配麦等工艺，以及小麦副产物的相互勾兑等因素影响。但从整体来看，小麦副产物营养价值并不低于玉米，根据市场行情有价格优势。因此，需要合理利用饲料化技术来提高小麦副产物的饲用价值。本节将详述小麦加工副产物的营养特征、加工工艺和应用实例，进一步利用好小麦副产物这种新兴饲料资源。

表 3－4　　小麦及其主要副产物营养价值表*

组分/%	小麦	小麦麸（1级）	小麦麸（2级）	次粉（1级）	次粉（2级）
干物质	88	87	87	88	87
粗蛋白	13.4	15.7	14.3	15.4	13.6
粗脂肪	1.7	3.9	4	2.2	2.1
粗纤维	1.9	6.5	6.8	1.5	2.8
无氮浸出物	69.1	56	57.1	67.1	66.7
粗灰分	1.9	4.9	4.8	1.5	1.8
中洗纤维	13.3	37	41.3	18.7	31.9
酸洗纤维	3.9	13	11.9	4.3	10.5
淀粉	54.6	22.6	19.8	37.8	36.7
钙	0.17	0.11	0.1	0.08	0.08
总磷	0.41	0.92	0.93	0.48	0.48
有效磷	0.21	0.32	0.33	0.17	0.17

注：* 参考《中国饲料成分及营养价值表》（2019 年第 30 版）。

一、小麦麸（麸皮）

小麦麸，又称麸皮、麦麸，约占小麦总质量的 20%，是小麦加工成面粉过程中产生的主要副产物。主要营养特征是含有大量可调节肠道健康的膳食纤维和非淀粉多糖，已经被广泛应用于畜禽生产。小麦麸主要由麦粒的表皮、种皮、珠心层和糊粉层等外层结构及少部分胚乳构成，一般是由胚乳含量的高低决定营养价值的高低。我国麦麸年产量在 2600 万吨以上，用途包括酿酒、食用和药用等，但其主要用途还是饲料原料。我国对于小麦麸的分类有如下几种方法：按品种来分，可分为红粉麸和白粉麸；按加工精度来分可分为精粉麸、特粉麸和标粉麸；按产出麦麸的形态可分为片麸和面麸；按不同制粉工艺产物的形态和成分可分为大麸皮和小麸皮。

感官检验可采用如下方法：将 0.2 ～1 kg 的小麦麸样品平铺于白色瓷盘内或白纸上，在充足的自然光下观察。小麦麸应具有的感官特征为：颜色——淡黄褐色至红灰色，色泽新鲜一致；形状——粗细不等的片状，光滑；手感——质轻、干燥、柔软不粗糙、可揉搓成团；味道——有正常麦香味，无发霉或其他异味。感官检验应特别注意：有无酸败；有无生虫；有无发霉、发热或结块；片状大小合适，否则品质下降；有无掺入稻壳一类的杂质；手握紧再松开小麦麸，若较黏手则水分高；若有扎手、粗糙的感觉则很可能掺有稻壳粉、花生壳粉，使劲揉搓时，手有发胀的感觉。感官检验不合格的小麦麸则可直接拒收，无需再做定量分析检测。

饲用小麦麸理化指标见表 3－5，以干物质 86.5％计算的三项指标必须全部符合规定，水分应小于等于 13.5％，二级为中等质量标准，其他标准应符合《饲料用小麦麸》（NY/T119—1989）。

表 3－5　　饲用小麦麸理化指标

质量指标		等级		
		一级	二级	三级
粗蛋白/％	≥	15.0	13.0	11.0
粗纤维/％	<	9.0	10.0	11.0
粗灰分/％	<	6.0	6.0	6.0

1. 主要营养成分

小麦麸的营养价值详见表 3－4，但小麦麸的实际组成成分会因品种、等级、加工方式和出粉率的不同而存在较大差异。小麦麸粗蛋白含量略高于小麦，实际上为 12％～17％。小麦加工副产物作为能量饲料，其氨基酸比例较为良好。但值得注意的是，氨基酸含量及标准回肠末端氨基酸消化率较低，在纤维较高的麦麸和次粉更是如此。与小麦相比，小麦麸中仅有 60％左右的无氮浸出物，但粗纤维含量将近 10％。因此小麦麸有效能普遍较低，如猪的消化能为 9.37 MJ/kg，鸡的代谢能为 5.69 MJ/kg，奶牛的产奶净能为 6.11 MJ/kg。小麦麸含有较多灰分，其中仅有 0.1%～0.2%的钙和多达 0.9%～1.4%的磷，钙磷比很不平衡，为 1∶8，且 75%左右为影响营养吸收的植酸磷。此外，小麦麸中含有丰富的铁、锰、锌和 B 族维生素，这是因为整个麦粒的 B 族维生素都集中在外层如糊粉层和胚中，如维生素 B_1 8.9 mg/kg，维生素 B_2 3.5 mg/kg。

小麦麸含有较丰富的功能成分，主要包括以下两类。①酚类化合物：主要为酚酸、类黄酮和木酚素，是一类具有广泛生物活性的植物次生代谢产物，麸皮酚酸中的阿魏酸占 90%以上，具有优异的抗氧化功效，但通常阿魏酸以醚苷键或酯键与细胞壁结合呈束缚态，限制了其生物活性。类黄酮在麦麸皮层中含量较高，是一类抗衰老、防癌抗癌的植物功能成分。木酚素在麸皮中含量较高，而在面粉中含量极低，与类黄酮功效相似。②低聚木糖：又称寡聚糖，是由 2～7 个木糖分子通过 β-1，4 糖苷键结合而成。低聚木糖可提高饲料利用率和生产性能，促进动物消化道内益生菌的繁殖，调节肠道菌群的平衡。低聚木糖还能防止宿主受体细胞被病原菌侵袭，通过化学结合或物理吸附等形式，降低毒素对动物的不利影响。

由于面粉加工过程中对麦粒实施的是一个逐级的剥离过程，这将导致麸皮营养组成的变异系数很大，主要表现在副产物中的表皮、种皮、珠心层、糊粉层和胚乳含量的递变。表皮和糊粉层中矿物质、蛋白质、脂肪、纤维含量丰富。胚乳含量越高，淀粉含量也就相应更高，其他化学常规营养成分自然就低。麦麸成分主要还受小麦产地、气候、储存条件、制粉工艺的影响。据研究报道，不同产地小麦麸的钙和总磷含量变化可达到 17%～26%，而水分和粗蛋白含量在 10%以内相对较小。

2. 小麦麸的使用方法

麸皮直接用于饲料营养价值有限，因此需视情况对麸皮进行适当的加工处理，且在实际使用麸皮过程中需要掌握一些方法和要点。

1）发酵小麦麸

由于麸皮粗纤维比例高，且抗营养因子含量较多，加之容易被霉菌毒素污染，故在动物生产中的利用程度有限，可通过微生物发酵手段进行改善。麦麸经过益生菌发酵可以大幅减少麦麸中的植酸含量，降低麦麸中粗纤维含量，并且将大分子营养物质降解为小分子物质，易于被动物肠道消化吸收，从而综合提高麸皮的可饲用价值。研究表明单菌发酵和混菌发酵均能降低麸皮中 NDF 和 ADF 含量，研究者用黑曲霉、纳豆芽孢杆菌、酿酒酵母菌和粪链球菌对麸皮在一定的条件下进行混菌发酵，结果表明发酵麸皮在粗纤维显著下降的同时，粗蛋白含量、有益菌总数和产品适口性均显著提高。

发酵后的小麦麸不仅抗营养因子大幅下降，对养分的吸收利用率也有所提高，此外，还可产生很多具备更多活性功能的微生物次生代谢产物。例如，阿魏酸是小麦麸中的主要酚酸功能成分，通常与半纤维素支链结合形成酯键或醚苷键，难以发挥应有作用。在微生物的发酵作用下，小麦麸结构束缚力减弱，使酚酸游离出来，提高发酵小麦麸中阿魏酸的含量。发酵小麦麸还将提高阿拉伯木聚糖的比例，阿拉伯木聚糖具免疫调节功效，可提高巨噬细胞和 NK 细胞的活跃度。经微生物发酵后的小麦麸可生成有机酸，有机酸能降低肠道 pH 值，增加有益菌的丰度。酵母菌对小麦麸有改善风味的作用，由原来的苦涩味变为醇香味，且色泽鲜黄，增加动物食欲。

一种小麦麸的发酵方法：以小麦麸为底物，选取酿酒酵母、粪链球菌、纳豆芽孢杆菌、黑曲霉进行混菌固态发酵，研究其对小麦麸营养水平的提高。结果表明，最适装料量为 1∶1，最适料水比为 5∶4，酿酒酵母∶粪链球菌∶纳豆芽孢杆菌∶黑曲霉接种比例为 20∶8∶4∶1，在 37 ℃下发酵 48 h，发酵小麦麸中每克干物料有益菌总数达到 109 个，绝干状态下粗蛋白含量由 16.1％提高到 21.0％，粗纤维含量由 10.5％降低到 5.3％。产品带有浓郁的酸香味。

2）小麦麸中抗营养因子处理方法

小麦麸中有较多的植酸盐，植酸盐可通过抑制淀粉酶活性来阻碍动物对淀粉、维生素和矿物质的吸收消化，是一种植物饲料典型的抗营养因子。可通过微波联合酶解工艺对小麦麸进行处理，从而改善小麦麸膳食纤维物理化学特性及生理功能。一种小麦麸微波联合酶解的工艺参数为：添加适量的木聚糖酶和纤维素酶，酶解时间 4 h，酶解温度 60 ℃。经微波联合酶解处理后，小麦麸中还原糖含量提升到 25.2 mg/mL，粗纤维含量降低到 2.79%，持水性提升了 30.18%，持油性降低了 26.69%，植酸含量降低约 70%，脂肪酶酶活降低了 6.13%，还原糖含量上升至 25.15 mg/mL。

3）小麦麸使用的注意事项

面粉厂不同的加工工艺将产出不同的小麦麸，主要是粗小麦麸和细小麦麸的差异。粗小麦麸主要源自中大型面粉厂，而细小麦麸主要源自中小型面粉厂。两者各有利弊，粗小麦麸质量相对稳定不易掺假，而细小麦麸容易被掺入稻糠，且难以简易辨别区分，但保证来源的细小麦麸营养价值要优于粗小麦麸。因此建议中小养殖户可以考虑将粗小麦麸作为首选，保障基本质量，而具有检化验室的饲料企业可采购细小麦麸，能得到更好的产品外形和质量。

由于麦麸具有较高的吸湿性，尤其是在高湿密闭的情况下易产生霉变和板结，故麦麸不能储藏太长时间。研究表明，在不同的条件下麦麸的霉菌含量在一定范围内会随着含水量、湿度、温度和储藏时间呈正相关关系，如含水量为 13%，温度为 30 ℃，湿度为 76%时麦麸霉菌含量超标；含水量为 15%，温度为 25 ℃，湿度为 76%时麦麸霉菌含量超标；含水量 15%，温度为 30 ℃，湿度为 48%等条件下麦麸霉菌含量超标。

3. 小麦麸的饲料化应用

虽然麦麸的适口性一般且抗营养因子较多，但小麦麸的质地疏松，内含的硫酸盐类具有轻泻作用，可防止动物便秘。因此在饲料中需根据种类和生长阶段适量添加，充分发挥小麦麸良好的饲用价值。

1）小麦麸在猪生产中的应用

由于麦麸粗纤维较高，对仔猪的消化不利，所以一般不添加麦麸到仔猪饲料中。而对于能值要求高的生长猪饲料，使用量不宜超过 10%。但对育肥猪可适当添加小麦麸，对猪的胴体品质有一定利好，但一般控制在15%以内为宜。鉴于小麦麸含有一定的硫酸盐，用于妊娠期母猪对便秘有一定改善，但从以往的实际经验来看，由于其自身也具有一定的吸湿性，过量添加反而会加重便秘程度，故应根据实际情况调整用量。

此外，5%发酵小麦麸实验组与5%小麦麸基础日粮对照组相比，试验组平均日增重显著提高，耗料增重比降低，育肥猪生长性能和肉品质提高。而在消化试验中表明，发酵后小麦麸对猪肠道干物质、有机物、粗纤维等的表观消化率均有所提高。

2）小麦麸在家禽生产中的应用

小麦麸有效能值较低，故不适用于育肥饲料，因此在肉鸡饲料中的添加量一般控制在5%以内，在种鸡和产蛋鸡中略有提高，但一般也在5%～10%。如有必要维持后备种鸡体重，则可进一步提升到15%～20%。用麦麸替代一定比例的玉米能增加经济效益，提高生产性能和改善蛋品质。研究表明，麦麸替代不同比例的玉米对平均日采食量、平均蛋重、产蛋率、料蛋比、蛋比重和哈氏单位均有所改善，替代比例为10%时效果最佳，经济效益最高。发酵小麦麸在肉鸡消化代谢试验中对饲料转化率、回肠乳酸水平和回肠绒毛高度均有提高，血清胆固醇含量降低，试验结果表明发酵小麦麸提高了白羽肉鸡的生长性能和后肠道挥发性脂肪酸的含量。

3）小麦麸在反刍动物生产中的应用

小麦麸对牛、羊、马等反刍动物非常适合，可以在饲料中添加25%～30%甚至更高的比例。例如，泌乳母牛混合精料中添加25%～30%的小麦麸对泌乳有帮助，但最好不宜超过30%。小麦麸在肉牛精料和马属动物饲料中可添加至50%，但继续增高不排除诱发肠结石的风险。在犊牛试验的研究结果表明，发酵小麦麸可提高日增重和饲料报酬，提高犊牛的生长性能。

此外，提升青贮品质的方法之一则是将麦麸混入其中。试验结果表明，20%比例的麦麸与水葫芦渣混合青贮18天，并添加青贮发酵菌，可使青贮物料感官品质得到提升。30%比例的麦麸与水葫芦渣混合青贮料替代鸭茅草使山羊平均日增重和平均日采食量显著提高，并提高了山羊背最长肌和股二头肌的部分矿质元素的含量。

4）小麦麸在水产养殖中的应用

小麦麸容积较大，每升容重为 225 g 左右，这种特性对于水产饲料来说可以起到调节鱼饵料比重的关键作用。实验结果表明，麦麸＋鱼粉的饲喂效果比对照组米糠＋芥末饼要好。通过草鱼体外消化试验发现，枯草芽孢杆菌：乳酸菌 B 为 2：1 的发酵小麦麸组在 DM、CF 消化率和氨基酸生成量比对照小麦麸组明显提高。因此，在水产动物尤其是草食和杂食性鱼类中可以较大比例地使用麦麸。

二、次粉

次粉也是小麦磨粉的副产物，关于它的定义比较模糊。一般来说，次粉总纤维含量不超过 8%，其容重不同表明了在化学成分上来源的不同。在中国饲料数据库中，次粉被分为一级和二级两个等级，其中一级次粉营养价值最高，又称黑面或饲用小麦粉等，麸皮含量较低，淀粉含量达到 60%。二级次粉粗灰分含量较高，目前应用相对较广泛。

饲用次粉理化指标见表 3－6，以干物质 86.5%计算的三项指标必须全部符合规定，水分应小于等于 13.5%，二级为中等质量标准，其他标准应符合《饲料用次粉》（NY/T 211—1992）。

表 3－6　　饲用次粉理化指标

质量指标		等级		
		一级	二级	三级
粗蛋白/%	≥	14.0	12.0	10.0
粗纤维/%	<	3.5	5.5	7.7
粗灰分/%	<	2.0	3.0	4.0

1. 主要营养成分与使用方法

次粉的营养特点与小麦麸十分相似，但小麦麸是以偏外层种皮为主，次粉是以中间糊粉层为主。次粉与小麦麸的最大差异是粗纤维含量低、脂肪含量稍低于小麦麸，同时次粉的粗灰分含量也低于小麦麸。由于次粉糊粉层比例较高，富含大量的无氮浸出物，故次粉的有效能比小麦麸要高，与之相对应的蛋白质、矿质元素和维生素含量则略低。而高筋次粉能形成面筋的原因是醇溶蛋白及筋度蛋白的比例较高，该类蛋白质含量较高的特点使得它具有一些良好的物理特性，如黏性、弹性及延展性等，在饲料工业中有时会利用到这种性质。

次粉作为饲料原料有多种优势，是一种良好的能量饲料，目前在饲料工业中得到了广泛的应用。首先，小麦次粉中必需氨基酸的比例良好，其中 Met、Lys、Thr 含量均高于小麦原粮和玉米。粗纤维含量虽高于玉米和小麦，但低于麦麸，合理的日粮纤维比例能有效促进畜禽的消化。部分维生素含量较高，如胡萝卜素含量达到 80 mg/L。所含矿物质包括 Na、Fe、Mg、Cu、Zn、Mn 等元素均高于玉米、麸皮和小麦原粮。从有效能来看，次粉总能为 3.90 MJ/kg，鸡代谢能为 2.89 MJ/kg，猪可消化能为 3.21 MJ/kg，比麸皮要高而与小麦原粮和玉米比较接近。但次粉与麦麸的钙磷比相似，且有 70%的总磷以植酸盐的形式存在。限制小麦次粉使用量的因素之一是其中非淀粉多糖（NSP）较多，采食过多的 NSP 会增加肠道食糜的黏度，影响动物对营养的消化利用。因此，可考虑在次粉饲料中添加可降解 NSP 的酶制剂，以增加次粉的消化利用率。

次粉和低级面粉由于小麦淀粉颗粒及黏结性好的缘故，非常适合用于配方中制粒的黏结剂。蒸汽制粒都能提高细小麦麸日粮中的能量和干物质的消化率，降低料肉比。将小麦麸、细小麦麸和次粉蒸汽制粒后粉碎，制粒后能够提高肉鸡的日粮代谢能。而且制粒后的次粉饲喂育肥猪后没有明显的影响，但是减小了原料的容重体积，方便运输。制粒后，小麦制粉副产物某些化学常规营养成分有一定变化，内源的植酸酶活性也会失活。

2. 饲料化应用研究

次粉和低级面粉可以在猪的各阶段日粮中运用，可替代玉米30%～100%。保育猪可替代30%～50%，生长猪可替代50%～70%，育肥猪可替代70%～100%使用。次粉在生产实践中，需要注意能量、氨基酸及其他营养元素平衡问题。市场有比较常见的次粉型的专用预混料来改善次粉型日粮的营养价值。需注意随着次粉比例提高，有效能值和氨基酸摄入下降，各阶段猪生产性能下降，对大猪影响更为严重，而小猪在高次粉日粮中氨基酸缺乏时影响更为严重。

研究表明添加一定量的小麦型NSP复合酶制剂后，小麦次粉中的抗营养因子大幅降低，提高小麦次粉型饲料的消化吸收与利用。使用30%小麦次粉+0.1%的NSP复合酶制剂配制的生长猪饲料，其营养水平与玉米-豆粕型饲料基本一致，完全符合生长猪的营养需求。

小麦麸的代谢能较低，不适于用作肉鸡饲料，次粉在后备种鸡和蛋鸡日粮中的添加量可适当增加。为了防止生长鸡及后备种鸡的体内积蓄过多脂肪，次粉的添加量可以增至15%～25%。蛋鸭次粉配合饲料的经济效益比传统日粮要高。根据蛋鸭的饲喂生产证明：次粉试验组的产蛋率更高，正常情况下90%以上产蛋可维持6～8个月，高峰期达96%～98%，其中80%以上可达10～14个月，抗应激能力强，产蛋稳定性好，抗病力强，每只产蛋鸭一年采食量60 kg左右，显著降低饲料成本。

对水产饲料而言，鱼类摄食习性决定了水产饲料在水中须具有稳定性和耐水性，以免影响饲喂效果和造成环境污染。而次粉的加工特性适合作为黏合性原料，在淡水鱼饲料中提高饲料的耐水性。

三、其他

1. 小麦酒糟及其可溶物

小麦酒糟及其可溶物（DDGS）来自小麦生产乙醇的副产物。淀粉占小麦总干重的65%左右，在生产过程中小麦淀粉被消耗，小麦DDGS除淀粉外的营养部分得到了保留，属于蛋白质饲料，约含粗蛋白 42.0%、粗脂肪 4.6%和粗灰分 5.4%。干燥的目的主要是方便运输和储存。在生物酒精的加工工艺中，糖化后的淀粉会在微生物作用下转化为乙醇和二氧化碳，而其他大多数营养成分的变化比例很小。

一些研究表明，在生长猪饲料中添加 20%以上的玉米 DDGS 会导致胴体质量下降，但目前小麦 DDGS 对这方面影响的报道很少，可能是由于小麦 DDGS 的粗脂肪含量很低。次粉中蛋白质和氨基酸的标准回肠消化率系数（SID）最高，麸皮和小麦 DDGS 的 SID 最低。小麦 DDGS 和麸皮的 NSP 和 CF 含量较高，所以猪的氨基酸 SID 值低下。相对于主要副产物麸皮和次粉，小麦 DDGS 的赖氨酸的消化率较低且变异系数大。通过粉碎处理或添加复合酶制剂可提高富含 NSP 原料的消化率。

2. 小麦胚芽

小麦胚芽是占麦粒质量 2%～3%的金黄色颗粒状物质，可以开发利用的小麦胚芽潜藏量高达 300 万～400 万吨，但实际可以利用的小麦胚芽可能只有 5%左右。实际上小麦胚芽的营养成分如蛋白质、脂肪、维生素和微量元素等很高。但由于其难以分离且麦粒占比很低，加之具有易氧化等特点，常在面粉生产过程中被废弃。近年来，随着小麦精深加工技术的不断精进，小麦胚芽和小麦胚芽提取物的产量逐年增加，引发了更多学者和产业的关注。

小麦胚芽含有碳水化合物 47%、蛋白质 36%和脂类 10%。其中主要是淀粉和低分子糖，这类碳水化合物易于被动物吸收利用，非常适合作为饲料原料。蛋白质中白蛋白约占 30%，球蛋白约占 19%，麦醇溶蛋白约占 14.0%，其蛋白比例与大豆类似。小麦胚芽粗脂肪约占胚芽质量的 10%，且富含亚油酸、维生素 E 等降低胆固醇、预防动脉硬化等功能性物质。

3. 沼渣

用面粉生产谷朊粉的淀粉浆生产酒精后其糟液的悬浮物（SS）高达

20000 mg/L。通过高效离心分离提取糟液中的蛋白质，这种方法所产生的滤饼经脱水干燥后是一种高蛋白饲料资源。然而，该工艺废水中的SS极为细小，离心分离后尚有残余，部分SS在厌氧过程中难以降解，在厌氧出水时仍以絮状污泥的形式存在。因此，小麦制取酒精后的酒精糟液经过不断深加工和综合利用后，仍然有浮渣和沼渣（又称菌泥蛋白）需要排放，如不能有效利用，只能作为废弃物随污水进入污水处理设施，这无疑增加了治污成本。对这些絮状污泥进行有效分离，即得到小麦制酒精废水生产沼气后的沼渣（简称沼渣），沼渣中的主要成分为残留的小麦蛋白，小麦蛋白质的主体是面筋，面筋是小麦粉洗掉淀粉及其他成分后所形成的富有黏弹性的软胶物，经脱水后为乳白色粉末，其主要由麦醇溶蛋白和麦谷蛋白组成，并含有少量淀粉、脂肪和矿物质等，蛋白质含量在75%左右。该沼渣饲用潜力巨大，若对其成功进行饲用开发，不仅可使两种尾产物无害化，免除高昂的治污费用，还可使两种尾产物通过饲料实现资源化利用。

第三节　玉米加工副产物饲料化利用

玉米是世界三大粮食作物之一，主要生产于美国、中国、加拿大、墨西哥、巴西等国家。玉米在我国种植面积和总产量位居第3位，是我国重要的粮食作物和饲料来源。据统计，2018—2019年间我国玉米年产量超过2.5亿吨，约占全国粮食总产量的35%；其中，约65%的玉米消费量用于动物饲料原料，28%用于工业生产，7%用于种用和食用。长期以来，我国玉米消费主要用于动物饲料，但随着社会需求的变化，玉米的消费结构已逐渐向深加工产业的方向进行转变。玉米深加工产业链长，工业价值高，但在消耗玉米生产淀粉和生物酒精等产品的同时，也产生了大量的玉米加工副产物。这些副产物含有丰富的蛋白质、脂肪和维生素等养分，开发和利用这些加工副产物，可缓解玉米供需不平衡，丰富饲料资源，降低饲料成本，进一步提高副产物的经济效益。

玉米营养物质丰富，淀粉含量为61%～78%，蛋白质含量为6%～12%，油脂含量为3.1%～5.7%（高油玉米品种油脂含量高达8%～19.5%）；但是不同结构部位营养组成差异较大，这就决定了玉米加工副产物的营养价值。正常玉米籽粒中，胚乳占65%～85%，外皮占6%～7.4%，胚芽占8%～25%。其中，玉米中83%的油脂和15%～25%的蛋白质分布在胚芽，15%的油脂和70%～80%的蛋白质分布在胚乳，1.3%的油脂和5%的蛋白质分布在玉米皮。

由于玉米淀粉含量高达70%以上，玉米淀粉工业不断发展壮大，进而产生了大量的副产物，如玉米胚芽粕、玉米皮、喷浆玉米皮等，在将近30%的玉米工业副产物中玉米皮约占7%，玉米蛋白粉约占7%，玉米胚芽约占8%，玉米浆约占6.5%。玉米副产物如果不能得到有效利用，将会使资源严重浪费，环境遭到一定的污染；因此，人们不断探索玉米淀粉加工副产物的综合利用方法，试图增加副产物的附加值，从而充分利用资源，减轻环境污染，将玉米淀粉生产、副产物综合利用、环境保护三者结合起来。

玉米副产物及其营养价值取决于玉米的加工方法，经过多年的发展和完善，玉米加工分为湿磨和干磨两种技术。玉米淀粉工业采用湿磨法后，淀粉纯度更高，同时基本达到将玉米干物质全部回收（99%以上）的程度，从而产生多种附加值较高的副产物。玉米淀粉生产工艺如图3-3所示。通过玉米可以生产加工成玉米浆、玉米筋粉、玉米淀粉、玉米麸、玉米胚芽饼/粕、玉米油。玉米副产物的加工提高了农民一定的经济收入。

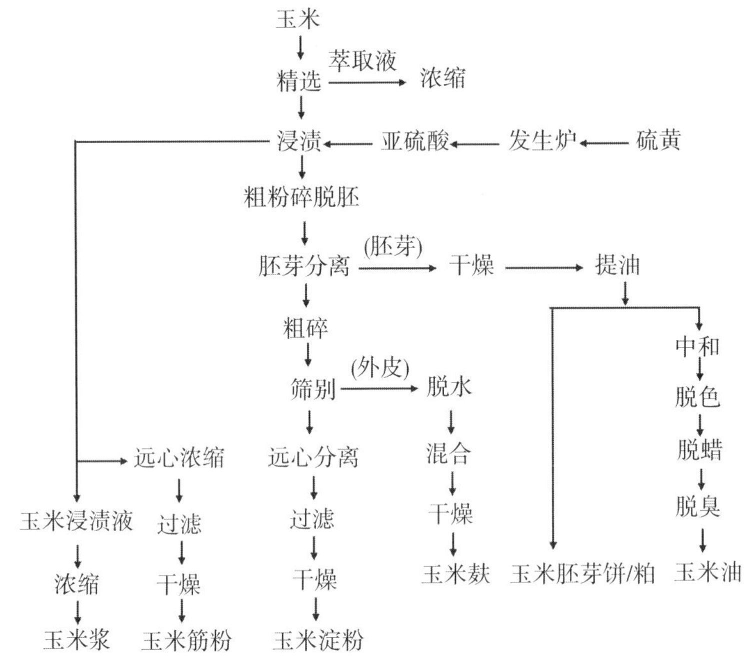

图 3-3　玉米淀粉及其副产物的生产工艺流程图（高嘉安，2001）

一、玉米浆

1. 营养特性

在玉米淀粉生产过程中，将净化后的玉米用水浸泡后再次脱水，然后经 0.20%～0.25%的亚硫酸溶液浸泡 60～70 h，浸泡过程中玉米的结构和组织会遭到严重的破坏，细胞浆、细胞液和细胞结构都会进到浸泡液中，浓缩后呈黄褐色的液体即为玉米浆（干物质含量为 6%～9%）。由于在浸泡的过程中，玉米中一些可溶性营养物质会溶解到浸泡水中，因此导致了玉米浆中含有很多的营养成分，但是由于玉米浆含有过量的亚硫酸盐，不能用于直接饲喂动物。许多工厂将其直接当成垃圾排放到环境中，不仅浪费了资源，并且严重危害了环境。如何对玉米浆进行开发利用成为现如今企业和社会面临的问题。

玉米浆中可溶性营养物质含量较高，尤其是可溶性蛋白质，并且纤维含量很低。玉米浆中还含有大量的微量元素和B族维生素，尽管玉米浆中含有一定量的亚硫酸盐，但是，如果控制好玉米浆在家畜日粮配方中的使用量，玉米浆将是家畜良好的饲料原料。在玉米浆应用于家畜日粮中之前，需要对玉米浆进行一定的处理。现阶段的主要方法是将玉米浆进行烘干处理或者制作喷浆饲料，如喷浆玉米皮等。但是烘干玉米浆的成本巨大，而且会对设备造成严重损耗。

限制玉米浆利用除了自身液态的状态外，玉米浆的营养成分也存在较大的变化。玉米浆分为液态和固态两种。液态的玉米浆干物质含量为46%～50%，灰分含量为8%～10%，总氮含量为3%～3.7%。固态玉米浆的干物质含量为90%～92%，灰分含量为12%～14%，总氮含量为7%～8%。由此可见，不同状态的玉米浆营养成分存在较大差异。另外，不同的玉米批次、生产工艺、干燥方法和环境因素都是影响玉米浆营养成分的因素。由此可见，要将玉米浆应用于畜禽生产中，要根据试验的玉米浆批次和环境进行多次测定。

2. 饲料应用

玉米浆的pH为3.9～4.1，属于酸性饲料，如果长期在单胃动物日粮中添加使用，很可能造成单胃动物胃肠道的损伤。因此，许多学者将玉米浆应用于反刍动物日粮中，利用反刍动物采食粗饲料的过程中会分泌大量唾液，从而达到中和玉米浆酸性过强的目的。但是也要注意反刍动物日粮中玉米浆的添加比例，以防瘤胃pH偏低进而影响瘤胃微生物的活性。

玉米浆含有一定氮源、发酵糖、生长素、核酸、无机盐等物质，可为微生物生长代谢提供营养。基础日粮中添加5%玉米浆对羊生长性能没有负面影响，但是，高比例（>10%）添加可能降低饲料利用率，增加饲养成本。然而，以15%玉米浆添加到水牛日粮中并未对水牛的生长性能造成负面影响。因此，在不同家畜的基础日粮中添加玉米浆作为饲料原料，根据试验动物的不同和玉米浆营养成分的差异，试验结果也不尽相同。但是在反刍动物日粮中添加玉米浆是可行的，具有降低饲料成本的潜在作用。

二、玉米胚芽饼（粕）

1. 营养特性

玉米胚芽饼是利用玉米制造淀粉过程中生产的胚芽，在以玉米胚芽为原料，经压榨或浸提取油后所留下来的副产物。一般将压榨法提油后的产品称为玉米胚芽饼，溶剂浸出法提油后的产品称为玉米胚芽粕。由于溶剂浸提法出油率较高，所以玉米胚芽粕较为常见。玉米胚芽饼或粕的营养成分如表 3－7。

玉米胚芽粕粗蛋白含量一般为 23%～25%，主要为球蛋白、谷蛋白和白蛋白，是玉米蛋白中生物学价值最高的蛋白质。胚芽粕的粗蛋白含量与玉米麸接近，且远远地高于玉米，但氨基酸组成比玉米麸好，尤其是赖氨酸、色氨酸的含量比玉米麸高得多，矿物质元素、脂肪等含量也比玉米麸高，特别是对猪的消化能高于玉米麸。与玉米相比，玉米胚芽粕粗蛋白是玉米的 2～3 倍，赖氨酸是玉米的 3 倍多，蛋氨酸约是玉米的 1.5 倍，维生素和矿物质的含量也要比玉米高出很多，猪消化能与玉米基本相当。玉米胚芽粕的营养物质，无论是品质、类型还是含量均为玉米加工副产物中最好的，因此玉米胚芽粕在饲料行业中也是一种较好的饲料原料，按照国际饲料分类原则，玉米胚芽粕属于中档能量饲料，在实际生产中可以替代部分玉米和豆粕原料。但是玉米胚芽粕的纤维成分变异较大，不同产地和工艺流程生产出的玉米胚芽粕中的粗纤维、中性洗涤纤维、酸性洗涤纤维的含量均不相同。

表 3－7　玉米胚芽饼（粕）成分及营养价值*

营养成分	玉米胚芽饼	玉米胚芽粕
干物质/%	90.0	90.0
粗蛋白/%	16.7	20.8

续表

营养成分	玉米胚芽饼	玉米胚芽粕
粗脂肪/%	9.6	2.0
粗纤维/%	6.3	6.5
无氮浸出物/%	50.8	54.8
粗灰分/%	6.6	5.9
中性洗涤纤维/%	28.5	38.2
酸性洗涤纤维/%	7.4	10.7
钙/%	0.04	0.06
磷/%	0.5	0.5
非植酸磷/%	0.15	0.15
消化能（猪）/（MJ/kg）	14.69	13.72
代谢能（猪）/（MJ/kg）	13.60	12.59
代谢能（鸡）/（MJ/kg）	9.37	8.66
产奶净能（奶牛）/（MJ/kg）	7.32	6.69
维持净能（肉牛）/（MJ/kg）	8.62	7.83
增重净能（肉牛）/（MJ/kg）	5.86	5.33

注：* 引自中国饲料数据库，第29版。

2. 饲料应用

玉米胚芽粕的能量和蛋白质主要营养成分接近配合饲料或畜禽饲料营养需要，因此具有营养适宜、补充配合使用方便、降低饲料成本等特点，最适合养殖场和养殖户使用，玉米胚芽饼（粕）脂肪含量比较稳定，有效能量变异小，特别是通过机械压榨方法生产的玉米胚芽饼保证了蛋白质和氨基酸不被破坏，故氨基酸利用率高。在产蛋鸡饲料中使用玉米胚芽饼与玉米搭配调节蛋能比，既可以满足其营养需求，又可以降低饲养成本。

玉米胚芽饼（粕）味香，比玉米适口性好，且比玉米松散、体积大，可以改善配合饲料的物理性质，是畜禽饲料中普遍使用的一种较好的原料。所以，从蛋白质含量和消化能高低等方面综合考虑，只要价格低于玉米或相当，就可以在猪的全价料中充分应用，降低配合饲料中玉米和豆粕用量，每吨配合饲料可降低饲料成本 50～100 元；但肉鸡饲料中尽量少用或不用，因肉鸡有效能值相对较低。玉米胚芽饼（粕）适口性好且过瘤胃蛋白质高，非常适合用作反刍动物日粮中的蛋白质原料和氨基酸原料，可占饲料干物质的 10%；玉米胚芽粕不但粗蛋白含量高，全脂玉米胚芽粕中粗脂肪含量也很高，可用于反刍动物日粮，以补充日粮配方中的脂肪。在小公牛日粮中添加 10%全脂玉米胚芽粕可以提高日增重和料肉比，同时能够提高胴体的背膘厚。但是，由于质量难以控制，玉米胚芽饼（粕）品质不稳定，易变质，使用时要注意鉴别。

3. 质量鉴别

玉米胚芽粕为淡黄至褐色，有新鲜油粕味，不应有酸败、发霉味道。玉米胚芽粕为溶剂浸提玉米油后而得，因而脂肪含量较低，不易变质。颜色如果过黑则是干燥时温度过高所致。所用原料对其品质影响很大，尤其含有霉菌毒素的玉米，制成淀粉后毒素均残留于副产物中，饼（粕）中霉菌毒素含量为玉米的 1～3 倍，因而要注意对霉菌毒素进行检验。

贮存注意事项：贮存在干燥、通风的库内，堆内温度不应超过 35 ℃。用干燥、通气的袋包装或用带盖的运输工具运输。

三、玉米皮

1. 营养特性

玉米皮是玉米籽粒的表皮部分，俗称苞米皮、棒子皮，包括果皮和种皮两部分，共占籽粒质量的 5.3%～8.0%。玉米皮是玉米加工过程中，经过浸泡、破碎后分离出来的玉米表皮，经洗涤、挤水、烘干等加工而成，或是加工不脱皮制成玉米粉时，筛出玉米粉后的剩余物。玉米皮在玉米副产物中所占比例为玉米原料的 10%～14%。玉米皮中半纤维素占 30%～40%，纤维素占 10%～20%，淀粉占 10%～20%，剩下约 10%为蛋白质及少量酯类，具体的组成成分又因玉米种类、品质、淀粉生产工艺条件的不同而略有差异。玉米皮粗纤维含量不高，可利用能量也较好，一般用于能量饲料和蛋白饲料之间的过渡型饲料。

湿磨法加工乙醇和玉米淀粉的过程中，首先会对原料进行浸泡，离心分离出玉米胚芽与玉米皮，得到的液体成分浓缩后成为玉米浆。玉米浆以一定的比例与玉米皮混合形成喷浆玉米皮。因此喷浆玉米皮的质量与营养成分在很大程度上受到玉米浆回加比例以及干燥方式、温度及时间等因素的影响。因此需要对喷浆玉米皮进行系统性研究。

2. 饲料应用

玉米皮营养成分丰富，价格相对便宜而且产量大，所以玉米皮可以应用于饲料行业，有普通玉米皮和加浆玉米皮两种。加浆玉米皮也叫加浆纤维，是普通玉米皮经过添加玉米浆后干燥而成的产品，蛋白含量可达16%以上，主要用于生产饲料。加浆玉米皮颜色为淡黄色，气味芳香，含有大量的矿物质，蛋白质含量6%～9%，且含有丰富的有机物质，消化率较高，对畜禽吸收率有明显的积极效果，能够代替部分麸皮使用，降低饲料成本，是原料中价格较低的一种产品。现在，加浆玉米皮产量很大，但产品的附加值非常低。肉鸭饲料中添加5%～10%的喷浆玉米皮，对肉鸭生产性能及肠道发育无不良影响。喷浆玉米皮作为非常规饲料原料在动物生产中应用具有可行性，但是动物对玉米皮的消化吸收率低，口感不佳，气味难闻，加之处理后营养流失严重等缺陷，因此，提高玉米皮资源的利用率，挖掘其营养价值，将对玉米皮资源的充分开发利用具有重要意义。

四、玉米糠和玉米麸

1. 营养特性

玉米糠是玉米制粉过程中的副产物，主要包括果种皮、胚、种脐与少量胚乳。因其中果种皮所占比例较大，粗纤维含量较高，故应控制在单胃动物饲料中的用量。粗脂肪含量变化大，且多为不饱和脂肪酸，因此饲料中长期大量使用可能会使体脂肪变软。玉米糠是饲喂育肥猪的良好饲料，但品质较差，尤其缺少赖氨酸，在使用时应根据加工质量优劣而合理使用，即粗皮不要超过10%～15%，细皮可占20%～25%。

玉米麸是以玉米为原料，湿法加工生产淀粉或玉米糖浆时，原料玉米中除去淀粉、蛋白筋粉及胚芽后所剩余的副产物，这种副产物经干燥后就是玉米麸。玉米麸主要营养成分含量因玉米原料的产地和生产工艺的不同而变化。和玉米相比，玉米麸中的粗脂肪、粗蛋白等都有所提高，但是无氮浸出物含量下降，所以玉米麸有效能降低。玉米麸的营养特点是粗蛋白含量较高，最高可达25%，而粗纤维含量却较低，一般不超过10%，但赖氨酸、蛋氨酸与原料玉米相似，含量较低，其中赖氨酸为0.63%，蛋氨酸为0.29%，苏氨酸为0.68%，色氨酸为0.14%，缬氨酸为0.63%，亮氨酸为1.82%，异亮氨酸为0.62%，苯丙氨酸为0.7%，组氨酸为0.56%。

2. 饲料应用

玉米麸容重较轻，适口性不太好，主要供乳牛、肉牛、绵羊饲用，牛对玉米麸的蛋白质消化率可达80%，可消化养分达75%。绵羊对玉米麸的蛋白质消化率为66%。玉米麸在牛饲料中用量达30%时也不会对乳牛的产乳量和乳脂率带来负面影响。猪对玉米麸的可消化养分达74%，对其粗蛋白消化率达95%。但对猪来讲，玉米麸不应作为猪唯一的蛋白质饲料来源。因为该饲料容重轻，对猪的采食量有影响，一般限制在整个饲料用量的10%以下。此外，火鸡、种猪、马及宠物也可酌情使用。

使用玉米麸时应注意质量鉴定：①有酸败、发霉、焦化气味的玉米麸为变质玉米麸。②玉米麸的颜色受很多因素影响。原料玉米中外皮比例高时，玉米麸的颜色较浅，成分也较差。原料色素含量少或成品色素已氧化时，颜色也较淡；玉米麸的颜色较深则是细度过大及加工过热所致，呈黑褐色则可能是制造过程不良或玉米麸本身变质。通常玉米麸的颜色越趋向黄色，说明其品质越好。③玉米麸中的成片物越多，比重较轻时则说明玉米外皮含量高，成分也较差。主要表现为粗蛋白含量降低，粗纤维含量增高。④在生产过程中有时加入碳酸钙中和 pH 值，会导致钙含量增高。⑤在玉米麸生产过程中混入浸渍液时会增加玉米麸中磷的含量。⑥注意检测玉米麸中的有毒成分，发霉玉米中霉菌毒素在加工成淀粉后，其毒素残存在玉米麸中，其含量约是原玉米的 3 倍。

五、玉米蛋白粉

1. 营养特性

玉米蛋白粉又称“玉米麸质粉”，是湿法生产玉米淀粉或者在生产玉米糖浆时将原料中的淀粉、胚芽等提取之后剩余的产品，也可能包括部分浸渍物或玉米胚芽粕，这些物质的比例会影响玉米蛋白粉的外观色泽和蛋白质的含量。玉米蛋白粉为淡黄色、金黄色或橘黄色，多数为颗粒状，少数为粉状，具有发酵的气味。

蛋白质是含量最高的成分，粗蛋白含量为 35%～60%，包括玉米醇溶蛋白（68%）、谷蛋白（22%）、球蛋白（1.2%）和少量白蛋白。玉米蛋白粉氨基酸含量较高，与鱼粉基本持平，赖氨酸 0.7%～1.1%，蛋氨酸 1%～1.8%，胱氨酸 0.5%～0.9%，精氨酸 1%～2.5%，色氨酸 0.19%～0.36%，但氨基酸组成不合理，蛋氨酸、精氨酸含量高，赖氨酸和色氨酸含量相对较低，其赖氨酸含量仅为鱼粉的 1/5～1/4，色氨酸仅为鱼粉的 1/3～1/2。赖氨酸∶精氨酸约为 1∶（2～2.5），与理想比值相差甚远。除了大量的蛋白质以外，玉米蛋白粉的淀粉含量为 15%，脂肪含量为 7%，粗纤维含量低，易消化，代谢能近似或高于玉米，为高能饲料；矿物质含量少，铁较多，钙、磷较低。此外，维生素中胡萝卜素含量较高，B 族维生素少；玉米蛋白粉中含有大量的油溶性天然色素——黄色素，同时还含有大量的玉米黄素、叶黄素和隐黄素等类胡萝卜素。它的叶黄素含量为玉米的 15～20 倍。正常的玉米蛋白粉为金黄色，蛋白含量越高，颜色越鲜；颜色偏黑，表明干燥过度。不同厂家生产的玉米蛋白粉的含量和外观差异较大，这是导致玉米蛋白粉的质量差异较大的主要原因。一般来说，蛋白含量高，颜色鲜艳，灰分较低的玉米蛋白粉，营养价值相对较高。按照国际饲料分类原则，玉米蛋白饲料属于中低档能量饲料。从营养角度出发，玉米蛋白饲料粗纤维是玉米的5倍，影响其在日粮中添加的比例；猪消化能是玉米的87%；粗蛋白、粗脂肪、维生素、有效磷等营养成分均明显高于玉米，并且玉米蛋白饲料适口性好，气味芳香，有烤玉米的味道。

2. 饲用价值

玉米蛋白粉主要来源于玉米淀粉加工或者酿造工业的生产过程的副产物，其中蛋白质含量相当丰富，并且具有特殊的颜色和气味，相对于鱼粉和豆粕来说在饲料行业中有更加广泛的应用空间。相对于其他种类的蛋白粉，玉米蛋白粉不含有毒有害物质，因此在利用过程中不需要对其进行工业再处理，可以直接用于蛋白质的来源。饲用价值很高，能改善动物的健康状况，促进动物生长。

家禽饲料中的应用：玉米蛋白粉用作家禽饲料不仅可以节省蛋氨酸，而且着色效果明显，是较好的着色剂，特别适宜作家禽饲料原料。在实际应用中以玉米蛋白粉为主的蛋鸡配合饲料对蛋鸡起保健和促生长作用，从而提高产蛋率和鸡蛋蛋白品质。用不同量玉米蛋白粉代替等量豆粕饲喂蛋鸡的试验表明，用玉米蛋白粉替代7%的豆粕，可以提高蛋鸡产蛋率和饲料利用率。玉米蛋白粉中叶黄素含量是玉米的5倍多，能有效地被鸡肠道吸收或沉积在鸡皮肤表面，使鸡蛋呈金黄色，鸡皮肤呈黄色，使鸡肉的颜色成为诱人的金黄色。在褐壳蛋鸡日粮中添加6.5%的玉米蛋白粉，可以提高蛋黄色泽级数。此外，玉米蛋白粉含有丰富的亚油酸，可以促进鸡的脂质代谢，保证必需氨基酸的合成，从而有利于提高能量消化率。因此在鸡饲料中添加玉米蛋白粉不仅可以有效提高饲料的适口性，提高鸡饲料的营养价值，更重要的是富含的叶黄素是家禽皮肤或蛋黄颜色的决定因素，能有效提高蛋鸡和肉鸡的产品品质。此外，玉米蛋白粉中的亚油酸还能促进鸡的脂肪代谢和氨基酸的聚合，对鸡的健康成长具有良好的作用。但由于玉米蛋白粉很细，氨基酸组成不平衡，因此它在鸡配合饲料中的用量不宜过大（一般在5%以下，颗粒化后可用至10%左右），建议在肉禽和蛋禽的最高添加量以不超过10%为宜，否则会影响鸡的采食量。

猪饲料中的应用：Lys是玉米蛋白粉饲喂生长育肥猪的第一限制性氨基酸，因此用玉米蛋白粉替代豆粕用作猪的蛋白质饲料源时，必须在其日粮中添加Lys。玉米蛋白粉对猪的适口性较好，易消化吸收，它与豆粕配合使用还可以起到平衡氨基酸的作用，猪配合饲料中的用量一般在15%左右，大量使用时应添加合成氨基酸。建议在妊娠母猪和哺乳母猪的饲料中添加量以不超过5%为宜，体重18 kg以上猪的饲用添加量也不宜超过5%。在生长育肥猪中添加量以不超过10%为宜。

反刍动物饲料中的应用：玉米蛋白粉在养牛行业中具有广泛的应用，可以作为精蛋白的重要来源。玉米蛋白粉中的部分蛋白质可以在牛的小肠中很好地被吸收，从而被合理利用。在养牛生产中，用玉米蛋白粉作精饲料，还可以使部分不能被瘤胃消化的蛋白在小肠被更好地消化吸收。玉米蛋白粉还可用作奶牛、肉牛的蛋白质饲料原料，但因其密度大，需要配合密度小的饲料原料使用，其在精料中的添加量以30%为宜。另外，在使用玉米蛋白粉的过程中，还应该注意对霉菌（尤其是黄曲霉毒素）含量的检测。

此外，玉米蛋白粉是蛋白质含量较高的蛋白质饲料原料，其中粗纤维含量低，脂肪含量相对较高，高温下有利于动物的能量摄入，对于降低禽畜脂肪消耗，缓解热应激具有良好的作用。但是由于氨基酸含量低，尤其是赖氨酸、蛋氨酸等限制性氨基酸的比例不太合理，矿物质和维生素的组成和含量较差；因此以玉米蛋白粉作鸡、猪饲料时一定要搭配矿物质、维生素及氨基酸的饲料，并要限制其添加比例，一般限制在5%的范围内。但就经济性而言，用玉米蛋白粉作鸡饲料优于猪饲料，因为猪饲料中需添加赖氨酸。用作奶牛、肉牛饲料时，可当作部分蛋白质饲料来源；但因其容重较大，最好配合些松散性原料使用。

3. 质量鉴别

1）质量标准：

①颜色：色泽新鲜，为金黄色，鲜度不良或贮藏时间过久则颜色变淡，干燥过度时颜色变黑。原料也影响色泽的深浅。②味道：带有烤玉米的味道或玉米发酵的特殊气味，无臭味和发霉等异味。③质地：呈粉粒状，无发霉变质、结块等。

2）影响因素：

①原料品质对成品影响较大，尤其含有霉菌毒素的玉米，制成淀粉后其毒素残留于副产物中。②水分含量高时，贮存或者运输期间则有可能发生霉变，色素也会失去活性，着色变差，通常水分要控制在12%以下。③玉米原料成分、处理设备及处理方法等均能影响玉米蛋白粉的成分。④玉米蛋白粉的色素成分易氧化消失，因而可从外表色泽深浅程度判断出来，影响因素有温度、季节、贮存条件、贮存时间、生产方式及玉米原料等。

3）贮存注意事项：玉米蛋白粉由于颜色变化受外界影响较大，因而要存放在避光、通风、干燥的库房中，运输时也要注意干燥，以免发生质变。

综上，玉米加工副产物作为饲料原料的关键是看其所含有的营养成分含量，这些原料的营养价值因受到不同生产工艺的影响而变化较大，各种副产物之间，甚至同种副产物之间的营养成分含量变异幅度都很大，这给饲料原料在配合饲料中的利用带来了很大的困惑，不容易掌握其在配合饲料中的适宜添加量。如何精准评价这些原料，建立可行的营养含量数据库，为我国畜禽生产提供必要的数据基础，更好地提高饲料原料的利用效率，改善养分的转化效率，从而降低生产成本，这些工作显得尤为重要。同时，玉米副产物容易受到霉菌毒素的侵袭，通过制粒的加工方式可以减少原料中的水分，减少原料暴露在空气中的面积，从而降低原料遭到霉菌侵染的风险。此外，目前国家关于玉米加工副产物的原料标准并不完善，很难保证玉米加工副产物质量稳定统一，很难对其营养价值做出较为准确的判断，因此需要制定详尽的采购标准。

第四节 豆类加工副产物饲料化利用

大豆原产于中国，大豆及其制品的营养保健价值特别高。它也含有丰富的维生素和多种矿物质。随着大豆产业的快速发展，其副产物如豆渣、大豆肽、大豆低聚糖、大豆膳食纤维、异黄酮、大豆卵磷脂和豆粕产量相应上涨，大豆的这些副产物没有得到充分利用。豆粕和豆腐残渣主要用作饲料，大豆乳清作为废水排放。大豆肽、大豆低聚糖、大豆膳食纤维、异黄酮、大豆和大豆卵磷脂中含有多种生物活性物质，对人体有许多保健功能，并已成为一个全球性的健康食品。本文主要讨论大豆副产物的豆渣、豆粕、大豆浓缩蛋白、大豆皮和大豆蛋白肽等的饲料化利用。

一、豆渣的饲料化利用

1. 豆渣来源

豆渣是豆腐和豆浆等大豆加工产品的副产物，含有蛋白质、脂肪、钙、磷和铁等多种营养物质。中国是豆腐生产的发祥地，有着悠久的豆腐生产历史。豆腐的大量销售导致豆腐渣的生产量也很大。如果对豆渣进行合理的综合开发利用，可以大幅度降低生产成本。

一般豆渣可以直接作为饲料使用，但这种方法利用价值较低，我们可以进行豆渣微生物发酵处理，加工后豆渣中蛋白质含量大幅增加，可以提高豆渣饲料利用价值，缓和我国蛋白质资源长期依赖进口的状况，同时提高经济效益。

2. 加工工艺流程

豆渣菌体饲料制备工艺流程如图 3－4 所示。

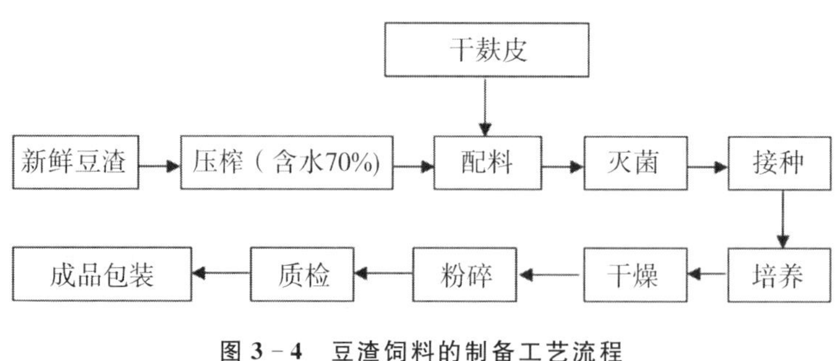

图 3－4　豆渣饲料的制备工艺流程

3. 主要营养成分

大豆中残留着一部分营养成分，一般豆渣中除了含有85%的水分，3%的蛋白质，0.5%的脂肪，8%的碳水化合物（纤维素和多糖等）外，还含有钙、磷和铁等矿物质。

豆渣粉的水分含量为6.71%，其营养成分的测定结果如表3－8所示，豆渣中蛋白质、总糖和不溶性膳食纤维的含量高，脂肪和还原糖的含量低。豆渣的蛋白质是鸡蛋的1.4倍，是猪肉的0.9倍，即17.84%。豆渣蛋白质的氨基酸组成与大豆蛋白质基本一致。

表 3－8　豆渣的营养成分

项目	蛋白质	粗脂肪	灰分	总糖	还原糖	粗纤维	不溶性膳食纤维	黄酮
含量（%，以干基计）	17.84	5.90	3.85	37.40	2.57	9.62	36.29	0.22

豆渣中粗纤维为9.62%，不溶性膳食纤维为36.29%。酸洗法和碱洗法在测定粗纤维的过程中，由于纤维素和半纤维素等成分会产生一定程度的分解，因此测定值低于实际含量。纤维素被称为“第七营养素”，可促进肠道的蠕动，帮助消化吸收，缩短排泄物通过肠内的时间，结合或释放发酵产生的挥发性脂肪酸，抑制胆固醇的吸收，维持血糖平衡。大豆中含

有大量异黄酮，具有防止氧化、除去自由基的功能。豆渣还残留着大豆中黄酮类的一部分，也具有大豆异黄酮的抗氧化等功能。

豆渣粉的矿物质元素含量如表 3－9 所示，豆渣中钾含量高、钠含量低，钙和镁含量高，钙和镁离子在维持机体酸碱平衡，保持神经肌肉兴奋中发挥重要作用。钙还是骨骼和牙齿的主要成分，镁是许多酶的辅酶。此外，豆渣还含有一定量的铁、锌、铬和铜等微量元素，对维持机体正常的生理代谢起着重要的作用。

表 3－9　豆渣的矿物质元素

项目	钾	钙	钠	镁	锰	锌	铁	铬	铜
含量（mg/g，干物质）	9.36	4.19	0.96	2.57	0.019	0.026	0.11	0.0018	0.0067

4．豆渣在动物生产中的应用

豆渣的营养价值很高，但其自身所含的多种抗营养因子阻碍了豆渣的利用。这些抗营养物质中含有胰蛋白酶抑制因子、凝集素、甲状腺肿瘤因子、植酸和丹宁等，影响豆渣中蛋白质和矿物质的消化吸收，易引起腹泻等不良症状。因此，豆渣经过发酵可以去除抗营养因子，进而作为饲料原料，这个现象是很普遍的。

1）豆渣在猪生产中的应用

豆渣通过发酵去除了抗营养因子和异臭，另外，生豆渣中的粗纤维也在发酵过程中有所分解，口感也有所改善。在母猪饲料中添加适量的发酵豆渣可改善饲料的适口性，提高母猪的采食量，有利于母猪断奶后体态的恢复和发情。哺乳母猪的生产性能体现在奶分泌量、小猪体重增加和断奶存活率等方面。发酵豆渣含有多种抗氧化物质，如黄嘌呤、染料黄酮类、异黄酮和 3－羟基-氨基苯甲酸等，提高了动物的抗病性和生产水平。利用固体发酵饲料和液体饲养集成技术，扩大饲料资源开发，转变玉米-豆粕依赖型配方思维，可将家庭农场猪育肥饲料成本优化，具有很好的经济效益和社会效益。

2）豆渣在反刍动物生产中的应用

以豆渣和麦麸为原料，加入复合乳酸菌和枯草芽孢杆菌进行固体发酵，使 pH 值降低，进而使反刍动物饲料耐贮藏。综合感官评定和发酵品质指标确定固体发酵的最佳技术条件为：培养基组成中豆渣∶麦麸＝7∶3，接种物配比是乳酸菌∶枯草芽孢杆菌＝1∶1，接种量为 5%，发酵温度为 35 ℃。采用芽孢杆菌、乳酸菌、产朊假丝酵母和白地霉等菌株进行复配并对豆渣进行发酵后饲喂肉牛试验，发现发酵豆渣适口性改善，粗蛋白含量 28.35%，有机酸含量高，pH 值下降，饲喂发酵豆渣的肉牛相比于饲喂普通饲料的肉牛日增重提升 20.2%，饲喂效果显著。

3）豆渣在水产养殖中的应用

以发酵豆渣对建鲤的特定生长率作为评价指标，回归分析表明，其饲料中发酵豆渣添加水平过高时可抑制其生长，但可提高其机体抗氧化能力。饲喂豆子对黑鲷的生长状况、躯干的性状和肌肉的特性会有影响，但饲喂豆渣的肉样品色度更高，肉样品中极性脂质含量更高。

二、豆粕的饲料化利用

1. 豆粕来源

豆粕是从大豆中提取豆油后得到的副产物，又名“大豆粕”。根据提取方法，可以分为一浸豆粕和二浸豆粕。其中，用浸出提取法提取豆油的副产物作为一浸豆粕，而先以压榨取油，再经过浸提取油后得到的副产物称为二浸豆粕。

2. 豆粕加工工艺流程

带皮豆粕压榨浸出加工工艺流程如图 3－5 所示。

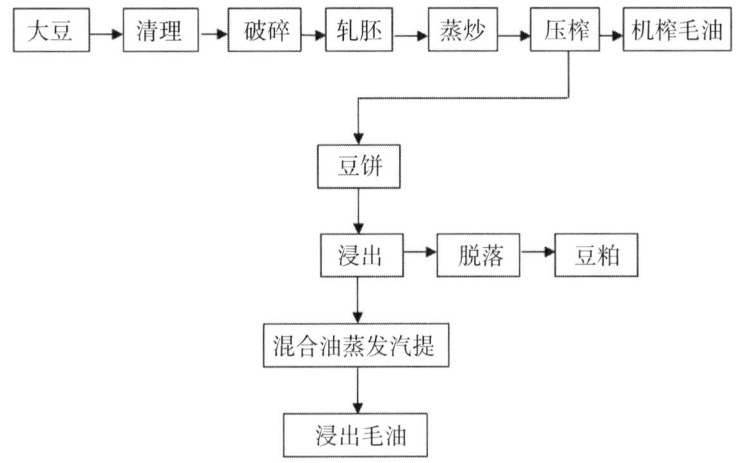

图 3-5 带皮豆粕压榨浸出加工工艺流程

去皮豆粕加工工艺流程如图 3-6 所示。

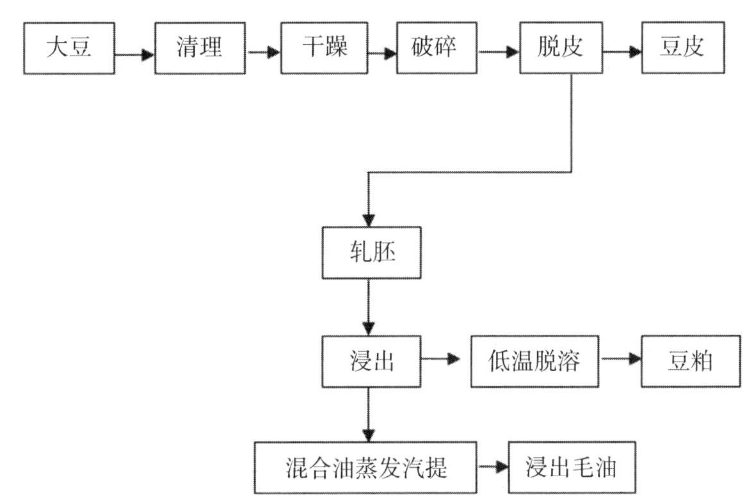

图 3-6 去皮豆粕加工工艺流程

3. 豆粕主要营养成分

蛋白质是饲料营养的重要指标之一。蛋白质含量和消化率越高，氨基酸的比例越合理，蛋白质饲料质量就越好。与普通豆粕相比，去皮豆粕具有高的蛋白质含量，高蛋白质含量使饲料中其他蛋白质原料的投入量大为减少，降低了畜禽的养殖成本。豆粕中富含多种必需氨基酸，去皮豆粕的氨基酸含量及消化率都高于普通豆粕。带皮豆粕与去皮豆粕营养成分比较见表 3－10。

表 3－10　带皮豆粕与去皮豆粕营养成分比较

项目	带皮豆粕	去皮豆粕
总能/（MJ/kg）	17.30	17.70
干物质/%	89.30	89.90
粗蛋白/%	43.40	48.10
酸水解脂肪/%	1.20	1.60
粗灰分/%	6.20	6.30
淀粉/%	2.20	2.40
酸性洗涤纤维/%	5.80	5.80
中性洗涤纤维/%	11.90	8.90
总膳食纤维/%	17.50	18.30
钙/%	0.36	0.34
总磷/%	0.61	0.69
必需氨基酸		
精氨酸/%	3.15	3.54
组氨酸/%	1.23	1.31
异亮氨酸/%	1.98	2.21
亮氨酸/%	3.32	3.75
赖氨酸/%	2.75	3.01
蛋氨酸/%	0.61	0.98
苯丙氨酸/%	2.23	2.45
苏氨酸/%	1.75	1.84

续表

项目	带皮豆粕	去皮豆粕
色氨酸/%	0.60	0.68
缬氨酸/%	2.00	2.28
非必需氨基酸		
丙氨酸/%	1.91	2.15
天冬氨酸/%	4.88	5.48
胱氨酸/%	0.64	0.71
谷氨酸/%	7.76	8.58
甘氨酸/%	1.87	2.03
脯氨酸/%	2.38	2.50
丝氨酸/%	2.12	2.34
酪氨酸/%	1.56	1.70

4. 豆粕在动物生产中的应用

豆粕是优良的植物蛋白原料，蛋白质含量高，氨基酸组成合理，动物对其利用率高，是猪等单胃动物很好的日粮原料。但是，豆粕还有各种抗营养因子，如胰蛋白酶抑制剂、大豆血凝素、大豆抗原蛋白、脲酶、寡糖、植酸及致甲状腺肿素等多种抗营养因子。

豆粕是棉籽粕、花生粕、菜籽粕等12种植物油粕饲料产品中产量最大，用途最广的一种，主要用于生产牲畜和家禽饲料，也可以在糕点食品、保健食品和化妆品等领域使用。豆粕作为家禽和猪的饲料时，不需额外加入动物性蛋白，仅豆粕中所含有的氨基酸就足以平衡家禽和猪的营养。只有当棉籽粕和花生粕的单位蛋白成本比豆粕低得多时，才考虑使用它们。事实上，豆粕已经成为其他蛋白源比较的基准品。豆粕消费主要集中在家禽、生猪、肉牛和奶牛养殖等方面。在奶牛的饲养中，豆粕易于消化，能够提高奶牛的出奶量。在肉牛饲养中，有时高品质的豆粕是不需要的，用其他粕类也能达到同样的效果，因此豆粕在肉牛养殖中的地位不及在生猪饲养中的地位。近几年来，豆粕也被广泛用于水产养殖。包含在豆粕中的各种氨基酸，能充分满足鱼类对氨基酸的特殊需求。由于过度捕捞，造成世界鱼粉减产，豆粕已经开始替代鱼粉用于水产养殖。

1）豆粕在猪生产中的应用

猪对去皮豆粕的营养物质利用率高于普通豆粕。以三元杂交去势公猪为例，去皮豆粕的营养物质利用率高于普通豆粕，去皮豆粕的干物质消化率、氮消化率、氮沉积率、能量消化率和能量沉积率均高于普通豆粕。不同能量浓度的去皮豆粕与普通豆粕对哺乳期母猪生产性能有不同程度的影响。饲喂去皮豆粕的哺乳仔猪平均日增重要高于普通豆粕。

2）豆粕在家禽生产中的应用

用去皮豆粕饲养肉仔鸡和蛋鸡，可以降低单位产品的饲料成本，获得明显的经济效益。粗纤维的含量与能量的消化率呈负相关。去皮豆粕与普通豆粕相比，其粗纤维的含量较低，因此代谢能较高。

3）豆粕在水产养殖中的应用

鱼粉曾被认为是水产饲料中不可缺少的动物蛋白质来源，但除动物蛋白质与植物蛋白质在必需氨基酸和诱食方面存在差异外，氨基酸本身不分动植物。我们可以通过补充和调节营养素实现水产动物营养的全面平衡，并改善适口性。在水产饲料中使用比较便宜的植物性蛋白质原料，例如用豆粕代替鱼粉，可以降低生产成本。去皮豆粕替代部分鱼粉对南美白对虾的体长、体重、成活率、饵料系数和脱壳次数并无明显影响，说明使用去皮豆粕替代部分鱼粉完全可行。

三、发酵豆粕的饲料化利用

1. 发酵豆粕来源

发酵豆粕是结合现代生物工程发酵菌种技术和我国传统固体发酵技术，以优质豆粕为主要原料接种微生物，通过微生物发酵最大限度地消除豆粕中的抗营养因子，有效分解大豆蛋白为优质小肽蛋白源，产生益生菌、寡肽、谷氨酸、乳酸和维生素等活性物质。发酵豆粕可以提高适口性，改善营养物质消化吸收，促进生长，减少腹泻。

2. 加工工艺流程

发酵豆粕加工工艺流程如图 3－7 所示。

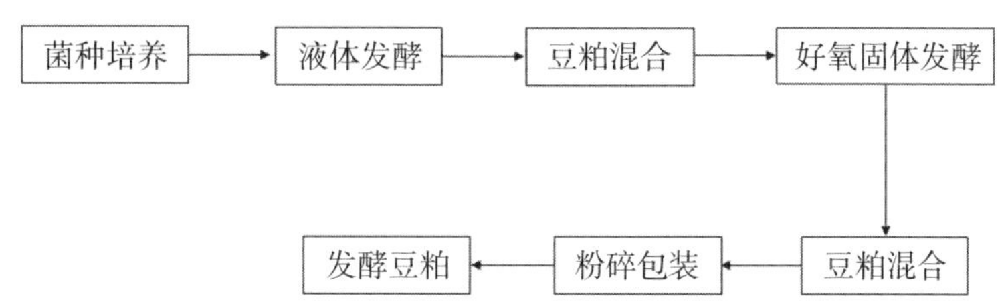

图 3－7 发酵豆粕的生产工艺流程

3. 主要营养成分

如表 3－11 所示，与豆粕相比，发酵豆粕在营养价值和抗营养因子方面有了显著的改善和提高，菌株通过产生蛋白酶将豆粕中的蛋白质分解为多肽类物质，降低了抗营养因子的活性，并具有大量的乳酸和益生菌等活性物质，是一种理想的替代鱼粉和虾粉等动物性蛋白原料的产品。

表 3－11 发酵豆粕的营养成分

项目	发酵豆粕
总能/（MJ/kg）	18.70
干物质/%	82.70
粗蛋白/%	51.50
酸水解脂肪/%	1.60
粗灰分/%	6.90
淀粉/%	0.90
酸性洗涤纤维/%	5.10
中性洗涤纤维/%	8.40

续表

项目	发酵豆粕
总膳食纤维/%	—
钙/%	0.32
总磷/%	0.79
必需氨基酸	
精氨酸/%	3.44
组氨酸/%	1.31
异亮氨酸/%	2.29
亮氨酸/%	3.89
赖氨酸/%	3.02
蛋氨酸/%	0.71
苯丙氨酸/%	2.57
苏氨酸/%	1.98
色氨酸/%	0.68
缬氨酸/%	2.49
非必需氨基酸	
丙氨酸/%	2.22
天冬氨酸/%	5.45
胱氨酸/%	0.76
谷氨酸/%	8.65
甘氨酸/%	2.13
脯氨酸/%	2.59
丝氨酸/%	2.32
酪氨酸/%	1.73

4. 发酵豆粕在动物生产中的应用

发酵豆粕中含有丰富的益生菌及其代谢产物，这些物质可以改善动物肠内微生态环境，有利于营养物质吸收、减少磷元素排放、增加锌铁等矿物质元素利用。豆粕经微生物发酵后，其抗营养因子含量降低，提高了动物对营养物质的吸收利用，避免了动物对豆粕产生的不良或过敏反应，促进肠道消化性能。发酵豆粕的抗营养因子含量远低于豆粕，且富含小分子肽、游离氨基酸、乳酸和益生菌等多种营养成分，深受饲料企业和养殖业的青睐。发酵豆粕在动物养殖业已得到广泛应用，国内外许多研究报道了发酵豆粕在畜禽以及水产类等动物中的饲喂效果。

1）发酵豆粕在猪生产中的应用

采用嗜热链球菌、枯草芽孢杆菌和酿酒酵母对豆粕进行发酵制备发酵豆粕，并替代豆粕用于断奶仔猪的喂养，发现发酵豆粕可促进断奶猪快速生长。与豆粕和鱼粉相比，发酵豆粕可以提高断奶仔猪的氨基酸和其他营养物质的消化率，有利于仔猪的生长发育。在断奶仔猪日粮中添加不同比例的发酵豆粕，研究其对断奶仔猪生长性能和营养物质的消化率，结果表明，随着发酵豆粕在日粮中用量的提高，仔猪全期平均日采食量、日增重显著提高，同时还发现可提高干物质和氮的全肠道表观消化率。

2）发酵豆粕在肉鸡生产中的应用

发酵豆粕替代量为10%时，具有促进鸡生长的作用，提高了饲料转化率，增加了十二指肠和空肠绒毛高度，减少了血清中尿素氮含量和免疫球蛋白G的含量。发酵豆粕作为饲料和一般豆粕型饲料相比，可以提高肉鸡的采食量、日增重，降低料肉比，降低腹泻率。

3）发酵豆粕在水产养殖中的应用

用富含DHA的发酵豆粕替代鱼粉用于鹰嘴鱼养殖中，鹰嘴鱼生长速度加快。一定比例的发酵豆粕替代鱼粉对水产品的增重率、特定生长率、饲料效率和蛋白质效率没有显著影响。发酵豆粕替代鱼粉用于印度对虾、印度明对虾和虾苗的养殖中，其生存率、最终体重、日增重等指标未下降，说明发酵豆粕可替代鱼粉用于虾的养殖。

四、大豆浓缩蛋白的饲料化利用

1. 大豆浓缩蛋白来源

大豆浓缩蛋白（简称 SPC）是以大豆为原料，经过粉碎、除皮、浸出、分离、清洗和干燥等加工过程，去除大豆中的油脂和低分子可溶性非蛋白质成分（主要是可溶性糖、灰分、醇溶蛋白和各种气味物质等）后，所制得的含有65%（干基）以上蛋白质的大豆蛋白产品。SPC是以优质大豆为原料，采用独特的生产工艺去除大豆中的脂肪、可溶性糖（蔗糖、棉糖和苏糖等）及抗营养因子而获得的高蛋白饲料原料。

2. 加工工艺流程

大豆浓缩蛋白加工工艺流程如图 3－8 所示。

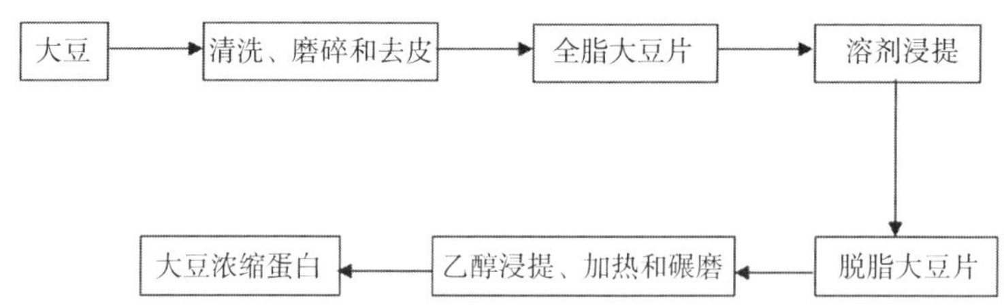

图 3－8　大豆浓缩蛋白的加工工艺流程

3. 主要营养成分

如表 3－12 所示，SPC 比许多植物性蛋白饲料，如大豆和豆粕等具有更高的营养价值，主要体现在 SPC 营养水平高，蛋白质含量丰富，氨基酸平衡。

表 3－12　大豆浓缩蛋白的营养成分

项目	大豆浓缩蛋白
总能/（MJ/kg）	19.00
干物质/%	92.20
粗蛋白/%	64.90

续表

项目	大豆浓缩蛋白
酸水解脂肪/%	0.60
粗灰分/%	6.00
淀粉/%	1.40
酸性洗涤纤维/%	4.40
中性洗涤纤维/%	8.40
总膳食纤维/%	18.80
钙/%	0.32
总磷/%	0.82
必需氨基酸	
精氨酸/%	4.72
组氨酸/%	1.78
异亮氨酸/%	2.96
亮氨酸/%	5.07
赖氨酸/%	4.09
蛋氨酸/%	0.82
苯丙氨酸/%	3.33
苏氨酸/%	2.46
色氨酸/%	0.78
缬氨酸/%	3.07
非必需氨基酸	
丙氨酸/%	2.68

续表

项目	大豆浓缩蛋白
天冬氨酸/%	7.48
胱氨酸/%	0.90
谷氨酸/%	11.90
甘氨酸/%	2.66
脯氨酸/%	3.57
丝氨酸/%	3.30
酪氨酸/%	2.22

4. 大豆浓缩蛋白在动物生产中的应用

植物性蛋白原料由于抗营养因子、碳水化合物及纤维含量较高，因而在断奶仔猪饲料中的用量较少。仔猪对饲料中过剩的豆粕容易引起暂时性的过敏反应，表现出仔猪血清中大豆抗原特异性抗体的滴度升高，导致小肠绒毛萎缩，隐窝细胞增生。仔猪的消化吸收受到阻碍，生长受到阻碍，产生过敏性腹泻。在养猪生产中，仔猪的生长不受大豆蛋白独特加工的影响。因此，经过一系列加工处理的大豆蛋白，如大豆浓缩蛋白，可以替代部分动物蛋白饲料饲养仔猪。

1）大豆浓缩蛋白在猪生产中的应用

仔猪饲料中添加大豆浓缩蛋白可以促进仔猪生长。在哺乳仔猪饲粮中适当添加大豆浓缩蛋白，不但可以减少豆粕的用量，还可以提高仔猪的生长性能。与豆粕相比，日粮中添加 SPC 可降低日粮的免疫原性，从而降低仔猪对大豆抗原的过敏反应。SPC 在断奶仔猪日粮中的进一步研究主要集中在两个方面：一是通过添加其他物质提高 SPC 的利用效率，SPC 添加大豆油之后日粮利用率增加；二是通过酶解或者是微生物发酵等手段对 SPC 进一步处理，以提高消化利用率和改善动物健康。

2）大豆浓缩蛋白在水产养殖中的应用

大豆浓缩蛋白在水产日粮中的应用，大多数鱼品种日粮中鱼粉没有完全代替 SPC，SPC 的适口性比鱼粉差是主要限制因素。当前，虹鳟日粮中 SPC 替代鱼粉的研究较多，在虹鳟日粮中，SPC 可以部分甚至完全替代鱼粉而不影响虹鳟的生长性能和鱼体组成。

五、酶解大豆蛋白的饲料化利用

1. 酶解大豆蛋白来源

利用现代生物技术将大豆蛋白通过蛋白酶酶解为可溶性蛋白和小分子多肽的酶解大豆蛋白是一种绿色生物饲料，它具有比传统大豆中蛋白质更易于吸收、低抗原等特点，被认为是幼龄动物饲料的理想植物蛋白。酶法水解蛋白的主要产物是各种功能性小肽，在肠道能与特殊受体结合，促进动物胃肠道生长发育，提高胃肠道消化和吸收功能，部分小肽可被吸收进入血液循环系统，调节动物免疫功能，并通过生长轴调控动物生长，充分发挥动物的生产潜能。

2. 加工工艺流程

酶解大豆蛋白加工工艺流程如图 3－9 所示。

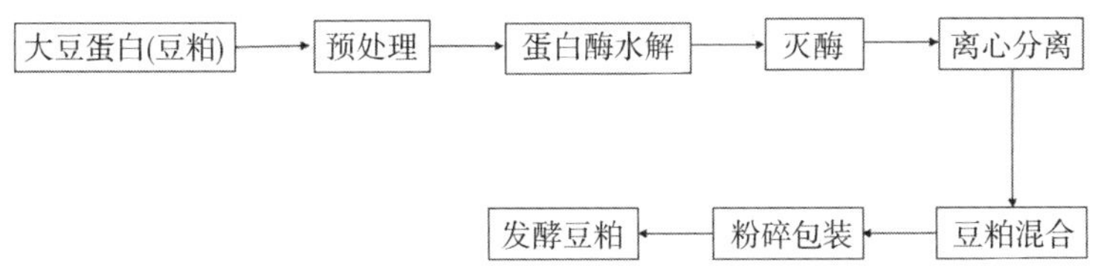

图 3－9　酶解大豆蛋白的加工工艺流程

3. 主要营养成分

酶解大豆蛋白（ESBM）产品与常规蛋白饲料相比，含有更易被吸收的小肽分子和丰富的益生菌、酶类和酸类等生物活性因子，大大提高了营养价值，改善了动物肠道菌群结构，增强了动物机体的免疫力。酶解大豆蛋白的营养成分见表 3 - 13。

表 3 - 13　　酶解大豆蛋白的营养成分

项目	酶解大豆蛋白
总能/（MJ/kg）	18.80
干物质/%	91.30
粗蛋白/%	54.50
酸水解脂肪/%	1.20
粗灰分/%	6.50
淀粉/%	—
酸性洗涤纤维/%	5.90
中性洗涤纤维/%	12.10
总膳食纤维/%	—
钙/%	0.30
总磷/%	0.75
必需氨基酸	
精氨酸/%	4.09
组氨酸/%	1.45
异亮氨酸/%	0.63
亮氨酸/%	4.38
赖氨酸/%	3.49
蛋氨酸/%	0.76
苯丙氨酸/%	2.90
苏氨酸/%	2.16
色氨酸/%	0.76
缬氨酸/%	2.69
非必需氨基酸	
丙氨酸/%	2.48
天冬氨酸/%	6.34

续表

项目	酶解大豆蛋白
胱氨酸/%	0.73
谷氨酸/%	8.87
甘氨酸/%	2.38
脯氨酸/%	2.83
丝氨酸/%	2.58
酪氨酸/%	2.07

4. 酶解大豆蛋白在动物生产中的应用

1）酶解大豆蛋白在猪生产中的应用

断奶仔猪日粮中添加酶解大豆蛋白能显著提高仔猪的生长性能和饲料转化率。饲料中添加一定比例的酶解大豆蛋白，一方面可以促进肠道绒毛发育，维持肠道结构完整和优化肠道菌群，从而保证仔猪消化道健康；另一方面可以提高仔猪对钙和磷的吸收与沉积，从而促进骨骼生长发育。酶解大豆蛋白中发挥生物活性物质的基础主要是具有特定分子量和氨基酸序列的活性肽，如抗氧化肽和免疫调节肽等。日粮中应用酶解大豆蛋白能促进仔猪免疫器官发育，活化免疫细胞，提高免疫因子水平。酶解大豆蛋白还能够显著提高断奶仔猪的平均日增重和饲料转化率。日粮中添加酶解大豆蛋白对断奶仔猪的生长性能、粗蛋白和氨基酸的表观回肠末端消化率无显著影响。商品猪日粮中全程添加酶解大豆蛋白，可为猪提供直接吸收和高效沉积的氮源，同时提高商品猪的消化吸收力、免疫力和抗氧化能力，从而提高生长性能，改善胴体品质，增加经济效益。

2）酶解大豆蛋白在家禽生产中的应用

通过肉鸡日粮中添加酶解大豆蛋白，可以提高饲料的消化率，改善家禽的生长性能。另外，酶解大豆蛋白可减少家禽肠道疾病，促进肠道健康。研究表明，在肉鸡日粮中用5%、10%和15%的酶解大豆蛋白替代对照组中等量的普通豆粕，试验组中肉鸡采食量较对照组分别显著提高12%、

18%和21%，增重分别显著提高8%、10%和16%，料重比分别显著降低3%、5%和7%。因此，豆粕经酶解后可改善其蛋白质营养价值，在肉鸡日粮中加入酶解大豆蛋白，可以提高肉鸡的生长性能和养分消化率。此外，日粮中添加酶解大豆蛋白还能够提高肉鸡生长性能和肉品质，并改善其肠道发育和免疫功能。

3）酶解大豆蛋白在水产养殖中的应用

酶解大豆蛋白产品广泛应用于水产养殖中，提高了鱼虾对营养物质的利用率和增重率，降低了饲料转化率。在异育银鲫饲料中添加适量的酶解大豆蛋白小肽制剂，发现其生长性能和免疫力得到提高。饲料中添加酶解大豆蛋白不能提高凡纳滨对虾的生长性能，但少量添加可明显提高凡纳滨对虾的抗病力。

六、大豆皮的饲料化利用

1. 大豆皮来源

大豆皮是去皮豆粕生产过程中的主要副产物，分别占大豆重量和体积的8%和10%。大豆种皮由外皮和内皮组成。外皮的主要成分是果胶和半纤维素，内皮的主要成分是纤维素。

2. 加工工艺流程

大豆皮加工工艺流程如图3-10所示。

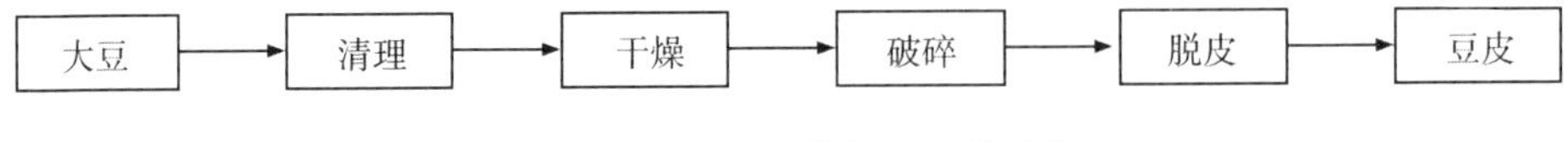

图3-10 大豆皮的加工工艺流程

3. 营养成分

大豆皮纤维含量高，木质素含量低，消化率高，尤其适用于反刍动物。大豆粉碎饲料和大豆粉碎废料这两种大豆皮产品被作为动物饲料使用。大豆粉碎饲料由大豆皮和粉碎机尾部的加工豆粉和碎料组成，该饲料的粗蛋白含量为13%，粗纤维含量为32%。大豆皮粉碎废料由大豆皮和附着在干壳内的子叶部分组成，这种副产物的粗蛋白含量为11%，粗纤维含量为35%。由于大豆皮在瘤胃、网胃中发酵缓慢，它不会抑制其他日粮原料中的纤维素消化率。因此，大豆皮是放牧牛的理想能量补充料。对于饲喂日粮中粗料含量低的牛来说，大豆皮的饲用价值低于玉米粒。大豆皮可作为谷物的替代物饲喂单胃动物（如猪），但在日粮中的含量不能过高。大豆皮是一种可用于限能日粮的好原料。在有条件的地区，将大豆皮粉碎、湿喂或加工成颗粒替代适量的谷物类饲料与其他粗饲料同时饲喂反刍动物具有非常广阔的前景。大豆皮与其他纤维原料化学成分组成见表3-14。

表 3-14　大豆皮与其他纤维原料化学成分组成

项目	玉米皮	麦麸	大豆皮	米糠	甜菜渣	燕麦麸
总能/（MJ/kg）	17.31	17.03	16.14	19.50	16.22	18.52
干物质/%	92.07	90.48	91.00	89.94	86.94	92.91
粗蛋白/%	14.84	17.50	20.09	13.62	9.86	21.05
粗脂肪/%	3.89	3.52	2.89	8.18	0.42	7.52
粗灰分/%	2.53	6.11	7.20	7.95	2.47	5.34
中性洗涤纤维/%	52.01	33.64	61.75	44.03	37.78	39.12
酸性洗涤纤维/%	16.23	9.72	44.41	26.13	21.27	8.80
酸性洗涤木质素/%	2.22	2.01	1.71	9.76	6.04	3.05
纤维素/%	14.01	7.71	42.70	16.37	15.23	5.75
半纤维素/%	35.78	23.92	17.34	17.90	16.51	30.32
总膳食纤维/%	63.14	43.42	67.26	29.78	69.96	45.87
可溶性膳食纤维/%	7.03	4.51	13.53	5.12	27.44	18.06
不可溶性膳食纤维/%	56.11	38.91	53.73	24.66	42.52	27.81
非淀粉多糖/%	60.92	41.41	65.55	16.72	63.92	42.82
淀粉/%	13.04	18.52	8.64	26.16	6.61	25.94
持水力/（g/g）	5.32	5.14	5.70	3.91	9.52	7.86

4. 大豆皮在动物生产中的应用

在目前的养殖生产中，牧草是动物的主要饲料，但由于木质素含量高，消化速度慢，大豆皮营养丰富，已成为动物生长的重要饲料。大豆皮具有自身木质素含量低、纤维含量高、易吸收等特点，决定了其今后的应用前景。大豆皮在当前养殖业中发挥着重要作用，它已成为养殖业饲料资源的最佳选择。在实际使用中，应合理利用大豆皮，发挥大豆皮的优势，有效提高养殖业的经济效益。

1）大豆皮在单胃动物生产中的应用

单胃动物可通过盲肠中的微生物发酵消化利用大豆皮中的纤维和果胶，因此大豆皮也可应用到猪和禽的日粮中，但大豆皮有较高的粗纤维含量和脲酶活性，可能具有某些抗营养作用，在猪、鸡等单胃动物饲料中使用要谨慎，且比例不宜高。与玉米-豆粕型基础日粮相比，生长猪日粮中添加大豆皮，可以降低能量和纤维组分的表观回肠消化率和全肠道表观消化率。妊娠后期日粮中补充甜菜浆、大豆皮和葵花粕的混合物能有效降低新生仔猪中僵猪的比例、新生仔猪的腹泻和死亡率。日粮中添加大豆皮纤维原料对哺乳母猪的采食量没有显著影响。大豆皮在猪的盲肠发酵后产生的 VFA 浓度比甜菜渣、麦麸和苜蓿粉的要高。目前认为饲料中添加大豆皮能明显提高母猪的窝断奶仔猪数。

肉鸭和鹅的消化道容积大，对纤维的消化能力较强，且纤维有助于减少体内的脂肪含量，从而提高肉品质。在肉鸭饲料中添加大豆皮不但能提高肉鸭的胸肌率，降低腹脂率和皮脂率，而且胴体品质也能得到改善。此外，大豆皮也可用于需对能量进食量加以限制的宠物饲料中，既能防止宠物过于肥胖，又可加快饲料在其消化道内的流通速度，减少消化道有毒代谢产物（如氨、胺）的产生量，从而改善动物的健康状况。

2）大豆皮在奶牛生产中的应用

提高反刍动物能量摄入量常用的方法就是补饲谷物类能量饲料，而大量富含淀粉的谷物饲料在瘤胃中快速发酵，会导致瘤胃液 pH 值迅速降低和微生物区系紊乱，从而影响饲料干物质和粗纤维的消化。大豆皮产奶净能值为7.4 MJ/kg，而常用的玉米、小麦麸和燕麦的产奶净能值分别为8.2 MJ/kg、6.7 MJ/kg和7.4 MJ/kg，说明大豆皮可以在奶牛日粮中替代某些能量饲料成分。因此根据有效能量值，大豆皮被认为是体积较大的精饲料。如果用大豆皮替代奶牛混合精料30%以下的谷物类能量饲料（玉米、大麦、燕麦等），可以提高乳脂肪率，不会对乳产量和饲料转化效率等产生不良影响。因此，用大豆皮替代反刍动物部分混合精料是完全可行的。大豆皮可以提高荷斯坦奶牛日粮中干物质和中性洗涤纤维的消化率，且奶产量和乳蛋白含量也得到提高。但是，大豆皮替代牧草时会降低奶牛的日采食量和日粮在瘤胃内的滞留时间，这可能是因为大豆皮的添加降低了日粮中来自牧草的纤维含量，且大豆皮在瘤胃内的流通速度相对较快。

3）大豆皮在肉牛生产中的应用

大豆皮的能值接近玉米，好处是瘤胃内pH值不会像喂玉米那样迅速下降而导致酸中毒。大豆皮自身作为饲料资源的独特优点决定了其具有广泛的应用前景。对于生长和育肥期肉牛，日粮精料水平越低，饲料中添加大豆皮的营养价值越高。喂养放牧牛或棚牛，分别补喂等量的玉米和大豆皮，大豆皮与玉米营养价值相近，肉牛的生产性能也相似。在棚牛和放牧牛中补喂适量的大豆皮，既能大大提高肉牛生长速度，又可降低成本。用大豆皮饲养放牧牛和粗饲料型日食牛，可以提高采食量和增长率。

4）大豆皮在羊生产中的应用

当用大豆皮饲喂羔羊时，干物质的采食量和消化率与饲喂玉米相比基本无差异。用大豆皮替代山羊日粮中的百慕大干草，可以提高干物质采食量和消化率。在精粗比为60∶40的泌乳绵羊日粮中用大豆皮替代60%的玉米，奶产量和标准校正乳的产量分别显著提高了16%和36%，乳脂、乳蛋白和非脂乳固体含量也显著提高，但是体重变化不显著。

七、大豆蛋白肽饲料化利用

1. 大豆蛋白肽来源

大豆蛋白肽是大豆蛋白质的水解产物，通过微生物发酵技术将大豆蛋白质转化成多肽、寡肽及小部分氨基酸混合物，通常平均肽链长度为 2～10 个氨基酸的短肽（以长度为 2～3 个氨基酸的低分子肽为主），含少量游离氨基酸、碳水化合物和无机盐成分，相对分子质量<1000，主要溶出峰位置在相对分子质量 300～700。与大豆蛋白质相比，大豆多肽含丰富的小肽，更易消化吸收，具有低过敏性，能促进矿物质、脂肪等营养元素的吸收及抗氧化性等特性。

2. 加工工艺流程

大豆蛋白肽的生产，主要是将大豆蛋白质用化学法或酶法水解成小分子的肽链，其组成为游离氨基酸和多肽的混合物。生产大豆蛋白肽的关键是蛋白水解，一般水解方法有化学水解和酶水解。化学方法是用酸水解或碱水解，它虽然简单便宜，但其缺点是不能有规则地控制生产，而酶水解法则能很好地控制生产。酶的专一性强，作用条件较温和，能较好地保存氨基酸的营养价值。所以，现在普遍采用酶法生产大豆蛋白肽。

大豆蛋白肽加工工艺流程如图 3－11 所示。

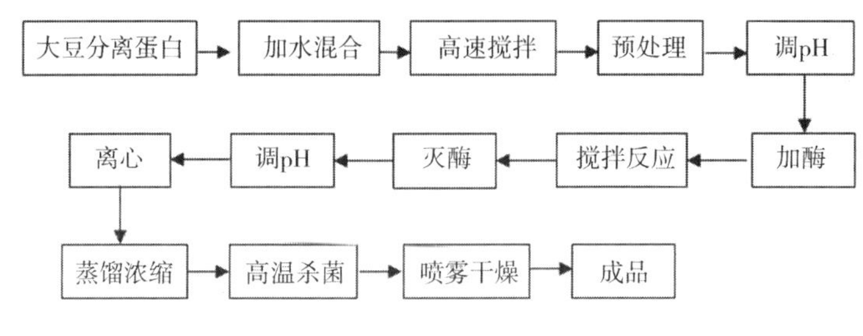

图 3－11　大豆蛋白肽的加工工艺流程

3. 主要营养成分

大豆蛋白肽是大豆蛋白经蛋白酶水解或微生物发酵等方法所制得的分

子量集中在1000以下并具有某些生物学功能的混合低聚肽。它既具有大豆蛋白质的营养学特性，又具有小分子肽所特有的物化特性。大豆蛋白肽由于是小分子蛋白质，其分子量分布以低于1000的为主，因此极易溶于水，且在酸性条件下也不产生沉淀，溶液具有黏度小和受热不凝固等特性。大豆蛋白肽具有两个显著的营养特性，一是较高的消化吸收性：多肽可被肠道直接吸收，而且肽吸收的途径比氨基酸的吸收途径具有更大的输送量。二是具有高营养价值：大豆蛋白肽的氨基酸组成几乎和大豆蛋白完全一样，必需氨基酸平衡，具有很高的营养价值。大豆粗粉经过广泛的水解发酵过程，许多抗营养因子被灭活，易溶于水，无残渣。与其他大豆产品相比具有不同的营养特性，具有低渗透压、受热不凝固性、酸性条件下不沉淀、低黏性、高流动性、良好的乳化性等特点。大豆蛋白肽成分的分析如表3-15所示。

表3-15　大豆蛋白肽成分分析

项目	大豆蛋白肽
水分/%	8.0
粗蛋白/%	53.0
粗脂肪/%	0.8
粗灰分/%	6.8
粗纤维/%	3.5
酸性洗涤纤维/%	6.2
中性洗涤纤维/%	4.0
乳酸/%	＞3.0
寡糖/%	＜1.0
猪消化能/（MJ/kg)	17.06
猪代谢能/（MJ/kg)	15.22
猪净能/（MJ/kg)	9.63
pH	4.3～4.8

续表

项目	大豆蛋白肽
胰蛋白酶抑制因子/（mg/g 蛋白）	1
抗原蛋白/（Log_2）	<1.0
脲酶活性（mg/g N）	<0.1
β-伴大豆球蛋白（μg/g）	<1.0
皂苷/%	—

4. 大豆蛋白肽在动物生产中的应用

大豆蛋白质通过微生物发酵分解为小分子物质、蛋白质和肽，如小肽、抗微生物肽、多肽和其他免疫增强剂，这些肽类物质可以通过肠黏膜直接被转运、吸收，不易达到饱和。小分子肽和氨基酸的吸收不存在相互竞争，小肽也可以促进游离氨基酸的转运和吸收，提高蛋白质的利用率，显著提高饲料消化率。大豆肽蛋白饲料，尤其在幼龄动物（例如哺乳仔猪、断奶仔猪、保育猪）日粮中使用效果很好。

1）大豆蛋白肽在猪生产中的应用

仔猪日粮中添加一定比例的小肽制品，仔猪日采食量、日增重和饲料转化率都有不同程度的提高，而且还能促进早期断奶仔猪的生长发育。因此，大豆肽能发挥营养与抗病的双重作用，从而确保动物健康生长，提高成活率。

2）大豆蛋白肽在家禽生产中的应用

大豆蛋白肽可以提高肉仔鸡日增重和采食量，同时在提高屠宰率方面也有一定作用。大豆蛋白肽可以降低饲料成本，增加毛利润。大豆蛋白肽可有效应用于肉仔鸡生产中，优于使用抗生素。肉仔鸡日粮中添加大豆发酵肽粉可以提高肉仔鸡日增重和饲料转化率，除了大豆蛋白肽外，抗菌肽在养鸡中的应用效果也非常明显。

第五节 油菜籽和油茶籽加工副产物饲料化利用

茶籽饼（粕）是油菜籽榨油后的副产物，营养物质含量丰富，作为饲料原料应用于畜禽养殖生产中具有极大的开发潜力。但是菜籽饼（粕）含有硫代葡萄糖苷、单宁、植酸、芥酸等抗营养因子，一定程度上限制了菜籽饼（粕）的广泛应用，通过饲料加工技术可以有效降低或者消除菜籽饼（粕）中抗营养因子，提高其饲用价值。下文将对菜籽饼（粕）的饲料化应用进行介绍，以期为菜籽饼（粕）的广泛应用提供帮助。

一、菜籽饼（粕）的饲料化利用技术

油菜是世界四大油料作物之一，菜籽饼（粕）与菜籽油脚是油菜籽榨油后的副产物。我国油菜种植面积与产量居世界首位，截至2014年底，油菜种植面积已达到758.79万公顷，年产量达到1477.22万吨。

油菜籽榨油后约有60%的饼（粕），其营养成分的测定结果如表3-16所示。菜籽饼（粕）中含有35%～40%的粗蛋白，氨基酸组成比较全面，营养价值可与联合国粮农组织和世界卫生组织推荐的理想蛋白相媲美，是一种优良的植物蛋白质饲料资源。然而，油菜籽粕利用率较低，大部分用于肥料、饲料或者废弃物垃圾等。菜籽饼（粕）富含蛋白质、多酚、硫代葡萄糖苷、原花青素等活性成分，尚未得到合理开发利用。

表3-16　菜籽粕中常规养分含量

测定项目	国家饲料工程技术研究中心（2007）	
	普通菜籽粕/%	“双低”菜籽粕/%
干物质	88.0	91.9
粗蛋白	36.2	40.3
粗脂肪	3.4	3.5

续表

测定项目	国家饲料工程技术研究中心（2007）	
	普通菜籽粕/%	“双低”菜籽粕/%
无氮浸出物	28.8	—
粗纤维	11.2	11.6
中性洗涤纤维	24.1	31.9
酸性洗涤纤维	19.8	23.4
粗灰分	6.9	7.9
钙	6.7	0.7
总磷	1.0	1.04

1. 菜籽饼（粕）的脱毒

菜籽饼（粕）营养丰富，是潜力很大的优质蛋白饲料资源。但是，菜籽饼（粕）含有硫代葡萄糖苷、单宁、植酸、芥酸等抗营养因子，适口性不佳，动物采食过多易中毒，造成脏器（如甲状腺和肝脏）损伤，在猪和家禽饲料中添加量超过10%便会产生负面影响，从而限制了其有效利用。关于菜籽饼（粕）的脱毒方法国内外已进行了大量的研究，提出的脱毒方法大致包括以下几种。

①物理脱毒法：热处理法、脱壳处理法、挤压膨化法。

②化学处理法：酸碱降解法、金属盐催化降解法。

③溶液浸提法：甲醇为溶剂的脱毒方法、乙醇为溶剂的脱毒方法。

④微生物发酵法。

2. 菜籽饼（粕）提取菜籽蛋白

碱提酸沉法：称取一定量的菜籽粕，加水并调节pH值进行蛋白提取。提取条件：pH值13，提取次数为3次，三次提取的料液比分别为1∶10、1∶8、1∶6，提取温度40 ℃，每次提取时间40 min。提取结束后，将料液在1500 r/min下离心10 min得到蛋白提取液。利用盐酸调节离心分离的蛋白提取液pH值4.5，使菜籽蛋白在等电条件下沉淀，沉降率为63%

左右。然后，3000 r/min 下离心 10 min 得到部分菜籽分离蛋白和上清液，上清液继续通过膜浓缩提取残留蛋白。酸沉后分离得到的上清液选用截留相对分子质量 1 万的超滤膜，实行全循环式膜浓缩提取残留蛋白。其工艺条件为：操作压力 0.1 MPa、流速 2 m/s，料液温度 40 ℃，蛋白截留率为 68.5%。将沉降的部分菜籽蛋白和超滤后的蛋白浓缩液混合进行喷雾干燥，控制进口温度 180 ℃，出口温度 90 ℃。

3. 提取高附加值产品

通过提取菜籽饼（粕）中高附加值饲用产品，如菜籽粕同步提取多酚、多糖、浓缩蛋白等产品实现其饲料化综合利用。水酶法提取菜籽多糖的工艺流程如下：菜籽饼（粕）→石油醚脱脂［料液比 1∶3（g/mL），8 h］→80%乙醇脱单糖、色素（料液比 1∶3，6 h，两次）→50 ℃烘干→水溶液加酶浸提→减压浓缩→95%乙醇沉淀→离心→沉淀→冷冻干燥→粗多糖。

采用乙醇脱糖制备浓缩蛋白：在乙醇溶液体积分数 95%、浸提温度 70 ℃、料液比 1∶7、浸提 5 次、每次 20 min 的条件下，获得的浓缩蛋白中赖氨酸等必需氨基酸含量显著提高，并且产品溶解度、氮溶解性、吸水性、吸油性、乳化性、起泡性与泡沫稳定性等功能特性良好，适用于饲料添加剂。

4. 菜籽饼（粕）在动物生产中的应用

1）菜籽饼（粕）在猪生产中的应用

加拿大“双低”菜籽粕可以作为生长猪日粮中的蛋白质饲料原料配制日粮，20 kg 的生长猪添加量不宜超过 14%，25～30 kg 生长猪不宜超过 20%，同时日粮中需要补充赖氨酸。“双低”菜籽粕在育肥猪前期日粮中用量为 13%，后期日粮中用量为 18%是可行的，经济效益显著，但添加比例不可过高，否则猪采食量降低、腹泻严重。脱毒处理过的菜籽粕在育肥猪日粮中用量达到 17%时，可以代替日粮中等蛋白水平的豆粕而不影响其生产水平，且适口性好，无需添加芳香诱食物质。

2）菜籽饼（粕）在家禽生产中的应用

“双低”菜籽饼（粕）在蛋鸡日粮中的应用较多，用量达到了日粮比例的10%。大量试验结果表明，在日粮中添加“双低”菜籽饼（粕）对产蛋率以及蛋的品质没有影响，蛋鸡采食量和鸡蛋的大小会略为下降，但是差异不显著。用幼龄蛋鸡进行的短期试验表明，在日粮中添加“双低”菜籽饼（粕）对采食量和鸡蛋大小会有不良影响。综合各方面因素，一般推荐在蛋鸡日粮中“双低”菜籽饼（粕）的最大添加量不应超过10%。此外，“双低”菜籽饼（粕）对来航鸡的受精率和孵化率没有影响。但是随着日粮中“双低”菜籽饼（粕）含量的增加，和对照组相比，仔鸡的体重降低，一周龄仔鸡的甲状腺增大。但是，仔鸡体重的下降并不会影响到它们在接下来的产蛋周期中的生产性能。

3）菜籽饼（粕）在奶牛生产中的应用

有饲养试验表明，在蛋白含量为14.5%的日粮中用5%加拿大“双低”油菜籽粕替代日粮中的豆粕与棉籽粕，可以显著提高奶牛产奶量且对乳成分无影响；在日粮蛋白含量为12.5%时，用2.5%加拿大“双低”油菜籽粕替代豆粕与棉籽粕，对奶牛产奶量、乳成分无显著影响。经济效益分析结果表明，用加拿大“双低”油菜籽粕替代全日粮中的豆粕与棉籽粕，可以增加经济效益。

二、菜籽油脚的饲料化利用技术

菜籽油脚是菜籽油脂精炼过程中水化脱胶的副产物，占毛油质量的5%～10%。菜籽油脚的主要成分是磷脂、中性油、水分及其他类脂物，还有少量的蛋白质、碳水化合物、蜡和色素，以及有机杂质和无机杂质，其营养成分组成如表3-17所示。菜籽油脚极易酸败、发臭而造成环境污染。如能将这些油脚作为饲用脂肪的代用品，用于畜禽生产，将具有很大的现实意义。

表 3-17　　菜籽油脚养分组成

营养成分	含量	营养成分	含量
代谢能	8.07 Mcal/kg	总磷	0.21%
粗蛋白	15.73%	脂肪酸	30%～45%
粗脂肪	66.24%	磷脂	30.56%
粗纤维	1.05%	亚油酸	26.53%
粗灰分	15.73%	亚麻酸	11.80%
钙	0.21%	甾醇	2.62%
维生素 E	0.02%～0.07%		

1. 菜籽油脚制备饲用脂类添加剂

从油脂生产水化脱胶工序中获得的油脚，一般含有约 35%的水分，这给后期的干燥带来了一定的困难，通常采用盐析沉降的方法，除去其中大部分游离的水。其操作为：将油脚置于一种类似水化罐的盐析罐中，用间接蒸汽加热至沸腾，加入 80 ℃～90 ℃的热水，水量为油脚重的 1～1.5 倍，并按油脚和水总量的 1.5%均匀加入碾细的食盐，搅拌至油脚呈黏稠状，静止沉降约 2 h，从盐析罐下放掉废水。此时的油脚含水一般为 20%～30%，仍然极易水解酸败，除了立即进行干燥处理外，还可按油脚总重的 0.1%添加抗氧化剂二丁基羟基甲苯。

由于油脚的黏度较大，又不易贮存，在往饲料中添加时，既不能采用喷涂的方法，又不能保证直接混合均匀，因此可选用玉米粉或油料的饼（粕）粉作为油脚的载体。由于油脚中磷脂等脂类的热敏性，故采用间歇式真空干燥来获得该固体产品。具体操作为：在一个带夹套的卧式搅拌器中，将玉米粉或饼（粕）粉按（1∶1）～（1.5∶1）的比例与油脚混合，保证真空度在 92～97 kPa 范围内，温度为 60 ℃～70 ℃，干燥至水分在 10%以下，然后冷却、粉碎、包装获得成品。具体操作流程如图 3-12 所示。

油脚→沉降→搅拌→干燥脱水→粉碎→包装

图 3－12　制备脂类添加剂流程图

2. 菜籽油脚制备磷脂和中性油

磷脂是构成生物细胞膜和亚细胞结构的主要成分之一，是动物脑、神经组织、骨髓和内脏不可缺少的组成部分，因而广泛用于婴儿食品或饲料中。制备方法为：菜油脚在 4000 r/min 条件下离心 10 min，分离上层中性油，离心后的沉淀物在沸水浴中加热，进行真空脱水，蒸馏温度 58 ℃～65 ℃，真空度 600 mmHg，脱水 14 h。将真空脱水后的菜油脚加入约 1∶1 的无水丙酮，不断搅拌，使菜油脚中所含的油分溶入丙酮。静置片刻，分离上层澄清的中性油丙酮溶液，沉淀物再加入 1∶1 无水丙酮，同样操作循环提取 3 次。沉淀物按 1∶1 加入乙醚溶解磷脂，过滤，进行精制。滤液中主要为磷脂和乙醚。沉淀再加 1∶1 乙醚溶解，同样操作 3 次，直至滤液呈无色，合并乙醚精制溶液，然后在 50 ℃以下的水浴锅中加热回收乙醚，沉淀部分即为浓缩菜油磷脂，呈黄褐色、带丝光的膏状物。前面得到的中性油丙酮溶液回收丙酮后，可分离出中性油，与第一次离心分离出的中性油合并即为全部中性油。具体工艺流程如图 3－13 所示。

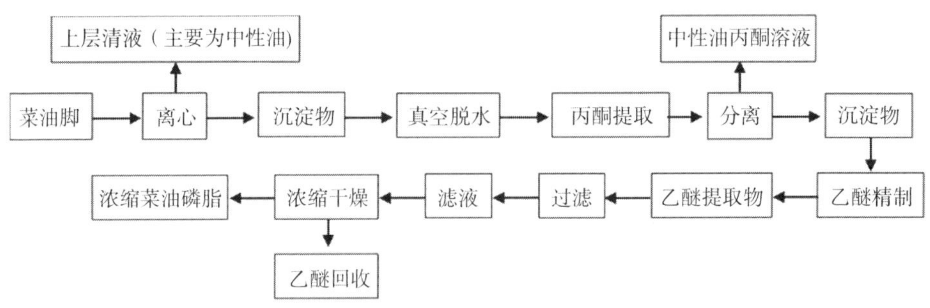

图 3－13　制备磷脂和中性油的工艺流程

3. 菜籽油脚在动物生产中的应用

将菜籽油脚用作饲料，通常人们担心的是毒性和适口性。饲喂实践表明，有毒物质噁唑烷硫酮和异硫氰酸盐主要存在于菜籽饼（粕）中，油脚中很少含有。经测定也未检测出这两种有毒物质。不过芥酸这种有害物质伴随残油进入了油脚，据测定占总脂的14.95％，但在油脚的通常范围内添加，仍是安全的。至于适口性，根据对鸡、猪和奶牛的饲喂实践来看，适口性良好。常法存放的油脚虽具有酸臭味，但按适当比例加入饲料中拌匀后，臭味即消失，散发出菜油香味，动物喜食。

饲喂实践表明，菜籽油脚是畜禽的一种理想能源。据报道，产蛋鸡在9％的范围内饲喂菜籽油脚，对产蛋率、蛋重、蛋壳厚、蛋比重、蛋白品质和料蛋比均无显著影响，且添加菜籽油脚后可降低饲料成本，减少血斑蛋和肉斑蛋的产生。在8％的范围内添加菜籽油脚饲喂生长后期的肉鸡，可提高增重水平，降低饲料消耗及单位增重的饲料成本。此外，菜籽油脚还具有减少或防止母鸡脂肪肝病的作用。据对奶牛的试验，菜籽油脚在9％的范围内等营养替代精料中的玉米等，对产奶量、乳脂率和饲料报酬均无显著影响。在生长猪的试验中，日粮中添加8％的菜籽油脚对日增重无影响，且长期饲喂会对饲料报酬产生积极影响。

三、油茶籽饼（粕）的饲料化利用技术

1. 油茶籽饼（粕）的营养组成

油茶起源于中国，是我国特有的一种常绿、长寿、果实含油率高的油料植物，与油棕、油橄榄、椰子并称为世界四大油料植物，我国是唯一一个将油茶作为食用油料栽培的国家，截至2018年末，预计油茶林面积约6724万亩，茶油产量69.7万吨。

油茶树的果实为油茶果，它由油茶蒲和油茶籽构成，油茶籽是茶油果的内核，油茶籽又由油茶籽壳及油茶籽仁组成。油茶籽经过压榨或浸出等加工可制得油茶籽油，又称茶油。经检测，油茶果中茶籽占40％，茶籽含油20％～35％。茶籽油营养丰富，含油酸、亚油酸、多种维生素（生育酚含量丰富）等，还富含茶皂素、角鲨烯等活性物质。

油茶籽除用于榨油外，其加工副产物如油茶籽饼（粕）、油茶籽壳均有广泛的用途。油茶籽饼（粕）是油茶籽经过压榨或浸提取油后的残渣，含蛋白质 12%～16%，脂肪 1%～3%，可消化碳水化合物 35%以上；茶籽脱壳压榨取油后的饼（粕）中蛋白质含量高达 30%。茶籽粕蛋白中含有 18 种氨基酸，其中 10 种氨基酸为畜禽生产所需的必需氨基酸，是优良的畜禽饲料，其主要化学组成成分如表 3－18 所示。但油茶籽饼（粕）中含有 10%茶皂素、2%以上的单宁、0.4%咖啡因，限制了它的有效利用。茶皂素在低浓度下能促进动物的生长并提高免疫力，但在高浓度下会破坏动物红细胞而产生溶血作用。单宁和咖啡因存在于饲料中会引起适口性差以及使动物消化不良等。因此，人们经常将油茶籽饼（粕）用作燃料燃烧或者肥料施用。

表 3－18　　油茶籽饼（粕）的化学组成成分

组成成分	粗蛋白	粗脂肪	可消化碳水化合物	粗纤维	茶皂素	水分	灰分	无氮浸出物	其他
含量/%	14.64	5.07	40.0	6.5	9.5	11.6	5.9	20～50	6.8

2. 油茶籽饼（粕）的脱毒处理

经过脱毒加工后油茶籽饼（粕）可用作饲料，其营养价值与燕麦、米糠饼相近，其主要营养成分如表 3－19 所示，脱毒脱壳后油茶籽饼（粕）的氨基酸组成如表 3－20 所示。最初人们采用未脱壳榨油后的饼（粕）以碱液或热水浸泡脱毒，但由于其纤维素含量高，喂猪适口性差，同时这样处理会使蛋白质、碳水化合物、维生素等营养成分受到一定程度的损失。为降低油茶籽饼（粕）中纤维素含量、提高营养价值，在油茶籽脱壳榨油基础上，学者们对油茶籽饼（粕）脱毒及脱毒后饲料化利用进行了研究。通过理化法处理和微生物发酵等脱毒处理，能够有效降低油茶籽饼（粕）中有毒有害成分，提高蛋白质的含量和质量，为开发新型饲料资源提供了可能。

表 3-19 脱毒后油茶籽饼（粕）的主要营养成分

测定项目	含量	测定项目	含量
干物质/%	89.40	钙/%	0.25
蛋白质/%	23.04	磷/%	0.20
脂肪/%	4.88	总能/（J/kg）	19.50
粗纤维/%	17.30	皂素/%	2.03
无氮浸出物/%	22.47	灰分/%	1.20

表 3-20 脱壳脱毒后油茶籽饼（粕）中的氨基酸组成 %

氨基酸	含量	氨基酸	含量	氨基酸	含量
天冬氨酸	0.16	丙氨酸	5.93	酪氨酸	6.47
苏氨酸	3.77	胱氨酸	0.01	苯丙氨酸	6.42
丝氨酸	5.12	缬氨酸	5.93	组氨酸	6.20
谷氨酸	16.98	甲硫氨酸	4.85	赖氨酸	8.89
脯氨酸	0.81	异亮氨酸	4.85	精氨酸	6.20
甘氨酸	5.39	亮氨酸	7.82		

3. 油茶籽饼（粕）在动物生产中的应用

1）油茶籽饼（粕）在生猪生产中的应用

在常规玉米-豆粕型日粮中添加 18%的经提取多糖和皂素后的副产物油茶籽饼（粕）饲喂生长猪，结果显示油茶籽饼（粕）型日粮干物质消化率、粗蛋白表观消化率、粗脂肪消化率、能量消化率和消化能显著低于玉米-豆粕型日粮，且试验中猪只健康，说明油茶籽饼（粕）适口性尚可，对肠道没有明显不利影响。将脱毒处理后的油茶籽饼（粕）添加到猪日粮中，不仅没有产生任何毒副作用，而且还有一定的促生长作用。

2）油茶籽饼（粕）在反刍动物生产中的应用

由于油茶籽饼（粕）中含有茶皂素、单宁等抗营养因子，因此对其进行发酵等脱毒处理后可替代部分豆粕饲喂荷斯坦奶牛，在替代豆粕 15%、

30%、45%时，奶牛血清中各种免疫酶类物质并无明显变化，而产奶量和乳成分均有所改善。每吨发酵油茶籽饼（粕）与豆粕相比约节省1135元，采用发酵油茶籽饼（粕）饲喂荷斯坦奶牛，可以有效降低饲养成本。

3）油茶籽饼（粕）在水产养殖中的应用

在罗非鱼饲料中添加适量的脱毒油茶籽饼（粕），对试验组罗非鱼的生长性能、消化酶活性和肌肉成分都有显著影响。此外，有研究表明用20%～50%的脱毒油茶籽饼（粕）配合蚌肉、螺肉、蚝肉、血粉、鱼粉等饲喂甲鱼，其增重速度为2 g/d左右，饲料效率为35%左右。

四、油茶籽饼（粕）中茶皂素及其他提取物的饲料化利用

1. 茶皂素在动物生产中的应用

较高含量的茶皂素限制了油茶籽饼（粕）直接应用于动物生产，只能先将其提取后用少量的作为饲料添加剂使用。常见的提取方法包括：①水浸法；②有机溶剂浸提法；③超声辅助法；④超滤膜法。

在日粮中添加油茶提取物（茶皂素）不仅能提高哺乳仔猪抗腹泻能力和生长性能，而且还能够增强生长猪免疫功能，取代抗生素，提高生长性能，在肉鸡中也有类似的作用。

2. 油茶籽饼（粕）中其他提取物在动物生产中的应用

油茶籽饼（粕）中的单宁加入饲料中可以明显提高断奶仔猪和肉鸡消化道酶的活性，改善营养物质的消化率，进而改善生产性能。据报道，添加糖萜素饲喂猪能够改善哺乳仔猪的生长性能，提高哺乳仔猪抗腹泻能力；在黄羽肉鸡基础日粮中添加糖萜素500 mg/kg，肌苷酸含量提高，胆固醇及重金属含量下降；在山羊精饲料中添加1000 mg/kg糖萜素，其日增重明显提高；在淡水白鲳基础日粮中添加250 mg/kg糖萜素，日增重提高，血清和肌肉中胆固醇含量降低。

3. 油茶籽饼（粕）生产菌体蛋白饲料

提取茶皂素后的油茶籽饼（粕），可以生产加工为菌体蛋白饲料。这

种饲料富含茶多糖和微量茶多酚等抗氧化活性成分，可以任意比例添加制成各种预混或浓缩饲料，用其饲喂畜禽，畜禽抗病能力强，肉质好。

油茶籽饼（粕）有多种加工调制方法，其中生物发酵法被认为是最具发展潜力的处理方法，发酵原料和发酵产物的营养成分如表 3－21 所示。添加高效微生物菌株，在适宜的条件下发酵，不仅能转化降解茶皂素及多酚类物质，达到脱毒的目的，还能降低纤维素含量，提高油茶籽饼（粕）的消化吸收率，改善适口性。黑曲霉是工业应用中常见的真菌菌种之一，是一种在微生物发酵方面被广泛使用的曲霉菌。它不产生毒素，对繁殖生长的要求低，同时可以产生许多种酶类。黑曲霉耐性好，可以耐高温、耐碱、耐酸、耐盐、耐挤压等，具有良好的稳定性。选用黑曲霉作为发酵菌种，以油茶籽饼（粕）配比豆粕作为固态发酵基质的主要成分，采用固态发酵的方法，对油茶籽饼（粕）的粗蛋白含量、氨基酸组成进行改善，从而得到一种生产蛋白饲料的原料。发酵产物中蛋白质含量进一步提高，粗纤维含量降低，氨基酸组分更加合理，适口性好，是优质蛋白质饲料原料，发酵产物的氨基酸含量如表 3－22 所示。固态发酵工艺流程：菌种斜面试管活化→液体培养→接种→固态发酵。

表 3－21　　发酵原料和发酵产物的营养成分

测试项目	粗蛋白/%	粗纤维/%	粗脂肪/%	粗灰分/%	水分/%
发酵原料	19.96	20.12	1.58	3.51	10.24
发酵产物	35.82	10.96	0.98	3.81	6.32

表 3－22　　发酵产物的氨基酸含量

氨基酸	天冬氨酸/%	苏氨酸/%	丝氨酸/%	谷氨酸/%	甘氨酸/%	蛋氨酸/%	缬氨酸/%	异亮氨酸/%	酪氨酸/%	苯丙氨酸/%	赖氨酸/%	组氨酸/%	精氨酸/%	丙氨酸/%	亮氨酸/%	总量
含量	1.49	0.69	0.85	2.34	0.86	0.07	0.95	0.73	0.24	0.92	0.83	0.31	0.76	0.92	1.23	13.19

第六节　酿酒加工副产物饲料化利用

明代李时珍《本草纲目·谷四·酒》引《饮膳标题》："酒之清者曰酿，浊者曰盎；厚曰醇，薄曰醨；重酿曰酎，宿曰醴；美曰醑，未榨曰醅；红日醍，绿曰醽，白曰醝。"酒指用粮食、水果等含淀粉或糖的物质发酵制成的含乙醇的饮料。我国的酒文化已经有几千年历史：从有文字开始，酒就已经存在了。我国生产的酒类主要有白酒、啤酒、葡萄酒、黄酒以及其他水果酒类。

近年来，酿酒行业进一步发展壮大，按照"十五"规划提出的"控制总量，调整结构，技术进步，提高质量，治理污染，增加效益"的总体要求，酿酒业取得了巨大的进步。随着我国酿酒工业的发展，酿酒加工副产物的产生量越来越大，酿酒加工副产物主要包括白酒生产中产生的黄水、酒糟、酒尾、尾水、锅底水、酵母等，啤酒生产中产生的麦根、麦糟、二氧化碳、废酵母等，葡萄酒生产中产生的皮渣、籽、酒脚、酒石等，黄酒生产中产生的酒糟、米浆水、酒脚、碎米、米糠等。将一些大产量的酿酒加工副产物变废为宝应用于畜禽饲料，不仅可以避免环境污染，也是对资源的高效利用，有利于提高经济效益。众所周知，我国是最大的发展中国家，人口多，耕地少，节约用粮具有十分重要的意义。

一、白酒加工副产物

中国白酒具有以酯类为主体的复合香味，以曲类、酒母为糖化发酵剂，利用淀粉质（糖质）原料，经蒸煮、糖化、发酵、蒸馏、陈酿和勾兑酿制而成的各类酒。中国的白酒香型分为酱香型、清香型、浓香型、米香型、凤香型、兼香型等。从健康的角度讲，中国的白酒是所有的蒸馏酒当中对人体健康最有益的，因为它涵盖 3000 多种微量成分，其中有几百种都是对人体有益的功能性物质，这是其他的酒不可比拟的。但是白酒的加工副产物有很多种，如黄水、酒尾、尾水、锅底水、固态酒糟、生料酒糟、液态酒糟、酒精酵母、二氧化碳、杂醇油、醛酯等。关于副产物的综合利用技术有很多，如黄浆水酯化（激素制取黄浆水酯化液、添加乙酸菌制备酯化液、利用酯化酶制剂生产黄水酯化液、化学方法制备酯化液、离子交换树脂快速催化黄水酯化）。黄浆水酯化液用于串蒸可以提高酒质，还可以用来灌窖培养窖泥。黄水中提取有机酸用于烟香精的调配和加工调味料、食品防腐剂、白酒勾兑等，亦可用于栽培食用菌、生产酒醋等。黄浆水的成分相当复杂，富含有机酸及产酯的前体，营养物质丰富，而且还含有大量经长期驯养的梭状芽孢杆菌群。黄水中具有种类繁多的含氮化合物，其游离氨基酸的种类达十几种，这些氮源为微生物发酵的良好营养。黄水中氮资源可通过酶解等方法制备氨基酸，将其添加应用于工业微生物发酵培养基中，可节约生产成本，提高氮资源利用效率。韩小龙等研究结果证实，黄水中有机氮源用于木薯类酒精生产效果优于尿素等无机氮源。此外，黄水中大量的蛋白质及氨基酸态氮，还可用于蛋白饲料等产品的开发。将酯化后的残液，趁热加入玉米粉，拌匀烘干为饲料，此饲料带油枯香、质量好。酒尾和尾水主要通过酯化等继续用于酒的加工生产，生料酒糟用于发酵制作食醋，杂醇油可用作测定牛奶中脂肪的试剂，醛酯馏分作为工业酒精用于制造油漆、颜料、变性酒精和其他化工产品。中华白酒底蕴深厚，承载泱泱中华的情感诉求。如今百花齐放，契合传统，运用现代生物、工程技术优势，我们有传承的责任和使命。下面主要讲白酒固态酒糟的饲料化利用。

1. 白酒糟的来源

白酒糟是用高粱、玉米、大麦等淀粉含量高的谷物酒醅发酵完后再经蒸馏出酒后残留的混合固形物，是白酒行业中最大的副产物。畜牧业的飞速发展导致饲料资源紧缺，而伴随着酒精生产能力的扩大，酒糟的产出量也在不断增加。我国年产酒糟量巨大，但利用率不高。酒糟作为白酒行业生产发酵的副产物，2013 年白酒行业丢糟量在 4000 万吨左右。白酒糟的再利用，成为白酒工厂持续发展循环经济的增长点。茅台酒在2014年启动了遵义鸭溪循环经济园的建设生产，五粮液也在2014年启动与新希望在丢糟饲料项目的合作。酒糟利用的程度直接影响企业的发展，而酒糟加工饲料的水平关系到国家节粮政策的落实。酒糟加工饲料不仅节约了酿酒用粮，防止环境污染，而且可替代大量饲料用粮。酒糟加工饲料前途广阔，为白酒—饲料—养殖一体化开辟了新途径。

2. 白酒糟的主要营养成分或生物活性成分

白酒糟的营养成分主要来自因糖化和发酵不彻底而余留的部分原料残余物，以及微生物的代谢活动和菌体自溶所产生的物质，其中除含有丰富的淀粉、粗蛋白和粗脂肪等常规营养物质外，还含有大量菌体自溶产生的各种嘌呤、嘧啶和类脂化合物等。另外，酒糟中也含有大量的维生素、酶类和各种有机酸等。白酒糟的常规指标和养分含量见表3-23，酒糟饲料产品氨基酸含量见表3-24，其维生素含量见表3-25所示。

表3-23　白酒糟的常规指标和养分含量

成分	风干基础
干物质/%	89.13
总能/（MJ·kg^{-1}）	16.65
粗蛋白/%	14.36
粗脂肪/%	3.10
粗灰分/%	15.42
粗纤维/%	24.17
粗淀粉/%	12.95
NFE/%	32.07
NDF/%	50.60
ADF/%	43.38

续表

成分	风干基础
ADL/%	13.17
钙/%	0.27
总磷/%	0.30

表 3－24　白酒糟中氨基酸含量

名称	含量/%	名称	含量/%	名称	含量/%
天门冬氨酸	1.09	丙氨酸	1.60	酪氨酸	0.75
丝氨酸	0.82	缬氨酸	0.98	赖氨酸	0.53
脯氨酸	1.04	异亮氨酸	1.06	精氨酸	0.58
苏氨酸	0.62	胱氨酸	0.30	苯丙氨酸	1.05
谷氨酸	3.78	蛋氨酸	0.45	组氨酸	0.42
甘氨酸	0.68	亮氨酸	2.09	色氨酸	1.53

表 3－25　白酒糟中维生素含量

名称	维生素 A	维生素 B	维生素 C	维生素 PP	烟酰胺
含量/（mg/100 mL）	625.0	27.90	37.50	419.92	182.69

3. 白酒糟加工利用技术

因白酒糟粗纤维含量高、酸度高，无氮浸出物、部分矿物质和维生素含量低，且残留有杂醇油和乙醇等有毒有害物质，如不科学利用可能会导致畜禽酸中毒、便秘、流产、死胎等不良后果。直接销售的丢糟一般在100元/吨或更低。丢糟直接出售作饲料用，经济效益低，如不能及时处理，极易腐败霉变，严重影响工厂生产环境。丢糟作为生物培养原料，如养殖高蛋白食用蛆食品等，投资成本高，而且保健品的推广销售受限。发酵丢糟酒丢糟酸度大，还原性物质多，妨碍糖化及其他微生物如细菌、酵母菌的繁殖与发酵。所以，酒糟饲料化加工利用就显得尤为重要。

1）添加益生菌发酵生物饲料

以白酒糟为主要原料，经黑曲霉、绿色木霉、热带假丝酵母等多菌种协同发酵，培养物不但含有大量的有益活菌体及微生物酶类等生物活性物质，而且降解粗纤维，提升粗蛋白和真蛋白含量，大大提高了酒糟蛋白饲料的生物效价。有报道称多菌种发酵白酒丢糟，粗蛋白含量为 31.32％（干样），比原料丢糟增长 78.97％；真蛋白含量为 24.60％（干样），比原料丢糟增长 56.29％；粗纤维含量为 16.58％（干样），粗纤维降解率达到 31.60％。目前市面上丢糟生物饲料，按售价 1800 元/吨，每吨丢糟按 60％得率生产生物饲料折算，每吨丢糟增加经济产值 1080 元。丢糟发酵生物饲料，经济效益较好，但需要单独培养，且控制条件要求较高。还可利用酵母、白地霉等生产单细胞蛋白饲料。

2）烘干脱壳后作家畜饲料

酒糟烘干直接作饲料，粗纤维含量高于 20％以上，属于粗饲料，只能在猪日粮中控制使用，否则会影响日粮中其他饲料的营养价值。酒糟烘干解决了湿酒糟不易久贮远运的问题，如果直接粉碎加工酒糟粉利用价值不高，仍是一种低档的初级饲料原料。较为简便易行的工艺是采取谷壳分离技术，剔除酒糟中的营养妨碍物稻壳，提高酒糟的有效成分的利用价值。把固态白酒糟分离稻壳干燥或晒干后，再与其他原料配合生产不同品种的饲料。其加工工艺如下：鲜糟→干燥→干酒糟→揉搓→筛分稻壳→分离酒糟→粉碎→成品。干酒糟采用不同的方法除壳以后，粗纤维可降低到饲料标准限度以内，粗蛋白含量可提高到 20％左右，绝大部分营养成分含量比处理前有所提高。

3）用于养殖蝇蛆和蚯蚓间接生产饲料

使用酒糟为培养物养殖蝇蛆和蚯蚓，蝇蛆和蚯蚓均是很好的动物性蛋白饲料，品质较高。有实验证明，蛆粉有抗菌和促生长的功能，可用于鸡、鸭、猪的饲料，特别适于作水产养殖的活饵料。养殖蝇蛆和蚯蚓后的酒糟渣是很好的有机肥料，可制成复合化肥，价值更高。

4. 白酒糟在动物生产中的应用

1）白酒糟在猪生产中的应用

白酒糟中粗蛋白含量为15%左右，并含有丰富的维生素，但其粗纤维含量高达20%左右，消化能约8.86 MJ/kg，且粗蛋白品质较差，赖氨酸含量相对较低。因此，在利用白酒糟养猪时应采取针对性措施。根据各阶段猪的营养需要，配制日粮配方中推荐白酒糟用量如表3－26所示，在添加时，一般5 kg湿白酒糟折合成1 kg风干白酒糟。

表3－26　　白酒糟在猪日粮中的添加量

猪的体重	<20 kg	20～50 kg	50～100 kg
日粮配方中白酒糟用量	4%	15%	20%

由于白酒糟具有特殊的芳香气味，可以促进采食量的增加，且白酒糟价格相对便宜，在日粮当中适量添加可以降低饲养成本。使用干燥白酒糟添加到饲料当中饲喂生长育肥猪，可改善生产性能。使用含鲜酒糟的饲料饲喂生长育肥猪效果优于不含鲜酒糟的饲料。在猪饲料当中添加白酒糟对熟肉率和滴水损失均有改善。妊娠母猪容易产生便秘，饲料当中需要适当添加粗纤维，由于生理情况的改变，成年母猪对粗纤维的利用能力较强，在一定范围内添加白酒糟，不仅可以节约常规饲料，还可以提高母猪饲料当中纤维含量，改善母猪的消化道状况。

2）白酒糟在家禽生产中的应用

白酒糟具有高蛋白、高纤维、低淀粉以及有效磷含量高的特点，但因其具有酒精，在家禽日粮中的添加量受到了一定的限制。虽然较高的白酒糟含量不会影响生产，但可能会影响鸡肉的脂质氧化水平，有潜在影响货架期的危害。白酒糟在家禽日粮中的添加量如表3－27所示。

表 3-27　　白酒糟在家禽日粮中的添加量

家禽种类	肉仔鸡	育肥肉鸡	蛋鸡	种鸡	青年母鸡	斗鸡	鸭	鹅
最大添加量	2.5%	5.0%	15.0%	20.0%	5.0%	5.0%	5.0%	20%

白酒糟一般干燥后添加在家禽饲料中。使用白酒糟粉按照比例0%、5%、10%和15%分别添加到饲料当中饲喂肉仔鸡，对体重、成活率和饲料效应无显著差异。将白酒糟进行固体发酵后替代日粮当中等量的麸皮（8%）饲喂蛋鸡，研究发现对蛋重无影响，但经济效益提高14.8%。

3）白酒糟在反刍动物生产中的应用

经实践推广，3～8月龄肉牛每50 kg体质量饲喂白酒糟3 kg、青（粗）饲料5 kg、精料补充料0.5 kg，8月龄至出栏每50 kg体质量饲喂白酒糟5 kg、青（粗）饲料5 kg、精料补充料0.5 kg较好。每只肉羊的日粮推荐使用白酒糟1.00 kg、草粉0.75 kg、玉米面0.25 kg，并尽量每日补充青绿饲料和其他饲草，同时每周补盐及微量元素1次；每日每只肉羊的白酒糟饲喂量不宜超过1.5 kg。由于白酒糟资源丰富，价格低廉，适口性好，且白酒糟蛋白在瘤胃当中降解率高，能够满足瘤胃微生物对蛋白质的需要，因此白酒糟是反刍动物常用的一种农副产品饲料。将白酒糟和玉米稻混合发酵后饲喂肉牛，采食量、日增重、饲料转化率和经济效益均优于直接饲喂白酒糟组和玉米稻对照组。优质白酒糟的使用可以占到反刍动物日粮的50%，不会对增重速度和肉质产生不良影响，同时还能节省大量饲料。

二、啤酒副产物

啤酒是人类最古老的酒精饮料，是水和茶之后世界上消耗量排名第三的饮料。啤酒于20世纪初传入中国，属外来酒种。啤酒是根据英语Beer译成中文“啤”，称其为“啤酒”，沿用至今。啤酒是以小麦芽和大麦芽为主要原料，并加啤酒花，经过液态糊化和糖化，再经过液态发酵而酿制成的。其酒精含量较低，含有二氧化碳，富有营养。啤酒整个生产过程中的主要副产物及废弃物有：制麦过程中的麦根，糖化过程中的糖化糟、酒化糟、沉淀蛋白，发酵过程中的剩余酵母、废酵母泥，过滤过程中产生的废硅藻土等。随着中国啤酒产量的连年增加，啤酒酿造过程中的废弃物也迅速增加，啤酒酿造所产生的大量副产物及废弃物，如果没有被很好地利用，将造成资源的巨大浪费和对周围环境的严重污染。啤酒副产物及废弃物的开发利用获得了高度的重视。啤酒企业和高校、研究所联手共同寻找出许多啤酒副产物及废弃物的应用领域和综合回收利用途径。啤酒废弃物资源化利用不仅可以减轻对环境的污染，还能开发出潜在的高附加值的产品，可以大大提高企业的经济效益，因此啤酒工业固体废物资源化利用对于啤酒工业的清洁生产与节能减排具有重要的经济意义和社会意义。如使用麦根生产鲜味酱油、提取磷脂酶，用麦糟制作食品、膳食纤维食品的开发、制肥、生产燃烧乙醇、制作甘油和食醋、用于栽培食用菌，啤酒酵母用作饲料添加剂、制作营养酱油、提取 SOD 等。麦糟的合理利用途径还有很多，其利用前景广阔，也比较符合中国国情。麦糟的综合利用，既解决了环境污染问题，又可给企业带来可观的经济效益，在啤酒企业应该大力宣传和提倡。下面我们讲麦糟在饲料中的利用。

1. 麦糟的来源

麦糟是由麦芽和不发芽的谷物原料在糖化中由于不溶解而形成的，主要是麦芽的皮壳、叶芽、不溶性蛋白质、半纤维素、脂肪、灰分及少量的未分解淀粉和可溶性浸出物等，在啤酒生产过程中，每 100 kg 麦芽投料可得 110～130 kg、含水 75%～80%的麦糟。

2. 麦糟中主要营养成分或生物活性成分

干麦糟的蛋白质质量分数高达 25%左右。此外，脂肪 8.2%，无氮浸出物 40%～50%，纤维素约为 16%，矿物质 5%左右。干麦糟的化学成分如表 3－28 所示。干麦糟中维生素和氨基酸的含量见表 3－29。

表 3-28　　干麦糟的化学成分

组分	含量	组分	含量
水分/%	12.0	钙/%	0.27
粗蛋白/%	24.1	镁/%	0.14
粗脂肪/%	8.6	铁/%	0.025
可溶性无氮物/%	37.3	磷/%	0.5
粗纤维/%	13.9	钾/%	0.08
粗灰分/%	4.1	钠/%	0.26
发热值/（kJ/kg）	2056.6	铜/%	0.021
		钴/%	0.001

表 3-29　　干麦糟中维生素和氨基酸的含量

名称	含量/（mg/kg）	名称	含量（占干物质）/%
维生素	—	氨基酸	—
胆碱	15.8	精氨酸	1.30
叶酸	—	赖氨酸	0.90
烟酸	43.0	异亮氨酸	1.50
泛酸	8.6	亮氨酸	2.30
维生素 B_1	0.7	蛋氨酸	0.40
维生素 B_2	1.5	胱氨酸	—
维生素 B_6	0.7	苯丙氨酸	1.30
维生素 B_{12}	9.7	酪氨酸	1.20
		苏氨酸	0.90
		色氨酸	0.40
		缬氨酸	1.60
		甘氨酸	—

3. 麦糟加工利用技术

1）麦糟饲料

麦糟中蛋白质含量较高，在加工过程中受到适度分解，作为饲料的消化率较高。但不同的动物对麦糟中营养成分的利用率存在差异，牛对麦糟的利用率较高，能达到60%左右，而猪对麦糟营养成分的利用率偏低，约为40%。因此，麦糟特别适合作牛、羊的饲料。由于无氮浸出物中糖和淀粉仅占干物质的5%～6%，纤维素、半纤维素、β-葡聚糖等物质含量较高，而猪对这类物质消化率低，所以须配合淀粉质原料才能使用。

湿麦糟从糖化排放到成品，全部在封闭的设备或管道内进行，实现了集中控制，整个工艺流程可在糖化排放的每个周期内，将水分含量在80%以上的湿麦糟加工成水分含量在13%以下、便于储存和运输的粉状或颗粒状物料，并且含有丰富的蛋白质和氨基酸等营养物，可作为饲料工业的优质原料。

2）麦糟制备单细胞蛋白质饲料

麦糟经霉菌、酵母菌等多种混合发酵，可转化为营养丰富、容易被动物吸收的高效生物活性的蛋白饲料。首先是霉菌将麦糟中不易被发酵利用和消化吸收的有机物质分解为易于被消化吸收的单糖和氨基酸等小分子物质，然后再经酵母的发酵作用，将麦糟中的植物蛋白转化为消化吸收率高的微生物菌体蛋白，同时在发酵过程中，微生物会产生一系列的次级和末端代谢产物，包括酶、有机酸、维生素、氨基酸、生物活性物质及生长调节促进剂等，这些产物能促进动物的快速生长和发育，经过处理后的麦糟饲料，蛋白含量高，消化吸收率也得到了很大的改善。采用多菌种混合发酵不仅有利于啤酒糟原料的充分利用，也会使单细胞蛋白饲料中氨基酸比例平衡，对提高饲料营养价值有好处，霉菌和酵母菌混合发酵，其蛋白质含量也会提高。采用多菌种混合固态发酵技术，生产成本大大降低，是适合我国生产高蛋白菌体饲料的有效途径，同时也给许多啤酒企业啤酒糟的资源化利用、提高啤酒糟饲料的质量开辟了新途径。

3）高蛋白质源的转化

增加干麦糟蛋白质含量可采用物理和化学两种方法。①化学方法：用含 3% SDS、0.5% Na_2PO_4、pH 7.0 的溶液，在 100 ℃下抽提干燥麦糟，1 h后加入乙醇离心，可得含蛋白质 61.1%的浓缩物，此法可回收利用麦糟中 49%的蛋白质，但化学方法有可能使麦糟中作为饲料的某些必要营养成分被去掉，并且产生有害物质。所以，目前用于大规模工业化生产大都采用物理方法。②物理方法：将麦糟干燥粉碎，进行筛分，终产物蛋白质含量按干基计为 30%～55%。在物理方法中，一般的粉碎机往往将麦糟中的纤维粉碎得过细，难以分离出蛋白质产品，终产物蛋白质含量按干基计仅为 30%～40%。采用湿磨法压挤粉碎麦糟，再加水筛分，可得到含蛋白质 50%（干基）的产品，但总质量回收率仅为 22%～28%。

三、葡萄酒副产物

葡萄酒是以葡萄为原料酿造的一种果酒。葡萄酒的品种很多，因葡萄的栽培、葡萄酒生产工艺条件的不同，产品风格各不相同。葡萄酒酿造中伴随产生大量废弃物，主要有枝条、果梗、皮渣和酒泥等。从生物和化学需氧量方面考虑，因其富含有机物，严重污染环境，而且造成资源浪费，因此，积极开展葡萄与葡萄酒产业中副产物的研究，变废为宝，具有重要的经济价值和社会意义。下面将介绍酿葡萄酒后的皮渣、葡萄籽、葡萄酒泥的饲料化利用方面的内容。其他水果果酒的饲料化利用参考葡萄酒饲料化利用方法。

1. 葡萄酒皮渣

1）葡萄酒皮渣的来源

葡萄酒皮渣是葡萄酿酒后的副产物，约占葡萄鲜重的 25%，其营养丰富，富含纤维、蛋白质、油脂、矿物质、多酚类化合物等。葡萄酒皮渣主要由葡萄皮、籽和果梗构成，含有大量的有益成分，包括丰富的碳水化合物、维生素、矿物质、蛋白质及多酚类化合物，具有很高的经济价值。

葡萄酒皮渣的加工方式：鲜葡萄酒皮渣水分含量高、微生物丰富，导致葡萄酒皮渣易变质、难储存。因此，鲜葡萄酒皮渣通常不作为畜牧养殖生产中饲料利用的主要形式，生产中利用的葡萄酒皮渣常通过烘干、晾晒及微生物发酵的方式处理。①风干葡萄酒皮渣：是由鲜葡萄酒皮渣经晾晒、烘干处理而获得的产物，风干葡萄酒皮渣水分和微生物含量大幅降低，因此风干葡萄酒皮渣可以长时间保存而不会轻易变质。在风干葡萄酒皮渣生产过程中，通常采用自然晾晒、热风干燥、红外干燥、微波干燥等方法，但所有的干燥过程都会导致葡萄酒皮渣中总酚和原花青素不同程度的损失。自然晾晒仅适合小规模葡萄酒厂使用，该方法干燥速度慢、对天气依赖强、易造成原料污染，且操作性也差；热风干燥相比自然晾晒，其可操作性强，不受天气限制，但缺点是能耗较大、干燥产品品质不高；红外干燥逐渐受到人们的关注，它具有干燥速度快、干燥产品品质好等特点。②发酵葡萄酒皮渣：由于鲜葡萄酒皮渣含水量高、微生物多，不易保存，风干鲜葡萄酒皮渣又耗能大，还可能会影响葡萄酒皮渣的营养价值。因此，生产中常以发酵的形式利用鲜葡萄酒皮渣，最大限度地保存了葡萄酒皮渣的营养物质和功能性成分，又能延长保质期，同时可以提高发酵产物的蛋白质含量，提高纤维利用率和葡萄酒皮渣中有益菌的数量。葡萄酒皮渣发酵可以提高可溶性膳食纤维的含量，还可以消除氧化因子。

2） 葡萄酒皮渣的主要营养成分或生物活性成分

部分葡萄酒皮渣的常规养分含量见表 3－30。由表 3－30 可知，各常规成分存在不同程度的数据差异，这种差异主要由品种、工艺等因素导致。目前，权威的、详细的基于不同品种、不同工艺的皮渣营养组成数据尚未见报道。葡萄酒皮渣常规养分的研究一般从葡萄籽和葡萄渣两个方面开展。2018 年版的《饲料原料目录》收录了葡萄籽及其加工品，但葡萄酒皮渣尚未进入饲料原料目录。不过由表 3－30 的数据可以看出，葡萄酒皮渣的确具有一定的营养价值，具备一定的饲料开发潜力。

表 3-30　部分葡萄酒皮渣的常规养分含量　%

项目	粗蛋白	粗脂肪	粗纤维	灰分	钙	磷
4 种葡萄酒皮渣	6.65～9.18	7.17～9.55	20.00～40.00	8.76～11.69	—	—
葡萄酒皮渣（来源一）	11.54	10.55	22.40	6.04	0.55	0.21
葡萄酒皮渣（来源二）	13.98	7.70	—	8.37	0.37	0.44
葡萄酒皮渣（来源三）	14.10	8.21	18.46	6.14	0.55	0.17
葡萄酒皮渣（来源四）	12.00	8.40	29.50	3.20	0.82	0.08

3）葡萄酒皮渣在动物生产中的应用

①葡萄酒皮渣在单胃动物养殖领域的应用

在畜禽养殖领域，据报道，用葡萄酒皮渣代替部分玉米面喂猪，可提高育肥猪的生产性能，降低饲养成本。肉仔鸡日粮中葡萄酒皮渣含量为 3%～6%时，可以降低饲料成本，提高经济效益。在肉鸡日粮中添加 8 g/kg葡萄酒皮渣，显著降低了肌肉的鲜红度，表现为显著线性和二次曲线效应。在黄腿麻鸡日粮中添加 20%葡萄籽后，有利于鸡呼吸系统的健康，效果显著，具有促生长作用，并且有提高鸡的免疫能力的功能。在产蛋高峰后期蛋鸡日粮中加入葡萄酒皮渣可以显著提高血液抗氧化能力。在养猪领域，葡萄籽原花青素能提高肠道消化酶的活性，提高血液中白细胞、红细胞、血红蛋白的含量。葡萄籽原花青素能显著提高仔猪血清 IgG、IgM、补体 3、补体 4 和 IL-2 的浓度。葡萄酒皮渣可降低霉菌毒素在猪胃肠道中的吸收。葡萄酒皮渣有助于改善产房仔猪的存活率，还对断奶仔猪体重有明显的改良作用。

②葡萄酒皮渣在反刍动物养殖领域的应用

日粮中添加 10%葡萄酒皮渣可极显著地提高单栏饲养方式下羔羊背最长肌中活性氧自由基，显著降低背最长肌剪切力与胶原蛋白含量，提高羊肉品质。葡萄籽酿酒残渣具有增加过瘤胃蛋白和改善绵羊氮利用效率的潜在益处，且在总摄食量中不超过12.5%为宜。葡萄酒皮渣可以提高单栏饲养方式下绵羊睾丸组织抗氧化性，进而改善绵羊繁殖性能，绵羊附睾精子密度和精子活动率均显著升高，精子畸形率显著降低，睾丸组织丙二醛含量显著下降，抗氧化酶活性增加。育肥牛饲喂发酵葡萄渣颗粒饲料，日增重提高5.89%，料重比降低2.79%，经济效益提高4.17%。羔羊饲料中葡萄酒皮渣以8%～16%添加后，其日增重、饲料转化率、屠宰性能和养分利用率等指标与对照组比较差异显著。葡萄酒皮渣可以提高单栏饲养方式下绵羊睾丸组织抗氧化性，改善绵羊繁殖性能。在基础日粮中添加8%葡萄酒皮渣对提高成年母羊增重效果最好。

2. 葡萄籽

1）葡萄籽的主要营养成分

葡萄籽的粗蛋白含量较低，为8.9%～14%，低于麦麸，其常规营养成分含量如表3-31所示。普通葡萄籽和山葡萄籽的粗蛋白含量分别为12.63%和13.51%；普通葡萄籽和山葡萄籽中均含有17种氨基酸，其中作为风味氨基酸的谷氨酸含量均最高，其次是精氨酸和天冬氨酸，赖氨酸与蛋氨酸在普通葡萄籽中分别仅为2.52%与0.82%，总氨基酸分别达到70.47%和54.91%。葡萄籽中蛋白质的氨基酸组成如表3-32所示。

葡萄籽的粗纤维含量较高，与苜蓿草粉相似，是一种良好的膳食纤维，可广泛用于饲料行业。膳食纤维可促进肠道蠕动，防治便秘，减少有害物质与肠道接触的时间，并减少肠道对于脂肪的吸收，对于维持血糖水平和调节血液中胆固醇和甘油三酯的含量有重要意义。葡萄籽粕中性洗涤纤维（NDF）和酸性洗涤纤维（ADF）极高，且半纤维素含量较高，说明其可利用性高。

葡萄籽的维生素和矿物质元素含量丰富。维生素E和维生素K含量很高，分别达到了360.2 mg/kg和300.5 mg/kg，钾、钠、铁、铜和锌的含量都高于麦麸，镁的含量较低，因受产地影响，铁含量差异较大，葡萄籽的矿物质元素含量如表 3－33 所示。

表 3－31　　葡萄籽常规养分成分含量（风干基础）　　%

原料	干物质	粗蛋白	粗脂肪	粗纤维	无氮浸出物	粗灰分
葡萄籽	88.9	8.96	10.15	23.16	34.37	11.97

表 3－32　　葡萄籽中蛋白质的氨基酸组成　　%

氨基酸	普通葡萄籽	山葡萄籽	氨基酸	普通葡萄籽	山葡萄籽
天冬氨酸	6.61	4.82	苯丙氨酸	3.37	2.38
异亮氨酸	3.10	2.28	甘氨酸	4.61	3.69
苏氨酸	1.87	1.38	赖氨酸	2.52	1.68
亮氨酸	4.90	3.68	丙氨酸	3.21	2.38
丝氨酸	3.18	2.44	组氨酸	1.78	1.22
酪氨酸	2.10	1.46	胱氨酸	0.54	0.64
谷氨酸	18.88	16.30	精氨酸	6.92	5.45
缬氨酸	4.11	2.84	蛋氨酸	0.82	0.81
脯氨酸	1.95	1.46	总和	70.47	54.91

表 3－33　　葡萄籽的矿物质元素含量　　%

原料	钾	镁	钠	铁	锰	铜	锌	钙	磷
葡萄籽	2.769	0.878	0.200	0.293	0.033	8.526	8.126	0.55	0.24

2）葡萄籽的主要功能成分

植物多酚因其强大的抗氧化功能逐渐被人们认识，葡萄籽中的多酚类物质含量达 8%～11%，占葡萄果实总酚类的 50%～70%，葡萄籽多酚可分为酚酸类和类黄酮类，酚酸类包括羟基肉桂酸、羟基苯甲酸、没食子酸及其衍生物；类黄酮类主要包括黄酮醇、花色素苷和黄烷醇等，而类黄酮是构成多酚的主要物质，主要为原花青素、白藜芦醇和单宁，还有少量的异黄酮化合物。原花青素是由黄烷醇聚合而成，含量为 3.05%，占葡萄籽总酚的

62.9%。白藜芦醇是一种非黄酮类的多酚化合物，含量为1.67%，单宁的含量为5%～8%。葡萄籽多酚一直是公认的抗氧化物质，其中原花青素发挥主要作用，它清除自由基的能力远远超过维生素C、维生素E和β-胡萝卜素。其抗氧化效果是维生素C的20倍，是维生素E的50倍，而且其清除自由基的能力随浓度的增加而增加，当葡萄籽原花青素质量浓度为32.4 mg/L时，对DPPH自由基的清除能力达95%。葡萄籽原花青素还能够起到抗炎、抗癌、抗肿瘤、防治心血管疾病等作用。

普通葡萄籽中含油量约为12.63%，山葡萄籽含油量为13.51%。不饱和脂肪酸均约占总脂肪酸含量的85%，亚油酸含量最高（分别为74.37%和71.08%），其次为油酸（分别为14.69%和17.16%）和棕榈酸（分别为7.45%和6.51%）。宗建军等优化超临界CO_2萃取技术从葡萄籽中提取含有不饱和脂肪酸的葡萄籽油，使萃取率高达14.12%。亚油酸含量高于大豆油、菜籽油和花生油，是难得的高级营养油。葡萄籽油中含有丰富的维生素E和α-生育酚，α-生育酚具有促进性激素分泌，提高生育能力，延缓衰老，保护心血管，防治阿尔茨海默病，提高机体免疫力等功能。此外，葡萄籽油还有抗氧化、抗衰老、营养皮肤细胞的作用，是一种良好的天然护肤剂。

葡萄籽中含有一定的活性多糖，王强等用超声波法提取到的葡萄籽多糖为2.37%，孙亚莉等用双水相体系使葡萄籽多糖的萃取率高达55.1%，张喜峰等用微波辅助分步提取葡萄籽多糖的提取率为52.47 mg/g。魏玲玲等通过比较葡萄籽多糖不同提取方法的所用时间和得率，发现微波辅助分布提取法得率最高。葡萄籽多糖具有抗氧化、抗真菌和抗病毒等多种生物学活性，可以刺激免疫活性，能增强网状内皮系统吞噬肿瘤细胞的作用，促进淋巴细胞转化，激活T细胞和B细胞，并促进抗体的形成，从而增强了机体免疫力。

3）葡萄籽在养殖领域的应用

①葡萄籽在单胃动物养殖领域的应用

葡萄籽在禽类饲料中大量使用，可以提高禽类生产性能和抗氧化能力，而且在一定程度上可以改善肌肉风味。在肉鸡日粮中添加10%、15%葡萄籽后肉鸡的采食量明显增加，生产性能呈递增趋势；雏鸡在添加15%葡萄籽时，促生长作用最明显，而日粮中添加20%葡萄籽有利于鸡呼吸系统的健康，效果显著。葡萄籽油的亚油酸含量很高，可以提高饲料中不饱和脂肪酸的比例，从而改善肉的口感和风味。在肉鸡日粮中添加5%葡萄籽可以增加肌肉中不饱和脂肪酸含量，从而提高肌肉风味。肉鸡中添加2%葡萄籽油可以降低棕榈酸含量，提高 n-6/n-3 的比例。与其他动物相比，肉中的多不饱和脂肪酸的含量较高，使鸡肉氧化腐败，葡萄籽中的原花青素具有极强的抗氧化能力，以减慢肌肉的氧化酸败。21～42日龄的肉鸡饲料中添加60 g/kg 葡萄籽，可显著提高胸肌的抗氧化能力，与维生素E相当。葡萄籽原花青素能够改善肉品物理性状和抗氧化能力，降低肉品总能和粗脂肪含量。杨国宇等研究证实含葡萄籽原花青素的复方制剂可以改善肌肉胴体组成，减少体内脂肪的沉积，从而提高了胴体性状。在蛋鸡的基础日粮中添加葡萄籽不仅降低了鸡蛋中胆固醇含量，提高了产蛋率，在鹅的日粮中添加葡萄籽粕可以提高净蛋白质的消化率和氮沉积，降低了粪中的氨态氮含量。在蛋鸡饲料中添加葡萄籽提取物提高了产蛋性能，显著降低了鸡蛋中胆固醇含量。有研究表明，在鹅日粮中添加6%～8%发酵葡萄籽粕能显著提高5～12周龄鹅日增重，降低料重比，显著提高鹅的胴体品质；添加9%葡萄籽粕时，可显著提高鹅的消化率。

仔猪日粮中添加葡萄籽原花青素，以降低仔猪腹泻率和肠道通透性，改善黏膜形态，通过增加肠道菌群多样性，改善肠道微生物平衡，阻断断奶动物抵抗肠道氧化应激，与赵娇的研究一致。育肥猪日粮中添加5%葡萄籽，可以显著降低脂质过氧化，可抗氧化、抗炎和降低胆固醇。苏秀霞等研究表明，日粮中添加2%、4%、6%葡萄籽有提高育肥猪平均日采食量的趋势，分别较对照组提高2.60%、2.34%、4.42%，有降低料重比的趋势。在哺乳母猪日粮中添加4%、7%、10%葡萄籽粕等比例替代玉米和豆粕，可提高仔猪断奶体重，结果显示7%的替代比例效果最佳。哺乳期母猪以7%的比例添加熟化葡萄籽粉，会取得较好的繁殖性能。在猪的育肥前期以3%、后期以6%的比例添加熟化葡萄籽粉，可以取得较好的生长性能。

② 葡萄籽在反刍动物养殖领域的应用

日粮中特别是粗饲料中的中性洗涤纤维是反刍动物重要的营养指标，是刺激唾液分泌、反刍和维持瘤胃健康所必需的，一般来说，源于粗饲料的纤维素可占反刍动物粗饲料的60%～80%，葡萄籽中性洗涤纤维含量极高，可大量用于反刍动物。在肉牛日粮中添加2%～4%葡萄籽粕可以改善皮毛的亮度和整齐度，在奶牛日粮中添加2%～4%葡萄籽粕可以提高奶牛的产奶量和乳品质，发挥抗应激作用。奶羊饲喂300 g/d 葡萄籽，乳样中饱和脂肪酸的乳浓度降低，饱和脂肪酸、不饱和脂肪酸和多不饱和脂肪酸的乳浓度均增加。在牛精饲料中添加10%～20%葡萄籽，奶牛的产奶量显著提高。在奶牛日粮中添加2%～4%葡萄籽粕提高了奶牛整体生产性能，延长了产奶高峰期，并且提高了乳品质和肉质量。

3. 葡萄酒泥

1）葡萄酒泥的来源

葡萄酒泥是葡萄酒在发酵结束后、贮存期间的处理中倒罐后得到的沉淀物或残渣，是葡萄酒酿造过程中沉积于罐底的细微葡萄果肉、果渣和葡萄果穗上黏附的泥土等固体混合物质，是葡萄酒酿造过程中的主要副产物。

2）葡萄酒泥的主要营养成分或生物活性成分

葡萄酒泥基本成分的含量如表3-34所示。

表3-34　葡萄酒泥基本成分的含量

成分	水分/%	灰分/%	总酸/($g\cdot L^{-1}$)	挥发酸/($g\cdot L^{-1}$)	总糖/($mg\cdot g^{-1}$)	还原糖/($mg\cdot g^{-1}$)
含量	74.25±0.81	21.92±0.77	2.37±0.02	1.04±0.01	32.90±0.50	13.83±0.37

葡萄酒泥中矿物质、微量元素和功能性营养成分的含量如表3－35所示。

表3－35　葡萄酒泥中矿物质、微量元素和功能性营养成分的含量

成分	含量
K/（$mg \cdot g^{-1}$）	52.45±1.74
Fe/（$mg \cdot L^{-1}$）	1.35±0.01
Cu/（$mg \cdot L^{-1}$）	0.17±0.004
Zn/（$mg \cdot L^{-1}$）	4.92±0.05
Mn/（$mg \cdot L^{-1}$）	2.59±0.15
Cr/（$\mu g \cdot g^{-1}$）	1.14±0.07
总黄酮/（$\mu g \cdot g^{-1}$）	226.80±3.22
白藜芦醇/（$\mu g \cdot g^{-1}$）	80.48±1.60

3）葡萄酒泥在养殖领域的应用

葡萄酒泥因富含酵母，其蛋白质含量在20％左右，磷含量在0.5％左右，钙含量较高，葡萄酒泥的养分含量如表3－36。经离心分离得到的酵母，经压滤、烘干，蛋白质含量可达85％以上，质量高且利于牲畜消化吸收，可用来生产酵母蛋白饲料，是一种较好的精饲料。开发葡萄酒泥饲料是解决目前我国饲料资源不足，降低饲料成本的途径之一。

表3－36　葡萄酒泥的养分含量

养分	全氮/％	全磷/％	全钾/％	有机质/％	全盐/％	pH值
含量	4.198	1.218	5.110	66.78	1.394	3.66

4）限制葡萄酒泥开发利用的原因

葡萄酒泥成分复杂，提取其功能性成分的研究还较少，方法有待于进一步优化。带酒泥陈酿，使葡萄酒质量得到一定的改善，但也增加了感染酒香酵母、产生令人不愉悦的气味、产生生物胺等有害物质的风险，因此

其对葡萄酒质量的影响还需深入研究。葡萄酒泥含有残留乙醇、木质素、单宁和果胶等抗营养因子，使其在畜禽日粮中的用量受到很大限制，从而制约了它作为饲料原料的开发和利用。研究物理、化学、生物方法相结合去除抗营养因子，是今后发展葡萄酒泥饲料的有待解决的问题。

第四章　畜禽加工副产物饲料化利用

改革开放40多年来，我国畜牧养殖业得到了持续快速发展，副产物随之大量增加，同时常规饲料资源普遍贫乏已经成为发展畜牧业的瓶颈之一。如何加强畜禽副产物的开发利用？本章讲述了国内外畜禽加工副产物（主要包括猪、牛、羊、鸡、鹅等畜禽的血液、肉、脏器、皮毛、蹄等）的来源 、营养价值以及在畜禽饲料中的应用和研究进展，为提高畜禽养殖的经济效益，减少资源浪费，促进产业的持续、快速、健康、稳定地发展提供参考资料。

第一节　畜禽血饲料化利用

畜禽血液是畜禽屠宰加工过程中的主要副产物之一，一般指猪、牛、羊、鸡、鹅血。血液中的蛋白质含量很高，和肉相近，所以血又被称为“液体肉”。随着世界人口的不断膨胀、人类生存质量标准的提高，营养素尤其是蛋白质的缺乏日益严重，人类必须对地球所能提供的有限资源加以充分利用，畜禽血液是人类解决这一缺乏问题的有效途径之一。近10年来，随着现代分析技术和分离加工技术的发展，曾经制约畜禽血液利用的不利因素逐渐被打破，国内外对畜禽血液利用的研究成为热点。国外畜禽血液利用的历史比较长，已经获得较大成功，主要用于食品、饲料、肥料、制药、葡萄酒等行业，可产生几倍甚至几十倍的经济效益。我国拥有最为丰富的畜禽血液资源，但由于种种条件的限制，我国畜禽血液利用很少，造成宝贵资源的浪费。随着高蛋白饲料的需求量日益增大，开发利用畜禽血液的途径也多种多样。如果将畜禽血液资源进行饲料化开发并运用在养殖生产中，将对提高畜产品附加值，延长产业链，提高农牧民收入，减少环境污染，实现经济、社会和生态效益均具有重要意义。

一、畜禽血液的来源

畜禽血包括猪血、牛血、羊血、禽类血等。我国是世界上养猪头数最多的国家，每年出栏生猪近7亿头，猪血年产生量200多万吨；此外还可获得大量的牛血、羊血及禽血。动物血液占其体重的8%～9%；据资料显示，牛、羊、猪体内血液含量占体重分别为8.0%、4.5%、4.6%。屠宰后可收集血液占畜禽体重的4%～5%，是屠宰加工过程中的主要副产物之一。

动物血液是富含动物性蛋白的营养源，含有大量的蛋白质及少量的脂质、激素、维生素和微量元素。这些物质在食品、生化药品、饲料等方面有着广泛的用途。当前，发达国家依靠深加工技术，将以前废弃的血液加工成矿物质强化剂、红色素等。一些发展中国家也积极开发畜血资源作为解决营养不良的有效手段之一。我国20世纪90年代已经开始了动物血在生化制药和食品方面的综合利用和开发。在食品应用方面，动物血除制作血豆腐、血肠外，主要是用于提取复合氨基酸、血浆蛋白、血红蛋白和血红素，作为食品添加剂。在生化制药方面，动物血为干扰素、超氧化物歧化酶、复方营养要素、凝血酶、转移因子和卟啉类药物等生化药品的发展提供了有利条件。

二、畜禽血液的理化和营养特性

1. 血液的理化特性

血液对动物体十分重要，它是动物体内循环系统中的液体组织，在体内流动时，为其他器官和组织提供氧和营养物质，去除代谢产物。全血的体积质量为1.06，呈弱碱性，pH平均为7.47。动物血由血浆和血细胞组成，血细胞包括红细胞、白细胞、血小板。取一定量的血液与抗凝剂混匀，置于试管中，离心后使血细胞下沉，上层浅黄色液体为血浆，下层深红色液体为红细胞，中间薄薄一层白色液体为白细胞及血小板。

血浆占血液的65%，含水90%～92%、蛋白质6.5%～8.5%、小分子物质2%。用离子交换层析可将血浆蛋白分离为纤维蛋白、球蛋白和白蛋白三种主要蛋白质。血浆蛋白主要功能是提供机体所需的营养、提高免疫力。小分子物质中包括多种电解质和小分子有机化合物以及钠、钾、镁等微量元素。

血细胞约占血液的35%，主要成分是血红蛋白，约占蛋白质总量的2/3，其相对分子质量为68 000。血红蛋白是由珠蛋白、原卟啉和二价铁离子（Fe^{2+}）所组成的络合物，它由四条多肽链构成球状结构，称α-链和β-链，每条多肽链在其非极性氨基酸残基富集的疏水区内含有一个血红素，血红蛋白中血红素和多肽链之间以非共价键结合，血红素由卟啉环和二价铁构成。血红蛋白主要功能是输送氧气、输出二氧化碳。

白细胞是机体防御系统的一个重要组成部分，它通过吞噬和产生抗体等方式来抵御和消灭入侵的病原微生物。血小板的功能主要是促进止血和加速凝血，同时血小板还有维护毛细血管壁完整性的功能。

2. 血液的营养特性

血液中蛋白质占15%～25%，相当于胴体中瘦肉量的6%～7%，又被称为“液体肉”。不同的动物血蛋白质的含量有较大的差别（表4-1），马血的蛋白质含量最高，猪血和鹅血次之，羊血的蛋白质含量最低。从氨基酸组成来看，血液蛋白质是一种优质蛋白质，其必需氨基酸总量高于人乳和全蛋，尤其是赖氨酸含量很高，接近9%。以全蛋为参比蛋白质，从化学成分计算可得出血液蛋白质的第一限制氨基酸是异亮氨酸，其次是蛋氨酸和胱氨酸（含硫氨基酸），而其余的必需氨基酸的化学成分都接近。虽然较低的异亮氨酸含量影响了蛋白质中必需氨基酸的比例，降低了血液蛋白质的质量，但如果从蛋白质互补的角度来看，由于谷物蛋白质中赖氨酸含量低，蛋氨酸和胱氨酸含量高，异亮氨酸适量，血液的高赖氨酸含量使其成为一种很好的谷物蛋白质的互补物，这对动物性蛋白资源相对贫乏的国家和地区改善膳食中总体蛋白质很有意义。血液中铁的含量高达 40 mg/100 g，而瘦牛、羊、猪肉中分别只有 2.6 mg、2.0 mg 和 1.6 mg。

表 4－1　　各种动物血的蛋白质含量　　%

样品	水分	蛋白质	样品	水分	蛋白质
猪血	79	20.2	鸡血	80	17.9
牛血	80	17.0	鸭血	80	18.0
羊血	82	15.3	鹅血	78	19.6
马血	75	25.2			

表 4－2 比较了猪血浆粉和血细胞粉的各种营养成分，可以看出血浆粉和血细胞粉均含大量的蛋白质，脂肪含量不足 2%。铁主要存在于红细胞中，而血浆则含有较多的镁。

表 4－2　　猪血浆粉和血细胞粉的营养成分

成分	血浆	红细胞	成分	血浆	红细胞
粗蛋白/%	65.1	87.3	钾/%	0.28	0.9
非蛋白氮/%	7.4	1.4	磷/%	0.13	0.16
真蛋白/%	57.7	85.9	钙/%	0.09	0.12
脂肪/%	1.2	1.3	铁/%	—	0.14
水分/%	7.0	3.2	镁（mg/kg）	140	90
钠/%	8.2	0.6	其他/%	9.7	—

三、畜禽血液的加工方法

尽管我国血液资源相当丰富，但由于种种条件的限制，如色泽差、较重的血腥味、适口性和消化性差等，我国对于畜禽血的利用率并不高，少数以制作“血豆腐”的方式被利用，但卫生条件难以控制。目前，我国利用畜禽血资源开发的产品还比较单调，除了一小部分被加工成血粉或发酵血粉作为饲料添加剂及用于生化制药生产血红素、超氧化物歧化酶、蛋白胨外，相当大的一部分被作为废弃物而倒进地沟，既造成巨大浪费，又污染环境。因此，畜禽血的综合开发与利用前景广阔。

动物血加工是指采用分离、提取、酶解、干燥等技术将动物血加工成具有营养、免疫调节的功能性产品。加工后的产品具有以下主要特征：① 动物血液本身的营养价值高，加工后可提供优质动物源性蛋白和活性肽，丰富和补充优质动物蛋白和功能性蛋白的来源，产品能广泛应用于饲料、食品、医药等领域，应用领域扩展性强，产业持续成长潜力巨大。② 该加工产业与上、下游产业联动效应强，上游屠宰业的日趋规模化使得原料供给更为丰富，下游集约化养殖逐步提高对动物优质蛋白产品的刚性需求，催生和加速处于中间环节的动物血加工产业的发展。③ 动物血加工可实现动物副产物资源的循环利用，同时解决动物血对环境造成的污染问题，符合我国大力发展循环经济与环保产业的国家战略。

畜禽血液的加工处理方法主要为物理方法。

表 4－3 比较了酶解猪血饲料和发酵猪血饲料。可以看出，酶解血粉仍具有血腥味，适口性稍差，维生素及促生长因子少，但酶解血粉干物质损耗较少，生产周期短，游离氨基酸含量高，这是酶解血粉的突出优点。和酶化法生产血粉比较，发酵法生产的血粉，很容易干燥。因为鲜血在发酵过程中，微生物的代谢产生大量的热量，使发酵物料的温度上升，部分水分蒸发。特别是由于拌进了大量的孔性材料，水分蒸发面积加大。此外，血液经过高温发酵，也清除了潜在病原菌的危害，并且产品具有丰富的维生素及促生长因子，可以促进生长，增强动物的抗病能力。但缺点是产品粗蛋白含量低，粗纤维含量高。发酵后的物质损耗比较大，一般干物质损耗达 12％左右。

表 4-3　　酶解猪血饲料和发酵猪血饲料的比较

血粉特性比较	粗蛋白	游离氨基酸	粗纤维	主要优点	主要缺点
酶解血粉	80%	25%～75%	0.8%	粗蛋白含量高，可溶性蛋白含量高，生产周期短。	味腥，维生素及促生长因子少，设备要求高，投资较大。
发酵血粉	30%～50%	0.9%	7.0%	具有香味，维生素及促生长因子含量高，设备投资少。	粗蛋白含量低，粗纤维含量高，生产周期稍长。

表 4-4 比较了血粉发酵前后游离氨基酸的相对含量。可以看出，通过微生物发酵作用后，不仅游离氨基酸总量增加了 14.9 倍，而且增加了血粉中所没有的蛋氨酸、色氨酸等必需氨基酸。另外，发酵后的血粉不再具有血腥味，而是具有一股酒香，这说明发酵的作用是多方面的，不仅仅是微生物分泌蛋白酶来分解蛋白质，发酵后的血粉营养更趋全面、平衡。

表 4-4　　血粉发酵前后游离氨基酸的相对含量　　mg/100 g

氨基酸	发酵前	发酵后	增长倍数	氨基酸	发酵前	发酵后	增长倍数
天冬氨酸	0.0331	0.4230	12.78	亮氨酸	0.0245	0.6351	25.92
苏氨酸	0.0085	0.1272	14.94	酪氨酸	0.0342	0.1270	3.71
丝氨酸	0.0117	0.1691	14.44	苯丙氨酸	0.0128	0.2651	20.70
谷氨酸	0.0096	0.2330	24.27	赖氨酸	0.0181	0.3180	16.58
甘氨酸	0.0149	0.1800	12.08	组氨酸	0.0075	0.1591	21.20
丙氨酸	0.0448	0.7300	16.30	精氨酸	0.0064	0.0110	1.72
缬氨酸	0.0256	0.4660	18.20	脯氨酸	0.0149	0.2542	17.05
蛋氨酸	未测出	0.0110	—	色氨酸	未测出	0.0210	—
异亮氨酸	0.0096	0.0851	8.86	胱氨酸	0.0032	0.2221	69.38

表 4-5 比较了几种蛋白饲料的人工消化率。可以看出，猪血经酶解或

微生物发酵后，其产品人工消化率即纯蛋白人工消化率都有了较大幅度的提高，酶解血粉纯蛋白人工消化率达39%，发酵血粉为2%，均高于血粉的16%，相对于未处理血粉来说，酶解血粉增加了5倍，发酵血粉增加了2倍，故血粉经处理后喂养动物，其意义是很大的。

表4-5　几种蛋白饲料的人工消化率比较

项目	鱼粉	豆饼粉	发酵血粉	酶解血粉	纯干血粉
蛋白质含量/%	61.2	38.5	50.0	79.0	79.9
每克含可消化蛋白/g	0.067	0.060	0.108	0.310	0.055
纯蛋白消化率/%	11	16	22	39	7

四、畜禽血液的饲料化利用

目前，畜禽血液的饲料化利用除了加工成不同形式的血粉外，还延伸了不少深加工产品，主要有普通血浆蛋白粉、低灰分血浆蛋白粉、血球蛋白粉、珠蛋白、珠蛋白肽、血红素、免疫球蛋白、纤维蛋白原、白蛋白等。这些不同产品具备不同功能，如提供营养、增强免疫力、快速吸收、补铁、补血等（表4-6），在畜禽产业中的应用越来越多，越来越广。

表4-6　血液加工产品及其功能特性

产品名称	功能特性
普通血浆蛋白粉	蛋白含量超过70%，适口性好，吸收利用率高，保留功能性蛋白活性。
低灰分血浆蛋白粉	蛋白含量超过78%，具有稳定的高含量免疫球蛋白。
免疫球蛋白	具有极高的免疫活性，用于提高畜禽免疫力。
破膜血球蛋白粉	细胞动力损伤，促使细胞膜破碎率≥98%；细菌失活，生物安全性高。
珠蛋白	蛋白含量高，生物利用率高。
珠蛋白肽	主要用于乳猪教槽饲料及保育饲料。
血红素	补血食品，治疗贫血。

1. 干燥血粉的饲料化利用

干燥血粉通常呈黑褐色粉末状，一般含水5%～8%，粗蛋白80%(是全乳粉的3倍)，粗脂肪1.4%，灰分4.4%，赖氨酸5.37%，蛋氨酸1.05%，苏氨酸3.87%，精氨酸4.49%。血粉最大的特点就是氨基酸含量高，但是氨基酸组成不平衡，异亮氨酸含量尤其缺乏。血粉还含有可帮助消化的多种酶类和维生素A、维生素B_2、维生素B_6、维生素C等，但与其他动物性蛋白质饲料相比，维生素B_{12}和维生素B_2的含量较低。由表4-7可以看出，干血粉的蛋白质含量最高，超过鱼粉18.7%，超过肉粉26.5%，而血粉的价格只有鱼粉的1/3左右。据测定，血粉中粗蛋白对于鸡的消化率为87%，粗脂肪的消化率为90%。用血粉喂鸡，赖氨酸的利用率高于鱼粉、大豆饼。饲用血粉用于鸡、猪的动物性蛋白质补充料，喂饲量一般为配合饲料的5%，雏鸡则为3%。

表4-7　血粉与其他饲料补充物的比较　%

饲料补充物	干物质	粗蛋白	粗纤维	灰分	无氮浸出物	钙	铁	磷
血粉	90.5	79.9	0.8	5.6	2.6	0.28	0.38	0.22
骨粉	90.5	13.0	2.1	76.3	3.1	30.16	0.06	13.89
肉粉	93.5	53.4	2.4	25.2	2.6	7.94	0.04	4.03
鱼粉	92.3	61.2	1.1	19.3	4.3	6.06	0.04	3.52
麦麸	89.1	16.0	9.9	6.1	53.0	0.14	0.02	1.17

血粉饲料在实际应用中存在以下问题：血液在干燥时，其细胞变硬，畜禽难以消化和吸收；干燥得到的血粉易吸潮、结块、生蛆、发霉、腐败，不宜长期保存。由于血粉产品的组分变化较大，所以在生长猪日粮中添加不同来源的动物血浆制品，对猪的生产性能的影响差异较大。而且，在血粉干燥过程中，液态血液在被干燥之前短暂贮存时间里，微生物将会大量繁殖，导致血粉的pH值下降，散发出异味，这些都有可能导致血粉的营养价值降低。血粉干燥前的贮存时间会影响血液的pH以及血液中氨

气的浓度。饲养试验结果表明，在仔猪日粮中添加5%的喷雾干燥血粉能够提高仔猪的日增重和饲料的转化率，但是随着pH值的降低，氨气浓度以及异味增强，不同pH血粉饲料间的饲喂效果差异不显著。

2. 发酵血粉的饲料化利用

把多种产蛋白酶能力较强的菌株如真菌类的米曲霉、酵母菌，细菌类的地衣芽孢杆菌等接种在适宜的培养基成分上，选择最适的发酵条件，利用微生物发酵可提高血粉蛋白的生物学利用率。发酵血粉经菌种优选和工艺改进，比直接干燥血粉或蒸煮血粉可消化氨基酸增加，适口性提高，且发酵过程中可产生多种B族维生素。这种工艺不仅能够提高蛋白消化利用率，而且能够促进益生菌在动物肠道内的生长和繁殖，这对于改善幼龄动物的健康状况有着重要的意义。

据报道，采用芽孢杆菌、枯草杆菌等多株益生菌种发酵黄牛血液制成的微生态血粉，粗蛋白含量可达35.6%，含益生菌细胞5×10^{8}个/克。动物试验结果表明，在基础日粮中添加5%血粉能够使肉鸡增重5.5%、猪增重6.1%；而且临床试验证明，微生态血粉对鸡白痢和仔猪白痢的有效率分别达94.5%和89.6%。推测其原因为：微生态血粉含有较高浓度的菌体蛋白和游离的氨基酸，提高了蛋白质的生物学价值，而且益生菌所产生的大量蛋白酶、淀粉酶、维生素、有机酸也能够提高动物的饲料转化率。研究报道，利用高产蛋白酶的米曲霉作为主要菌株，辅以酵母菌和细菌发酵经喷雾干燥的猪血粉，不仅可以将血粉和辅料中大量的大分子蛋白质降解成小分子蛋白质、多肽和游离氨基酸，还可降解羽毛粉等原料中的淀粉和纤维素等物质。将发酵血粉部分替代鱼粉，能够取得与鱼粉相同的效果。用发酵血粉替代部分进口鱼粉，鲤鱼的采食量明显增加，排泄状况良好。绝大多数鱼种对血粉的最高耐受量为20%。也可将血粉与其他副产物进行发酵生产蛋白质饲料，如利用啤酒酿造副产物添加血粉和益生菌生产发酵蛋白质饲料。

发酵血粉虽然有着广阔的前景，但是由于对其研究起步较晚，目前仍处于发酵菌株的筛选以及发酵工艺参数确定的研究阶段，尚未形成产业化生产规模。

3. 酶解血粉的饲料化利用

酶解处理可提高普通血粉的总氨基酸、天冬氨酸、丝氨酸、脯氨酸和组氨酸的利用率，但其氨基酸表观消化率、氨基酸真消化率不及进口鱼粉。与干血粉相比，酶解血粉能够提高绵羊瘤胃氨基氮形式的释放，降低氨态氮的释放，提高氮的利用率；刺激瘤胃微生物的生长、繁殖，改善绵羊瘤胃的蛋白质降解，提高肽的吸收和菌体蛋白产量。有研究报道，3%酶解血粉可以替代肉仔鸡日粮中等比例进口鱼粉，肉仔鸡的生长性能良好，且肉仔鸡腿肌总氨基酸含量较进口鱼粉组有提高。血液经酶解和干燥对断奶仔猪的生长性能和蛋白利用无改善作用，日粮中添加5.31%酶解血粉的处理组仔猪的平均日增重、采食量和料重比显著低于添加未酶解血粉和血浆蛋白粉处理组，酶解血粉组仔猪的蛋白质净利用率、氮表观生物学价值、氮消化率的结果也不及未酶解血粉组和血浆蛋白粉组，而未酶解的血粉和血浆蛋白粉组的饲喂效果相当，无显著差异。也有试验显示，酶解血粉的部分氨基酸消化率低于未酶解血粉和血浆蛋白粉处理组，从而使得仔猪的生产性能和日粮蛋白质的利用率下降。

4. 膨化血粉的饲料化利用

与普通血粉相比，膨化血粉可提高胃蛋白酶消化率，改进血粉的品质，提高其营养成分吸收；膨化血粉的含水率较低，利于贮藏。试验研究表明，与普通血粉相比，膨化血粉可提高鸡的体重和消化率；还可提高豁眼雏鹅的生长性能，改善肉品质，效果与鱼粉相当；改善营养物质表观代谢率，豁眼生长鹅和育肥鹅日粮中膨化血粉的最适添加量为3.0%。同样，膨化血粉对提高肉雏鸭生长性能和表观消化率具有显著作用，添加比例为5%时效果最好；提高樱桃谷肉鸭生长性能，改善饲料转化率；对生长期肉鸭，膨化血粉的适宜添加量以3%～4%的比例最好。膨化血粉对生长猪生产性能的应用效果与等量鱼粉相当，相同基础日粮配方条件下，膨化血粉代替鱼粉是可行的；随膨化血粉在生长猪日粮中用量的增加，猪生产性能明显提高，最佳用量为5%。在淡水鱼的饲料中，膨化血粉不仅可以替代鱼粉，而且还可以减少鱼类消化系统疾病的发生。

5. 血浆蛋白粉的饲料化利用

血浆蛋白粉（SDPP）是对新鲜血液进行抗凝处理和分离，将血浆进行压缩和低温保存，然后采取特殊的工艺进行喷雾干燥所得的乳白色或浅褐色粉末状产品。SDPP是一种高蛋白、高能量、消化率高、适口性好、富含免疫物质、安全性高的优良饲料原料。SDPP中的粗蛋白包括纤维蛋白、球蛋白、白蛋白等，含量为66%～76%，消化率在90%以上；免疫球蛋白含量为26%～27%，还含有大量促生长因子、干扰素、激素、溶菌酶等物质。

SDPP具有如下功能：① 提高动物免疫力、降低动物机体发病率和死亡率，提高其存活率、健康状况和生长性能，尤其是对幼畜和弱畜的作用更为明显；② 缓解应激，尤其是缓解仔猪的断奶应激，促进仔猪的健康生长，特别是在饲料条件差的环境下SDPP的作用更加明显；③ 促进仔猪采食，增加日增重；④ 改善消化酶的分泌量和活性，有效促进营养物质的消化和吸收，提高饲料的利用率。

综合国内外研究结果，拟出喷雾干燥血浆蛋白粉在猪日粮中应用的建议及方案（表4-8），可为在不同环境及饲养条件下喷雾干燥血浆蛋白的添加量和使用时间的确定提供参考。

表4-8　　喷雾干燥血浆蛋白粉使用推荐方案

生产阶段	添加量	饲喂时间
教槽料	5%～10%	7日龄至断奶
1期料	4%～6%	断奶后前14天
2期料	2%～3%	断奶后15～28天
3期料	1.0%～1.5%	断奶后28天至保育结束

续表

生产阶段	添加量	饲喂时间
保育过渡料	0.5%～1.0%	保育结束后前14天
哺乳母猪	0.5%～1.0%	自由采食
妊娠母猪	0.5%～1.0%	全期添加
种公猪	2.5%	全期添加

文献来源：J. D. Crenshaw 等，2015。

6. 血球蛋白粉的饲料化利用

血球蛋白粉（SDBC）是指动物被屠宰后血液在低温处理条件下，经过一定工艺分离出血浆后，破除红细胞膜并经喷雾干燥后得到的粉末；血球蛋白粉又被称为喷雾干燥血球蛋白粉。SDBC 干物质含量为 90%～94%，粗蛋白含量为 90%～92%，灰分含量为 3.8%～4.5%，粗脂肪含量为 0.3%～0.5%，钙含量为 0.005%～0.01%，总磷含量为 0.15%～0.20%。血红蛋白是 SDBC 含有的主要蛋白，溶解性极好，具有很强的乳化脂肪能力。此外，天冬氨酸、亮氨酸、谷氨酸和赖氨酸等氨基酸含量丰富，其中赖氨酸含量相当于鱼粉的一倍多，但异亮氨酸含量低，是 SDBC 的限制因子之一。

几乎 99%的血球蛋白能被鳟鱼和鲑鱼所利用，超过 93%的血球蛋白粉可被乳猪消化吸收，其在肉鸡、蛋鸡中的消化利用率亦达到 90%。用喷雾干燥破膜血球蛋白粉来替代血粉饲养断奶仔猪，日增重高于饲喂其他蛋白饲料，如大豆粉、挤压大豆粉、鱼粉等；还能降低仔猪的体重变异系数，降低料重比、腹泻率、发病率，提高仔猪血浆中转铁蛋白的含量。在哺乳母猪日粮中添加血球蛋白粉可提高断奶仔猪 28 日龄窝重。也有试验报告显示，血球蛋白粉对早期断奶仔猪的饲喂效果优于血浆蛋白粉。断奶仔猪日粮中添加酶解血球小肽（通过复合酶定向酶解猪血球蛋白粉生产所得）可增强机体免疫力，促进消化道的提前发育，在一定程度上减轻断奶应激对仔猪生长发育的影响，提高断奶仔猪的生产性能。在鲫鱼日粮中用酶解血球蛋白粉等量替代鱼粉和未酶解血球蛋白粉，发现酶解血球蛋白粉提高了鲫鱼的增重率，其饲喂效果优于未酶解血球蛋白粉，可以有效提高血球蛋白粉的利用率。

五、畜禽血的综合开发与应用注意事项

为加快畜禽血的综合开发利用，应从以下几个方面做出努力，来改善畜禽血的综合开发与应用状况。

第一，严禁私屠滥宰。对牲畜的养殖实行规模化，屠宰进行定点化处理，加强卫生管理和加大检疫力度，保证血液的卫生。第二，新采血器具的研制。利用先进技术研制新的采血器具，以减少畜禽血在采集过程中的污染，保证血液质量，以利于对畜禽血的进一步开发与应用。第三，加强畜禽血的稳定化处理研究。使离体后的猪血状态基本上固定化，防止因微生物的侵害而变质。根据目的不同可加工成程度不同的半成品，研究不同的稳定化处理方法。第四，加强高新技术的应用。如用膜技术浓缩血浆，可保持蛋白质不变性，有利于深加工的进行，节约能源；利用生物工程进行发酵和酶解，将血液制成高档次的蛋白食品或保健品等。随着我国畜禽养殖的规模化与产业化的逐渐形成及对畜禽血综合开发研究的不断深入，我国的畜禽血应用前景定会十分广阔。

第二节　畜禽骨饲料化利用

畜禽骨是一种营养十分丰富的天然资源，骨中含有许多功能成分，如矿物质元素、氨基酸、骨胶、黏多糖、生长素等都是人类和其他动物所需营养保健的精华，其营养保健的功能早已为人们所接受。我国的畜骨和禽骨资源极为丰富，但是由于技术水平的限制，对这一优质营养源的利用较滞后。除能直接用于日常饮食的腔骨和排骨，以及可用于生产明胶的牛骨有较大市场外，每年大量的畜禽骨骼被丢弃或是加工成附加值很低的初级

产品，骨中丰富的蛋白质资源并未被充分利用。从资源的利用角度来讲，对畜禽骨骼蛋白的利用不足，是对当下能源短缺背景下可利用资源的巨大浪费；从环境的保护角度来讲，因畜禽骨骼富含营养物质，处理不当极易腐败，从而引起严重的环境污染，严重违背了我国提倡“两型”社会建设的理念。因此，深度发掘畜禽骨骼资源，有效地提高其骨蛋白质资源利用价值，具有重要的经济效益和生态效益。

一、畜禽骨的来源

畜禽骨是肉类生产中的主要副产物，随着我国畜禽养殖业的迅猛发展，畜禽肉类产量逐年递增，其副产物畜禽骨骼的产量也随之迅速增加，每年产生约2000万吨的畜禽骨头，可见我国畜禽骨骼资源十分丰富。骨占动物体重的10%～20%，是一种营养价值非常高的肉类加工副产物。

二、畜禽骨的营养成分

1.畜禽骨骼的主要组成成分

畜禽骨骼作为家畜胴体的重要组成结构，是由海绵状的骨力梁和坚硬的骨板表层组成的，其主要含有骨髓、骨质、骨膜、无机盐和水分等。其中骨髓、骨质、骨膜构成畜禽骨骼的主体，蛋白质和钙质组成其网状结构，进而形成管状，在管状结构内充满了含有多种营养物质的骨髓（如软骨素、骨胶原以及磷脂、磷蛋白等）。一般牛骨的质量占其体质量的15%～20%，猪骨占12%～20%，羊骨占8%～24%，鸡骨占8%～17%。

2.畜禽骨骼的营养价值

畜禽骨骼所含营养素非常丰富，可作为重要的优质蛋白质、脂肪和矿物质来源。其蛋白质和脂肪含量与肉类相似（表4-9），蛋白质的量和质均可和肉中的蛋白质含量相媲美，含有构成蛋白质所有氨基酸及人体必需的氨基酸，且比例均衡、含量高。

表 4-9　畜禽骨与肉的营养成分比较

营养成分	猪骨	猪肉	牛骨	牛肉	鸡骨	鸡肉
水分/%	69.3	66.2	64.2	64.0	65.73	66.0
蛋白质/%	11.7	17.5	11.5	18.0	10.35	22.2
脂类/%	10.3	15.1	8	18.0	13.44	12.6
碳水化合物/%	0.1	0.5	0.2	0.3	0.2	0.4
钙/（mg/100 g 干质量）	395	9.0	545	11.0	495	11.0
磷/（mg/100 g 干质量）	216	17.5	190	17.1	204	19.0
铁/（mg/100 g 干质量）	3.19	2.3	4.8	2.8	5.97	1.5
钠/（mg/100 g 干质量）	147	70.0	120	65.0	89	42.0

1）丰富的矿物质

骨中含有丰富的矿物质，主要有羟磷灰石晶体 $Ca_{10}(PO_4)_6(OH)_2$ 和无定型磷酸氢钙 $CaHPO_4$，在其表面还吸附了 Ca^{2+}、Mg^{2+}、Na^+、Cl^- 等离子。更为重要的是，钙、磷含量高，分别为 19%和 9%，比值近似 2∶1，是体内吸收钙磷的较佳比例；据营养部门证实，鸡骨泥钙含量高达 3950 mg/100 g，钙磷比例合理，吸收率在 90%以上。此外，骨粉中还有人体所必需的微量元素，如 Fe、Co、Cu、Mn、Si、Zn 等，含铁量是肉类的 3 倍。

2）优质的蛋白质

骨中含有 12.0%～35.0%的蛋白质，其中含量最高的是组成胶原纤维的胶原蛋白。而且组成蛋白质的氨基酸达 17 种，其中包含人体所需的 8 种必需氨基酸。猪骨提取肽中含有 17 种天然的氨基酸，其中 Glu、Gly、Pro、Asp、Ala、Arg、Lys、Leu 是主要存在的氨基酸。骨粉中的蛋白质属优质蛋白质，此外，氨基酸及其衍生物既是重要的活性物质，又是食品中主要的风味成分，如谷氨酸钠具有鲜味，可赋予骨粉鲜美的味道。

3）合理的脂肪酸比例

骨里含有12%～20%的脂肪，其含量随动物年龄的增长而增加，也与畜禽的种类和骨骼的部位有关，以管状骨和海绵状骨含量最多。骨中含有合理的脂肪酸比例，其中饱和脂肪酸有棕榈酸（16：0）和硬脂酸（18：0），不饱和脂肪酸有油酸（18：1）和亚油酸（18：2）。饱和脂肪酸与不饱和脂肪酸的比例接近1∶1，与营养协会推荐人体摄入脂肪酸的组成比例相符。另外，骨粉中还含有微量的豆蔻酸（14：0）、豆蔻油酸（14：1）、棕榈油酸（16：1）、亚麻酸（18：3）等脂肪酸。如黄骨髓含油酸78%，硬脂酸14.2%，软脂酸7.8%；红骨髓相应为46.4%、36.3%、16.4%。牛管状骨黄骨髓饱和脂肪酸为47.9%，不饱和脂肪酸为52.1%。骨髓中的多烯脂肪酸和卵磷脂含量高，脂肪熔点低，乳化性能好，人、畜的吸收率高。

4）其他营养成分

骨髓中含有大量的营养素，如脑组织发育不可缺少的磷脂质和磷蛋白，可防止衰老和加强皮层细胞代谢的骨胶原与软骨素，能促进肝功能的蛋氨酶。此外，还有多种维生素，如维生素A、维生素D、维生素B_1、维生素B_2、维生素B_{12}等。

三、畜禽骨的加工方法

油脂中混入的水分，会大大降低油脂的保质期。因此，在对畜禽骨产品进行加工时，可先将油脂和水分进行分离。现阶段较为常见的油水分离技术包括静止分离、真空浓缩、离心分离等。静止分离操作简单，但是耗时长、不适合连续性生产，且因无法分离水包油分子，造成分离效果差。真空浓缩分离能耗大，适合水分含量低的油脂。高速离心机分离效果最佳，常有管式和碟片式两种，若要提高纯度，又以管式最佳，因为碟片式分离机转速往往低于管式。油水分离时需在允许范围内，尽量提高温度，以降低物料黏度，提高分离效果。

国内外对畜禽骨进行利用的加工方法主要有以下几种：常温常压蒸煮

法、冷冻粉碎法、高温高压蒸煮法、酸解法、碱解法、酶解法、微生物发酵法。

四、畜禽骨的饲料化利用

1. 畜禽骨的开发利用

世界各国对动物骨骼开发利用整体起步较晚，直到20世纪80年代方才受到各国的重视。在我国，畜禽骨加工仅仅限于熬汤补钙和制骨胶，除此之外就用其制成骨糊、骨粉等添加剂，并未充分加以利用，再加之骨本身价格低廉，开发渠道不畅，使我国对畜骨的开发和利用起步较晚。20世纪80年代才开始从国外引进先进技术，利用骨中的蛋白质生产骨蛋白、骨奶、小肽、骨胶及明胶；骨中的脂肪则提取成骨油；利用骨中的钙生产骨泥（骨糊）、骨粉、骨汁粉、骨素、骨精汤料；利用骨中的其他无机质生产骨炭、骨肥、磷酸氢钙，提取骨髓提取物、软骨素等。

2. 骨粉在饲料中的应用

畜禽骨在动物生产中的开发应用主要集中在对骨粉的应用。骨粉中富含大量的Ca、P、K以及蛋白质，用作禽畜饲料添加剂或食品营养强化剂，可起到促进生长发育、增加食欲、增强疾病抵抗力的作用。

1）骨粉的成分分析

骨粉含有丰富的营养素，除含钙20%～30%、磷8%～14%外，还含Mg、K、Na、Ba、Co、Cu、Fe、Mo、Ni、Ti、V、Zn、Sr等微量元素；氨基酸种类齐全（18种），总量在26.694%，必需氨基酸总量在5.518%；蛋白质含量35.7%、脂肪含量10.3%；在脂肪酸中软脂酸占19.9%、硬脂酸占16.0%、油酸占48.6%、亚油酸占5.5%，另外还含有微量豆蔻酸、豆落油酸、亚麻酸等；从以上骨粉成分分析可知，骨粉作饲料添加剂当为首选。

2）骨粉中的钙和磷在动物体内的吸收

动物体内钙和磷的含量虽少，但在维持机体的正常功能中却起着非常重要的作用。细胞外液中钙的作用有：① 降低神经肌肉的兴奋性；② 降低毛细血管和细胞膜的通透性；③ 维持正常的肌肉收缩；④ 维持神经冲动的正常传导；⑤ 参与正常的血液凝固。此外，已知钙激活许多酶，其中有些与上述功能有关，有些则说明钙还有其他重要的作用。近年来，越来越多的资料表明钙是重要的代谢调节物。磷是所有细胞及细胞膜中的基本元素，它参与构成活细胞的结构物质，它构成了 DNA 和 RNA 分子的骨架。它在其外部与内层中以磷酸盐形式存在。磷酸盐在细胞的日常能量交换中扮演着非常重要的角色。参与几乎所有重要有机物的合成和降解代谢，高能磷酸化合物则在能量的释放、储存和利用中起着极为重要的作用。从营养成分存在形式、元素比例、毒性诸方面来看，用骨粉作饲料添加剂明显优于磷酸氢钙，骨粉是首选的饲料钙磷平衡调节剂。

生产中常将骨粉和肉粉联合使用，肉骨粉是重要的动物蛋白源之一。肉骨粉类原料包括肉粉、骨粉、肉骨粉，主要是以动物屠宰后不宜食用的下脚料以及肉品加工厂等的残余碎肉、内脏及杂骨等为原料，经高温消毒、干燥粉碎制成的粉末状饲料。我国对饲料用骨粉的定义为：饲料用骨粉为浅灰褐至浅黄褐色粉状物，具有骨粉气味，无腐败气味，除含少量油脂及结缔组织以外，禁止添加其他物质；禁止使用患疫病的动物骨骼；加入抗氧剂时应标明其名称。

在保证畜禽日粮氨基酸平衡的基础上，采用肉骨粉代替一定的鱼粉可以提高动物的生产性能，降低生产成本。但也有研究表明，如果在鸡的配合饲料中钙含量超过 1.2％，小鸡早期生长会受到抑制。在不影响鱼类生长性能的前提下，肉骨粉可替代黄鳝配合饲料中 22.5％的鱼粉，凡纳对虾中可替代 80％的鱼粉，可替代虹鳟饲料中 20％的鱼粉，可替代石斑鱼饲料中 80％的鱼粉，可替代大黄鱼饲料中 45％的鱼粉。与羽毛粉效果相比，日粮中添加肉骨粉可提高肉仔鸡和猪的赖氨酸的回肠消化率。但在肉猪日粮中随肉骨粉用量的增加，适口性与生长呈下降趋势，品质不良的肉骨粉更明显，用量不可太大，以 5％以下为宜。同时，由于体内磷的不足会影响钙的吸收，因此在给猪喂骨粉时，一定要补充磷。据测定，麦麸中含磷特别丰富。因此，在给猪喂骨粉时添加适量麦麸其效果最好。

3. 饲用骨粉的注意事项

一是添加的数量要适当。骨粉虽好，但添加过多不但造成浪费，而且还给猪、鸡胃肠造成过重负担，甚至引起“痛风”等疾病；添加过少，不能满足生长发育和产蛋的需要。那么，添加多少为最适宜呢？鸡：雏鸡，占精料的1.5%；产蛋鸡，占精料的3%。猪：仔猪、育肥猪、哺乳母猪均占精料的2%；怀孕母猪、种公猪，占精料的2.5%。

二是在骨粉中加入适量的醋。因为未加入醋的骨粉中所含的钙，不易被猪、鸡胃肠所吸收利用。骨粉中加入适量醋后，其中所含的钙即可发生化学反应而变成了醋酸钙，醋酸钙极易被猪、鸡胃肠和机体吸收利用，补钙的效果显著。

三是添加的必须是由健康家畜的骨骼制成的骨粉。病畜禽（特别是患传染病的）骨骼制成的骨粉绝不能利用。因为饲喂后很容易使病原微生物侵入而造成疫病发生和流行。

四是羊骨粉不能喂产蛋鸡和怀孕母畜。羊骨粉性味热，畜禽大量采食后容易上火，甚至发生炎症。特别是较肥胖的怀孕母畜，羊骨粉喂多了会引起滑胎。用羊骨粉喂产蛋鸡，会引起鸡体温升高，不利于蛋壳形成，降低产蛋率。

目前，畜禽骨肉不再仅仅是用作饲料，更多的是视为一种良好的营养性或功能性保健物质，并且产品开发由粗到精，品种日趋多样化，应用更广。将生物催化、微胶囊化、超微粉碎、超临界萃取、高压、真空、纳米等高新技术应用于畜禽骨肉的综合利用中，能提高原料利用率、简化工艺、节约能源，减少污染、循环利用，生产出高营养、高附加值的产品，使之在动物生产中和其他方面的应用越来越广泛。

第三节 脏器饲料化利用

加强畜禽副产物的开发利用，对于提高畜禽养殖的经济效益，减少资源浪费，促进产业的持续、快速、健康、稳定地发展，具有十分重要的意义。动物源性饲料由于蛋白质含量高、氨基酸组成丰富，被广泛地应用在畜牧业生产中，符合我国肉类工业和地方科技潜在的市场需求。除了血液和骨外，内脏也是畜禽类副产物的典型代表。

一、畜禽内脏的营养特性

畜禽内脏包括心、肝、胰、脾、胆、胃、肠等。畜禽脏器的心、肝、肺、胃中的蛋白质含量高（18%～20%），脂肪含量低（约 20%），且维生素和无机盐较多，矿物质丰富，是良好而廉价的食品营养资源。

家畜脏器中的维生素种类丰富，将其加工制作成食品后能够有效地满足人体对维生素的需求，特别是食用家畜的肝脏部位可以补充维生素 A 和维生素 D。

畜禽脏器中氨基酸的种类非常丰富，含有人类需要的 8 种必需氨基酸，分别是赖氨酸、色氨酸、苯丙氨酸、蛋氨酸、苏氨酸、异亮氨酸、亮氨酸、缬氨酸。氨基酸最主要的功能就是可以在人体中合成蛋白质。如果在膳食中食用了过多的蛋白质，可以通过氨基酸的生糖或者是生酮作用转化为糖和脂肪对机体提供能量。

畜禽脏器中还具有种类丰富的脂肪酸。经过研究发现，畜禽脏器中不饱和脂肪酸在总脂肪酸中占据了很大的比例，其中还包括对人体有益的 n－3 系列不饱和脂肪酸和 n－6 系列不饱和脂肪酸，摄入不饱和脂肪酸可以有效地预防心血管疾病、癌症、糖尿病。

畜禽脏器中含有丰富的钙、磷、钾、钠、镁，含有少量的铁、锌、硒。矿物质可以维持人体的正常生理功能，食用这些脏器便可以补充人体所需要的矿物质元素。同时畜禽脏器还含有多种活性物质，主要以谷胱甘肽、牛磺酸和肝素钠为主。

二、畜禽内脏产品市场需求情况分析

畜禽内脏可用于加工预制食品、熟食品、保健食品等。国内市场将内脏直接烹调或加工成各种营养丰富的特色食品，以满足消费者的需求。例如：新鲜的羊心、肝、肚、肺等多种脏器经过加工可以制作成保存期较长的羊杂，食用时只需要加入适量的开水焖煮就可以得到可口的羊杂汤。

畜禽内脏还可用于生产糖及肽类高分子制剂、酶制剂和小分子制剂等生化制剂。它们能作为生化制品的重要原料应用于医药工业当中。例如：肝脏可用于提取多种药物，如水解肝素、肝宁注射液等；胰脏含有淀粉酶、脂肪酶、核酸酶等多种消化酶，可以从中提取高效能消化药物胰酶胰岛素、胰组织多肽、胰脏镇痉多肽等，用于治疗多种疾病；心脏可制备许多生化制品，如苹果酸脱氢酶、琥珀酸硫激酶、磷酸肌酸激酶等；猪胃黏膜因含有多种消化酶和生物活性物质而可用以生产胃蛋白酶、胃膜素等；猪脾脏中可以提取猪脾核糖等；猪、羊小肠的肠黏膜可生产抗凝血、抗血栓、预防心血管疾病的药物，如肝素钙、肝素磷酸酯等；猪的十二指肠可用来生产治疗冠心病的药物，如冠心舒、类肝素等；猪、牛、羊胆汁在医药上有很大价值，可用来制造粗胆汁酸、人造牛黄、胆黄素。这些生化药物具有毒副作用小、容易被机体吸收、疗效好、附加值高等特点，有的脏器产品经济价值超过了产肉本身的价值。所以大力开发畜禽脏器生化制品，将为发展经济、企业增效提供一条新的途径。

随着脏器的开发利用，除了用于食品加工和生化制药，内脏还可用于制作饲料，满足畜牧业的发展需求。例如，将洗干净的内脏放入绞肉机中进行处理，头骨放入粉碎机中进行处理，然后内脏与粉碎的头骨混合后进行烘干处理，干燥箱的温度为 140 ℃～160 ℃，烘烤时要及时翻转以防烤煳，得到的产品可以直接作为貂的饲料或者是储存使用。

三、畜禽脏器制取生化制品的提取方法

我国在畜禽脏器制取生化制品方面相对还比较落后，得到的生物活性物质活力较低，提取率不高，存在生产技术跟踪模仿等缺点，国家“十一五”期间，针对畜禽脏器的利用现状，提出了加强对畜禽脏器的利用，以提高我国畜禽副产物综合利用水平。

利用畜禽脏器制取生化制品的主要步骤包括脏器破碎、酶提取、酶分离纯化、酶浓缩和酶储存（图 4－1）。酶提取方法有盐溶液提取、酸溶液提取、破碎提取和有机溶剂提取等。畜禽脏器中含有多种消化酶和生物活性物质，因此对于畜禽脏器制备生化制品来说，主要集中在提取各种酶。①盐溶液提取的方法：利用不同蛋白质在不同的盐浓度条件下溶解度不同的特性，在溶液中添加一定浓度的中性盐，由此可以增加蛋白质与水分子的作用力，使酶或杂质从溶液中析出沉淀，从而使得酶与杂质分离。这是因为大多数的蛋白质类酶都能溶于水，在蛋白质的溶液中加入一定量的盐，酶的溶解度会随着盐浓度的升高而增加，即盐溶现象。②酸溶液提取的方法：由于有些酶在酸性条件下溶解度较大，且稳定性较好，所以选用酸溶液进行提取。③破碎提取法：在常温状态下，液体溶剂可以利用高速搅拌、高速破碎、高速研磨和超分子渗透等技术方法，在几分钟之内就可以对组织材料进行破碎，并且还能研磨成细微的颗粒，能达到快速提取的效果。④有机溶剂提取法：利用酶与其他杂质在有机溶剂中的溶解度不同，通过在溶液中添加一定量的乙醇、丙酮或其他的有机溶剂，酶和其他杂质的溶解度可不同程度地显著降低，使得酶或杂质沉淀析出，从而使得酶与杂质分离。

图 4－1 畜禽脏器制取生化制品工艺流程

从脏器中提取出的酶需进行分离纯化和酶浓缩，才便于储存利用。分

离纯化的方法主要有超声、盐析、离心、透析、膜分离、层析等，其中一些传统技术也已广泛应用于工业化生产，但超声、膜分离、模拟移动床等技术还停留在实验室阶段。

四、畜禽脏器的开发利用

利用动物的脏器或其他组织器官，经过粗加工、未完全分离、精制，可制备出在临床上确有疗效的一类粗提物药物制剂，即脏器制剂。动物的脏器可用于制备临床用的生化药品，如肝素钠、胰酶、胃蛋白酶、胆黄素等，还可制备医疗器械，如肠衣线、牙填料、隆胸填料等。畜禽脏器的开发利用综述如表 4－10 所示。

表 4－10　　畜禽脏器的开发利用

物种	主要用途
猪	胃蛋白酶、胃膜素；猪脾核糖；抗凝血、抗血栓、预防心血管疾病的药物；治疗冠心病的药物，如冠心舒、类肝素等；粗胆汁酸、人造牛黄、胆黄素。
牛	直接烹饪食品；制作特色灌肠制品；制作保健食品、饲料、生化药品；制作食品添加剂；提取生化制剂；制备医疗器械。
鸡	制作风味食品；作为鱼饵使用；制作饲料。
鱼	制作鱼粉；提取鱼油；制作饲料以及饲料添加剂；制作调味料；制作功能性保健品；提取功能性物质；制作抗氧化药品以及化妆品。

1. 猪脏器的开发利用

猪的全身都是宝，可以为人类提供肉、毛、皮等多种畜产品，而且还具有良好的药用价值。随着现代生化制药的发展，人们以猪脏器为原料，可以提取出多种生化药品。例如，猪肝性寒味苦，西医认为猪肝具有抑菌消炎、抗过敏、镇咳平喘的作用。猪肝主要是用来提取胆红素和猪去氧胆酸，研究表明使用超声技术辅助提取胆红素的方法，提取率可以达到15%，而猪去氧胆酸主要存在于胆汁中，经过提取后得到生化药品，有效地抑制百日咳菌和金黄色葡萄球菌，具有降血脂和祛痰的作用。猪胰脏中还含有多种消化酶，目前多种酶制剂和胰岛素都是从猪的胰脏中提取的。例如，利用有机溶剂提取、沉淀蛋白，再利用盐析法分离纯化蛋白，采用真空低温冻干可以得到猪胰脂肪酶。

猪的屠宰副产物是指肉以外的毛、血、脏器、蹄、骨等，其综合利用的经济价值在近年来占比越来越大，并且有超过肉价之势。但是目前我国对猪的利用主要集中在肉制品的加工，脏器的药用开发还处在基础的阶段，人们对猪脏器药用价值的利用认识还不够，因此在后期的加工生产中，不仅要做好肉制品的加工，还要加强对猪脏器的开发利用。

猪内脏的饲料化利用实例：猪小肠中含有许多有用的物质，其中肠渣可以加工成饲料。一般是将肠渣液体进行过滤处理，再用清水漂洗除去肠渣中含有的 NaCl 和 NaOH，并将 pH 调至中性，然后进行烤干和粉碎处理，得到的饲料营养价值与鱼粉相当，在平时的生产中可以代替鱼粉，以减少饲料开支。

2. 牛脏器的开发利用

牛肝中主要常规营养成分有水分、蛋白质、粗脂肪、矿物质、糖原、维生素、氨基酸及脂肪酸等，可以将其直接烹饪或加工成各种营养丰富的特色食品。例如，以牛肉和牛皮、牛心、牛肝、牛肺为原料，研发牛副产物特色灌肠制品。牛肝中还含有不同的生物活性物质，主要有过氧化氢酶、透明质酸酶、L-肉碱及牛磺酸等，这些活性物质都具有重要的生理功能。利用牛脏器为原料制备保健食品、饲料、生化药品，已有多年的历史。欧美、日本等国利用牛脏器制备食品添加剂，例如，国外研究者将肝粉作为固定化酶的载体，把 β-半乳糖苷酶和淀粉酶固定于肝粉上，应用于食品工业，生产糖浆，产生了非常好的效果。

在牛副产物的加工上，一些不宜食用或口感较差的脏器等副产物，主要由一些生物化工厂和生化制药企业利用，这些企业大部分起步晚、基础差，有一部分仍停留在作坊式生产经营，多数脏器无法加工，即使少数几种脏器能够加工，但利用程度较低，造成牛脏器资源的极大浪费，如牛肺、胸腺、牛血、腮腺等因无法加工又无人食用而被废弃；牛胰、牛脑、牛肠等只能进行简单的加工利用，产品的附加值也很低。国内对牛副产物综合利用开发研究还不深入，产品种类和应用领域还有待开发拓展。另外，由于我国脏器资源中有效成分的提取工艺相对落后，用于规模化生产又相对缺失，造成牛脏器资源没有被充分利用，这造成了产品的成本较高。因此，对于牛脏器综合利用问题的焦点都集中在牛脏器的综合开发上。

牛内脏的饲料化利用实例：利用牛脏器在 40 ℃的条件下，经过 1 小时的酶水解制作成初步的内脏饲料产物，并保持 pH 为中性，然后将初步的内脏饲料产物进行过滤，随后进行粉碎和晾干处理，在更高的温度下进行脱脂处理，就可以得到脱脂浓缩蛋白质粉和油脂两种产品。研究表明用浓缩蛋白质粉饲喂动物，动物未出现不良影响，故可用其代替蛋白质粉使用。

3. 鸡脏器的开发利用

鸡内脏是雉科动物家鸡的内脏，有臊臭味。鸡内脏具有下列用途：①为熏制食品的原料，可制备成风味食品，供人们食用；②作为鱼饵使用；③作为饲料使用，养鱼、龟、鳖及家养宠物猫或狗。

随着食用鸡养殖业的大力发展，鸡内脏的产量年度增长量达到 10％以上。因此，鸡内脏的深度开发，将会解决食用鸡屠宰场的开发利用问题。但是，大部分饲料厂对鸡内脏的处理方式非常简单，即通过清洗、粉碎、干燥后直接作为饲料使用。这种处理鸡内脏的方法有很多缺点：① 内脏处理方式简单，一些细菌、病毒还保留在原料中，猫或狗食用后，很容易导致寄生虫或疾病的发生；② 鸡内脏中含有大量的不易消化及无用的物质，动物食用后，加重了消化器官的负担，长时间食用可导致动物消化器官的疾病；③ 鸡内脏中有效成分无法发挥作用，特别是鸡内脏中含有免疫蛋白、氨基酸等，不能充分发挥其作用，导致资源的浪费。因此，有必要进一步研究鸡内脏作为饲料原料使用的方法。

鸡内脏的饲料化利用实例：利用鸡内脏作为饲料原料，通过不同蛋白酶酶解、有机溶剂去除脂肪、超滤等工艺方法，加工得到的饲料中多肽含量为30％～36％，氨基酸含量为35％～66％。其中氨基酸种类达到17种，该饲料的消化吸收率可以达到90％以上。

4. 鱼类内脏的开发利用

随着我国水产养殖业的快速、集约化发展，对以鱼粉为主的优质蛋白源的需求量逐渐增加，但由于受气候和环境等因素影响，鱼粉资源短缺，价格飙升。因此，寻求合理的优质蛋白源成为当下研究的热点。我国畜禽生产总量居世界前列，畜禽加工副产物资源丰富，充分合理利用现有的动物蛋白源，有利于缓解鱼粉资源不足、大量依赖进口的现状，并减少资源浪费。

鱼类内脏饲料化利用实例：

1）发酵家禽鱼等屠宰下脚料，如鸡鸭内脏、鱼内脏等，可以作水库肥料，也可以掺入饲料中喂猪、鸡、鸭、牛、羊等陆地动物，并完全可以代替鱼粉使用。猪饲料中的用量一般为3％～10％，这里指的是干物质料的用量，如果是直接称量湿料（或鱼露液体料），则加倍称量，如按配制100 kg饲料来计算，如果加入折干物质为3％，则实际称重时应该称取6 kg。发酵的具体方法如下：内脏下脚料200 kg，农盛乐饲料发酵液一瓶，玉米面等50 kg，食盐2.5 kg，事先将农盛乐饲料发酵液与玉米面混合好，备用，食盐事先与下脚料混合好备用，保存的容器可以用缸，也可以用水泥池（不过水泥池中事先要垫上塑料薄膜），或其他容器，最后把所有料都混合均匀，上面再盖一层塑料薄膜密封好。发酵半个月以上，发酵越久，效果越好，香味越浓厚。注意此技术的关键点在于密封严格，不让空气进入，否则会发臭和发酵失败。只要密封好，物料可以保存一年以上，消化吸收率更好。

2）以鱼内脏为原料，经过适当清洗和绞碎，加入酸性蛋白酶水解和乳酸菌及酵母菌发酵，可以提取其中的鱼油并制取功能性多肽饲料添加剂和鱼内脏蛋白饲料。这种鱼内脏的综合利用方法采用酶水解—接种发酵，或者接种发酵—酶水解，或者同时加酶和接种发酵的方法处理草鱼内脏，可以提取内脏中86%～90%的鱼油，制取的功能性多肽饲料添加剂具有明显的还原能力和游离基清除能力。该发明技术适用于各种规模的工业化生产。

3）乌贼内脏也可作为主要原料制作养鱼用饲料添加剂，该饲料添加剂适用于海水水面养鱼，特别是添加到虾饲料中时，不仅使营养素达到均衡，还能供给虾成长所需的最适能量和氨基酸，而且在虾蜕皮过程中供给适量的胆固醇以促进虾快速成长。该发明公布的方法是，在一定温度下使没有加热浓缩的新鲜乌贼内脏原料自然发酵，或用在复合果汁、糖蜜等中培养繁殖的复合乳酸菌作为发酵促进剂进行酶发酵，通过分解乌贼内脏中含有的高级蛋白质而制造富含氨基酸和不饱和脂肪酸的养鱼用饲料添加剂。

4）鲍鱼脏器中含有碳水化合物、脂肪和大量的蛋白质。蛋白质可被水解成为能被动物直接吸收利用的肽和氨基酸，此外还含有微量元素和维生素等成分。在鲍鱼的生产加工过程中，产生了大量的下脚料，如鲍鱼脏器、鲍鱼壳等，如果将鲍鱼脏器直接丢弃排放，会造成资源浪费、环境污染等问题。为了解决这些问题，可以将鲍鱼脏器开发为饲料、调味料和功能性保健品等产品，但是近年来鲍鱼脏器的开发利用主要集中在鲍鱼脏器多糖的提取及抗氧化活性、增强免疫力和抗癌等方面的研究。鲍鱼脏器多糖的提取方法主要有酸提法、碱提法、水提法、酶解法等。不同的提取方法对多糖的提取率不同，以胃蛋白酶对多糖的浸出率最高。在鲍鱼脏器多糖的提取过程中，经过乙醇沉淀后会产生大量含有乙醇的副产物，如果对这些含有乙醇的副产物进行直接丢弃排放，很容易造成环境污染，因此必须对含有乙醇的副产物进行开发研究，从中回收乙醇，再经过减压浓缩，冷却干燥后得到鲍鱼脏器醇溶性物质。对其分析可以得到鲍鱼脏器醇溶性物质，蛋白质的含量高达47%，总糖含量为33.23%，脂肪含量较低，仅占6.37%，是一种高蛋白、低脂肪的食品原料。同时还对鲍鱼脏器醇溶性物质进行氨基酸检测，发现鲜味氨基酸的含量高达 45.91%，支链氨基酸含量达 20%，几种主要抗氧化性氨基酸含量为 30%，由此可见，鲍鱼脏器醇溶性物质可以经过开发得到氨基酸补充营养品、调味品及抗氧化剂。

我国是一个畜禽生产大国，畜禽副产物的利用问题尤为重要。解决畜禽副产物的应用现状，可提高经济效益、社会效益、环境效益等。如何合理开发利用这些宝贵资源，应该引起各方面的高度重视。畜禽副产物加工新技术贯彻循环经济理念，可大大提高宰后副产物附加值。将动物宰后的副产物变废为宝，综合利用具有示范推广意义，可解决废弃物的排放和污染问题；同时也可延长畜禽生产的产业链，可带动养殖、屠宰产业发展，有效推动当地经济的发展和行业科技水平的提升。国家应该在政策等方面给予支持，科研院所应该加强科技攻关，研发畜禽副产物的饲料化利用等新技术，同时开展与企业的合作，力争尽快将其转化为高附加值的产品。

第四节　皮毛饲料化利用

我国拥有丰富的动物皮资源，由于动物皮具有独特的结构与性能、特殊化学组成，随着科学技术的不断进步，动物皮的应用领域不再局限于制革和制裘，而是与生物技术相结合，应用领域更广泛。羽毛粉是来自屠宰场、没有任何添加剂或生长促进剂、未腐烂分解的洁净的禽类羽毛在一定压力下的水解产品。羽毛粉蛋白质含量高，氨基酸丰富，富含钙、磷、硒等矿物元素，它还含有维生素和一些未知生长因子。本节主要介绍了动物皮的种类，营养价值和饲料化利用，以及羽毛粉的营养价值，加工处理工艺和在养殖领域的应用。

一、动物皮的饲料化利用

1. 动物皮概述

根据动物皮的特殊化学组成、独特的结构与性能，一部分动物皮不仅可以食用，有的还可以制作鞋、包等。动物皮主要由蛋白质（含量最多）、脂类、碳水化合物、水及无机盐等营养物质组成。目前我们生活中最常见的动物皮主要包括：畜禽的鸡皮、鸭皮、鹅皮、猪皮、牛皮、狗皮以及羊皮等，鱼类的海鱼皮和淡水鱼皮，其他皮类包括蛇皮、狐皮等。由于动物皮种类的多样性，不同动物皮中成分的含量、构成、功能也不同。

2. 动物皮的种类

家养动物皮，主要有羊皮、家兔皮、狗皮、家猫皮、牛犊皮和马驹皮等。

野生动物皮，主要有狐狸皮、紫貂皮、貉子皮、黄鼠狼皮和麝鼠皮等，此外还有旱獭、猞猁、水獭、艾虎、灰鼠、银鼠、竹鼠、海狸、毛丝鼠、扫雪貂、獾、海豹、虎、豹的皮等。

3. 动物皮的结构

动物皮是一种极为复杂的生物组织，从生物结构上看，具有四级结构，可以分为毛层和皮层，而皮层由表皮、真皮和皮下组织组成。表皮层又可分为角质层和生发层；真皮层主要由胶原纤维、弹性线和网状纤维编织而成，其中95%是由胶原纤维组成，还含有血管、肌肉、淋巴管、毛囊、汗腺、神经、纤维间质和脂肪细胞等；皮下组织层则是由疏松的结缔组织组成。

由于动物皮主要成分为蛋白质，极其复杂的动物皮结构由20多种氨基酸按一定顺序排列，并借助主链氢键形成有规律的螺旋和折叠，3根左旋α-链相互缠绕，相互作用折叠、盘旋，形成原胶原。形成的4个原胶原按四分之一错列排列成微原纤维并通过首尾重叠部分相互交联连接成长纤丝，继而形成胶原纤维和胶原纤维束。胶原纤维束分而又合、合而又分，纵横交错，穿插编织，形成了动物皮的三维立体网状结构的组织。

4. 动物皮的营养价值

动物皮的主要成分是蛋白质，新鲜动物皮一般由以下成分组成：水分60%～75%，蛋白质33%～35%，脂类2.5%～3.0%，无机盐0.3%～

0.5%，碳水化合物<2%。真皮蛋白质的80%～85%是胶原，大部分为Ⅰ型胶原，少部分为Ⅲ型胶原。胶原蛋白是一种细胞外蛋白质，它是由3条肽链高度螺旋化形成的纤维状蛋白质。动物皮不仅含有丰富的胶原蛋白，还含有少量微量元素，对动物机体健康是非常有利的，在此简要列举了一些日常生活中常见的动物皮的一些特性（表4-11）。

表4-11　常见动物皮类特性

种类	成分	性质
猪皮	每100 g含26.6 g蛋白质，22.7g脂肪。	厚实，中等硬质。
鸡皮	每100 g鸡皮中含有蛋白质7100 mg，脂肪6600 mg，碳水化合物3730 mg和纤维素90 mg。	皮质油韧，油腻，有疙瘩状毛孔。
鸭皮	每100 g中含蛋白质6.5 g，脂肪50.2 g，碳水化合物15.1 g及其他多种微量元素。	表面光滑，油亮，有韧性。
鱼皮	每100 g干鲨皮中含蛋白质67.1 g，脂肪0.5 g。	色泽灰黄、青黑或纯黑，有鳞，柔软质嫩。

5. 动物皮的利用方式

根据动物皮的化学特性，动物皮的利用方式主要分为本体利用和水解产物利用。本体利用指在不改变或者较少改变动物皮的胶原三维组织构造的前提下的整体利用，水解产物利用则是指采用化学方法将动物皮水解成为胶原、明胶、水溶性明胶、多肽、短肽和氨基酸后，再直接或间接地加以利用。根据应用的目的可以分为生物医学工程、制造生物材料、食品添加剂、生物农业肥料等。

6. 动物皮的饲料化利用前景

我国作为一个养殖业大国，动物皮资源较为丰富，原料产量大。据统计，2018年猪牛羊禽肉产量8517万吨。其中，猪肉产量5404万吨，牛肉产量644万吨，羊肉产量475万吨，禽肉产量1994万吨。猪皮年产量可达9800多万张，居世界首位，羊皮年产量12000多万张，牛皮年产量达3000

多万张。以往人们以猪、牛、鱼等动物的皮、骨、筋、腱等为原料，经过加工获得的蛋白质产品，制成食用胶原（例如酪蛋白），已在食品工业中得到广泛应用。随着社会经济的进一步发展、人民生活水平的提高以及购买力的增强，我国肉类制品的生产和消费总量将实现持续增长。随着科学技术水平的不断提高，动物皮不再局限于制作皮革和制裘等应用领域，而是与生物技术相结合，向着更高层次的医用生物材料以及保健品的方向发展，特别是在创伤修复及止血材料中的应用受到空前的重视，展现出了良好的应用前景，但在饲料化利用方面很少。因此，动物皮及其水解产物的综合利用和深度开发，已经成为新的研究热点，展现出十分广阔的应用前景。

二、羽毛粉的饲用价值及其应用

1. 羽毛粉概述

一般将没有经过任何处理的羽毛统称为羽毛原料或生羽毛，羽毛经过粉碎后称为粉状羽毛原料或天然羽毛粉，而将家畜屠宰后废弃的羽毛以及羽绒厂抽绒剩余的下脚料（鸭、鹅羽毛梗）经适当水解处理加工制成的蛋白质饲料产品，称为水解羽毛粉，简称羽毛粉，也有人将其称为羽毛蛋白粉。此外，在酸水解加工过程中利用豆饼、糠麸等作为羽毛水解液的吸附剂，所制成的产品也归属羽毛粉。

2. 羽毛粉的营养价值

羽毛是由畜禽表面细胞角质化而成，占成年家禽体质量的 5%～7%，羽毛蛋白质水平较高，其含量可以达到 70%～80%（表 4－12）。羽毛蛋白主要是由角质蛋白构成，具有纤维结构，是由胱氨酸残基所构成的分子间双硫键高度交叉连接而成，由于分子间相互的疏水作用以及氢键的作用，所以具有不溶于水和抗分解的稳定性质，是一种不溶性蛋白。动物体内的蛋白水解酶（如胰蛋白酶、胃蛋白酶、木瓜蛋白酶）基本上很难有效对其进行分解，因此未经加工的羽毛粉消化率只有 30%～32%。在饲料化利用之前一般需进行加工处理，主要是破坏二硫键，形成富含大量容易消化的粗蛋白和必需氨基酸及生长因子的羽毛粉，从而提高畜禽对它的利用率。

表 4－12　　羽毛粉常规成分含量　　%

项目	水分	粗蛋白	粗脂肪	粗纤维	粗灰分	无氮浸出物
含量	7	81	7	1	3.4	0.6

氨基酸种类丰富，除赖氨酸和蛋氨酸的含量明显较低外，其他动物必需氨基酸的组成略高于鱼粉，羽毛蛋白中含硫氨基酸多达 9%～11%，在一定程度上可以满足部分动物对胱氨酸的需要，较其他蛋白质资源均有优势。羽毛粉中矿物质主要含钙（0.45%～2.02%）、磷（0.57%～0.72%）、硒（0.84 mg/kg），各种元素样本间差异大，这可能是因为在生产过程中混入的泥沙、无机杂质等含量不同所造成的（4－13）。

表 4－13　　羽毛粉中主要矿物元素含量

项目	钙/%	磷/%	钾/%	钠/%	锰/(mg/kg)	铜/(mg/kg)	锌/(mg/kg)	镁/(mg/kg)
含量	0.33	0.55	0.31	0.71	21.0	7.0	54.0	200.0

羽毛还含有多种维生素（如维生素 B_{12}）或其他一些未知生长因子，是一种极具开发潜力的非常规动物性蛋白质资源。由于家禽羽毛中含有的角蛋白稳定性非常强，胃肠道内的消化酶很难将其消化，造成消化利用率极低，所以没有得到很好的利用，加之家禽屠宰场废弃物的大量排放已经给当地生态环境带来严重的挑战。另外，随着我国禽类养殖业集约化、规模化的快速发展，每年我国养禽业出栏量巨大，具有极丰富的羽毛资源，若能将羽毛粉进一步开发并应用在饲料领域，不仅可以弥补当前饲料蛋白原料的不足，还可以减轻环境污染的压力。事实上，长期以来，羽毛粉并没有得到家禽营养学家的足够关注，这主要可能是因为其必需氨基酸含量较低，而且蛋白质消化率不高，被认为是一种低品质的蛋白源。

由于羽毛原料的产地不同，加工条件不同，羽毛粉的化学组成成分与营养价值会产生较大的差异，造成产品消化吸收率存在较大差异，氨基酸含量也参差不齐（表 4－14），这在一定程度上限制了羽毛粉在饲料工业中的推广应用。

表 4－14　不同加工工艺羽毛粉组成氨基酸含量　%

项目	膨化羽毛粉	水解羽毛粉	蒸制羽毛粉	经水解、酶解和发酵羽毛粉和血粉	羽毛粉和血粉
赖氨酸	1.22	1.32	1.44	2.72	3.02
蛋氨酸	0.66	0.40	0.41	0.62	0.83
缬氨酸	6.80	4.52	4.32	5.01	5.43
亮氨酸	8.05	5.02	4.81	6.86	6.93
异亮氨酸	4.16	3.93	3.34	3.29	3.46
谷氨酸	8.69	7.03	6.98	8.28	8.65
苏氨酸	3.16	2.90	2.68	3.45	3.58
丝氨酸	7.04	5.58	5.18	6.72	6.90
酪氨酸	1.70	1.55	1.62	2.10	2.29
组氨酸	0.48	0.43	0.47	1.48	1.63
苯丙氨酸	4.06	3.32	3.02	3.75	3.85
脯氨酸	9.42	7.05	6.90	5.65	5.80
甘氨酸	7.04	3.15	3.14	4.25	4.56
胱氨酸	1.67	2.89	1.70	2.90	3.23
天冬氨酸	5.08	3.86	3.88	5.21	5.31
精氨酸	6.12	4.51	4.03	4.80	5.00
丙氨酸	4.31	2.67	2.74	3.79	3.84

3. 羽毛粉常用加工处理方法

自二十世纪五十年代起，国外对羽毛蛋白的开发利用进行了大量研究。一方面，由于羽毛粉本身的加工成本比较高，在一些蛋白原料资源丰富的国家不受重视。但那些原料资源短缺的国家却十分重视羽毛粉的开发。另一方面，羽毛下脚料容易造成环境污染，所以我们在利用之前必须对其加工处理，以避免污染环境。在我国，自 20 世纪 70 年代末开始利用羽毛粉。目前，国内普遍采用的加工方法主要有高温高压水解法、酸（碱）水解法、酶解法、微生物法、膨化法等。

4. 羽毛粉在动物生产中的应用

关于羽毛粉在动物饲料中的应用，早在二十世纪七八十年代已经开展。利用羽毛粉作为饲料原料配制日粮，不仅可降低生产成本，还可补充蛋白质饲料资源，替代鱼粉和豆粕等优质蛋白质饲料，克服鱼粉含盐量高及脱脂率低的弊端。根据以往的试验结果，人们建议在动物饲料中羽毛粉的添加量不宜过多。一般来讲，肉鸡饲料中添加量为 2.5%～3.5%；鸡和蛋鸭饲料中可占 2.5%～4.0%；猪饲料中可占 3%～5%；牛、羊饲料中则可占 2%～3%；鱼饵料中一般为 10%左右；虾饵料中的添加量一般不超过 10%。当然，如果结合氨基酸添加剂，则羽毛粉的添加量可以适当提高。

1）羽毛粉在猪生产中的应用

由于羽毛粉经过不同加工工艺处理后，其营养成分存在很大不同，在动物饲料化利用方面也存在差异。日粮中用水解羽毛粉以适宜比例代替豆粕，生长猪的体重、日采食量和日增重降低，氮的表观生物学价值和净蛋白利用率随着水解羽毛粉添加量增加而明显降低，但料肉比上升，对干物质表观消化率、蛋白质表观消化率和有机物表观消化率的影响均不显著，生产效益提高。经过体外胃蛋白酶-胰酶两步水解法后，羽毛粉的蛋白质消化率显著高于水解羽毛粉的体外消化率。干物质基础状态下水解羽毛粉的消化能和代谢能分别为 15.04 MJ/kg 和 12.80 MJ/kg，生长猪日粮中添加 14.50%水解羽毛粉时，除蛋氨酸外，日粮中粗蛋白和氨基酸的表观回肠末端消化率和标准回肠末端消化率较低，氮的有效利用率低。在生长育肥猪基础日粮中添加水解羽毛粉，氮消化率降低。水解羽毛粉作为一种动物性蛋白质饲料，提供丰富的氨基酸及蛋白氮，可提高育肥猪的瘦肉率和猪肉品质。另外，日粮中水解羽毛粉含量增加会明显提高日粮蛋白水平，使过多的氮不能被充分利用而排放到外界环境，而且日粮蛋白水平较高同样可产生较多的异味气体，排放到空气中污染环境。因此，水解羽毛粉作为猪饲料时，确定适宜的添加比例十分重要。

酶解羽毛粉替代鱼粉不会影响断奶仔猪的生长性能。用适宜比例的酶解羽毛粉替代仔猪基础日粮中的鱼粉，对平均日增重、腹泻率无显著影响，但可以提高粗蛋白表观消化率，并有降低料重比的趋势。在替代生长肥育猪基础日粮中的鱼粉（秘鲁鱼粉）方面，其生产性能及蛋白质消化率并无显著差异，在增重速度和饲料报酬相近的情况下，可完全替代鱼粉，明显降低饲料成本。由于羽毛粉中异亮氨酸和缬氨酸含量高，而且消化吸收效率也高，可与血粉联用，提高植物源蛋白日粮的氨基酸平衡性。在生物发酵羽毛粉中加入赖氨酸可完全替代猪日粮中的鱼粉。

由于不同来源和不同加工工艺的羽毛粉，导致其理化指标、生物学指标和氨基酸代谢率有一定差异，这主要是因为羽毛粉加工处理工艺技术还不够成熟，不能有效地破坏其角蛋白质的空间结构，不利于畜禽的消化吸收，从而使氨基酸消化率降低。

2）羽毛粉在家禽生产中的应用

在家禽日粮中应用羽毛粉代替部分蛋白质饲料原料也是可行的，而且经济实用。由于羽毛粉中含有较高比例的胱氨酸，蛋鸡日粮中添加适量的羽毛粉可以有效防止啄羽、啄肛的发生。蛋鸡日粮中酶解羽毛粉可以部分替代豆粕，对平均日采食量、产蛋率、产蛋量、平均蛋重、料蛋比等指标均无显著影响。但当日粮中羽毛粉添加比例过高时，家禽表现出明显的蛋氨酸、赖氨酸、组氨酸和色氨酸缺乏症状。在肉鸡日粮中用羽毛粉部分替代鱼粉可以达到同样的增重效果，还能够节约饲料成本。在生物发酵羽毛粉中添加赖氨酸可替代肉鸡饲料中大部分鱼粉。采用饲养试验和真可消化氨基酸测定相结合的方法，用一定比例水解羽毛粉饲喂肉仔鸡，其生长性能并无显著改变，但赖氨酸和胱氨酸的消化率较低，有待进一步提高。在海兰蛋鸡日粮中添加一定比例的膨化羽毛粉，不影响其产蛋率、饲料转化率，但平均蛋重有所增加；添加量越高，产蛋率、平均蛋重下降，料蛋比增加。因此，蛋鸡日粮中膨化羽毛粉添加比例不宜超过 2%，且要补充蛋氨酸。

另外，肉仔鸡日粮中添加适量的羽毛粉可显著降低腹脂含量，增加胴体重，不影响生长。但加工方法及加工条件能够影响羽毛粉蛋白的利用效率。日粮中添加 3%、4%和 5%的膨化羽毛粉不影响肉鸭的正常生长，但能够提高其饲料转化率，提高平均日增重，降低料肉比，且 4%膨化羽毛粉添加组生产性能最好。未降解处理的羽毛营养价值很低，而在一定条件下水解加工后的羽毛粉，其蛋白质消化率显著提高。添加微生物蛋白酶也能够提高羽毛粉蛋白质的消化率。在骨粉和羽毛粉中添加复合酶制剂提高了临武鸭的养分及氨基酸利用率和代谢能。

3）羽毛粉在水产养殖中的应用

在一些鱼类，如鲤鱼、黑鲷、奥尼罗非鱼、点带石斑鱼等基础日粮中，用羽毛粉部分替代鱼粉是可行的，但添加量不可过高。用低剂量羽毛粉添加在鮸状黄姑鱼饲料中，对鱼的生长和饲料利用率有明显的消极影响。饲料中添加羽毛粉会降低虹鳟鱼的生长性能和饲料效率。在奥尼罗非鱼的研究中还发现羽毛粉组鱼体的脂肪含量显著高于鱼粉组，可能是由于配合饲料中氨基酸不平衡，部分未被利用于机体生长的氨基酸转化为脂肪储存到鱼体。羽毛粉的粗蛋白和总能的表观消化率较低，大部分企业采用膨化法、酶处理法、水解法、微生物发酵法等工艺改善羽毛粉的应用效果，使得齐口裂腹鱼肠道、肝胰脏对膨化羽毛粉的粗蛋白离体消化率提高，用微生物发酵的羽毛粉，其胃蛋白消化率、羽毛降解率也提高了。在黑鲷饲料中添加酶解羽毛粉或膨化羽毛粉替代鱼粉，对黑鲷的生长性能和血液生化指标无显著影响。羽毛粉可以部分替代鱼粉作为罗非鱼的饲料蛋白原料。利用菜粕作为罗非鱼饲料蛋白时应解决可消化能不足的问题，通过少量添加肉骨粉可弥补菜粕能量表观消化率较低的缺陷。在使用 5%水解羽毛粉的情况下，通过添加晶体赖氨酸能够提高鱼类对水解羽毛粉的利用率。在用羽毛粉替代 10%鱼粉饲料时外加 200～400 mg/kg 角蛋白酶，能够有效提高蛋白质消化率，提高可消化蛋白含量，进而减少其他不可消化成分对异育银鲫造成的应激。另外，羽毛粉的磷、铜、铁和锰的表观消化率较高，羽毛粉可作为水产饲料中较好的矿物元素来源。

羽毛粉是一种利用价值较高的蛋白质资源。如果能够加以合理利用，不仅能够降低养殖生产成本，还可以改善蛋白质原料短缺境况，替代鱼粉，缓解蛋白质资源短缺的压力，是一种极具开发前景的动物性蛋白质饲料源。虽然蒸汽高温高压法和酶解-水解法都能在一定程度上降解羽毛角蛋白，但是高温高压本身耗能较大，且在处理过程中还会对畜禽的必需氨基酸造成破坏；酶解法成本较高，当前技术有待进一步提高。而微生物发酵法对环境相对友好、成本相对较低。近些年，人们已筛选出能高效降解羽毛粉的霉（米曲霉）和菌株（地衣芽孢杆菌），不但能有效地解决羽毛蛋白质消化率低的问题，而且能缩短发酵周期、提高设备利用率，从而提高企业的经济效益。但是羽毛粉蛋白质的氨基酸不平衡，在使用时要注意日粮中氨基酸的平衡，不宜过多添加羽毛粉，必要时可补充氨基酸和酶制剂，以提高羽毛粉的饲用效率。相信在科研人员的努力研究下，羽毛粉的加工工艺技术得到进一步提高后，适当增大其在动物饲料中的添加量，对改善我国蛋白质资源短缺和蛋白质价格居高不下的状况具有重要意义。

第五节　其他畜禽加工副产物饲料化利用

鸡、鸭、鹅蛋等是人们生活中的一大副食品，在消费过程中产生的大量蛋壳，往往被当作垃圾扔掉，造成环境污染。目前，研究人员发现，蛋壳粉含有丰富的无机盐和少量有机物，可混入饲料中喂养畜禽，补充钙的不足，促进畜禽的生长发育。广泛适用于食品钙源添加、饲料添加、日用化工产品加工、清洗、肥料等领域。蛋壳粉的生产和利用，变废为宝，对循环生态的可持续发展具有重要的经济价值。

一、蛋壳概述

蛋壳是鸡、鸭、鹅等禽类蛋的一种副产物，是由壳上膜、壳下膜和蛋壳三部分组成。壳上膜也称胶质薄膜或外蛋壳膜，覆盖在蛋壳表面，由白色透明的胶质黏液干燥而成，壳下膜在蛋壳内层，由蛋壳膜和蛋白膜组成，它的化学成分包括水分 1%，蛋白质 3.35%，脂肪 0.03%，矿物质 95%，其余为碳水化合物和其他有机物质，这两层膜都是由角质蛋白纤维交织成的网状结构，前者较粗糙，空隙大，后者紧密细致，细菌不容易入侵。蛋壳是一种石灰质硬壳，占整个蛋重量的 10%～12%，主要由碳酸钙、碳酸镁和磷酸钙组成，钙、磷含量分别占蛋干物质的 34%和 0.2%，并含有一定量的蛋白质，易被人和动物消化吸收，是一种天然钙源。

二、蛋壳粉的饲料化利用

蛋壳粉是畜禽养殖生产的优良矿物质饲料，可以满足畜禽动物对钙、磷的需要；新鲜蛋壳烘干制成粉后含有 12%粗蛋白。前期人们将加工好的蛋壳粉，按每 50 kg 加硫酸亚铁 80 g、硫酸锌 100 g、硫酸锰 80 g、硫酸铜 70～80 g、碘化钾 20～25 g，氯化钠 100 g、土霉素 50 g 混合均匀，制成蛋壳粉饲料，将蛋壳粉按每天 20～25 克/只添加到蛋鸡饲料中，可以促进母鸡早产蛋，并延长产蛋期。

因为蛋壳表面呈现较多不规则的多孔结构，所以蛋壳粉比碳酸钙等容易消化吸收。在钙的保持率方面，碳酸钙比乳酸钙更有效；在钙的消化率方面，对产蛋母鸡分别饲喂蛋壳粉、牡蛎粉和石灰粉，结果表明用蛋壳粉饲喂蛋鸡组中，钙的消化率最高。在骨的密度保持方面，蛋壳钙比磷酸钙更有效。由于猪作为实验模型在试验指标方面与人类很相似，因此对猪进行动物营养试验，证实蛋壳粉是一个容易获得的饮食钙源。

目前，由于加工工艺的局限性，蛋壳粉没有得到很好的利用，加之蛋壳粉在动物体内的消化吸收率较低，这在一定程度上限制了蛋壳粉在饲料中的广泛应用。但是随着科学技术和养殖技术的不断发展，相信将来通过相应的技术改善，可以有效地利用蛋壳粉，不仅节约资源，同时也能缓解环境污染压力，对建设环境友好型社会起到积极作用。

我国是一个畜禽生产大国，畜禽副产物的综合开发利用问题极为重要。如何有效合理开发利用这些宝贵资源，应该引起各方面的高度重视，畜禽副产物的综合利用将促进畜牧业、食品工业等相关产业的健康发展。

第五章 水产品加工副产物饲料化利用

我国一直以来都是水产品生产和贸易强国，截至2017年，我国水产品总产量达到6445.3万吨，其中鱼类总产量达到3818.33万吨。在鱼类产品中，海水产品占29.2%，淡水产品占70.8%。虽然我国的鱼类产量大，但我国对于鱼类产品的加工以及副产物的利用依然相对薄弱和欠缺。目前，我国在鱼类加工过程中产生的副产物占到了整条鱼重的60%～70%，这些副产物主要包括鱼头、鱼皮、鱼鳞、鱼骨、鱼鳍、鱼内脏以及残留鱼肉等。针对鱼类产品所产生的大量副产物，如果不加以合理有效利用，将会造成巨大的资源浪费以及带来严重的环境污染。鱼类加工副产物的饲料化利用措施主要包括生产鱼粉和鱼骨粉、鱼油以及鱼蛋白粉或鱼露等。

第一节 鱼类加工副产物饲料化利用

一、鱼粉饲料的来源以及分类

鱼粉是通过饲料加工以及粉碎，将品质较低的鱼类或鱼类副产物制作成品质较高的蛋白质饲料。我国鱼粉主要生产地位于东部沿海城市，但是我国生产的鱼粉较国外鱼粉在数量以及质量上都普遍偏低。目前鱼粉饲料根据来源不同主要分为国产鱼粉和进口鱼粉。按照原料的性质分类，可以分为：① 鱼干粉。主要是由品质低下的小杂鱼进行研磨粉碎制成。② 杂鱼粉。主要利用鱼类的加工副产物，如内脏、鱼鳍和残留鱼肉加工制成。③ 红鱼粉。由鳗鱼、凤尾鱼、沙丁鱼、鲭鱼等红肉鱼类加工而成的橙褐色的鱼粉。红鱼粉作为主要的畜禽蛋白质饲料来源，含有60%～70%的粗蛋白，且产量占到所有鱼粉种类的90%。④ 白鱼粉。主要是由鳕鱼、鲽鱼等白肉鱼类的副产物或整鱼次品生产加工而成的。白鱼粉的主要特点是脂肪含量低，粗蛋白含量高，目前主要用于特种水产动物以及少量仔猪饲料。

二、鱼粉饲料化加工方法

鱼粉的常规饲料化加工方法包括干燥法、离心法、萃取法、干压榨法和湿压榨法等。不同的加工工艺决定了生产出来的鱼粉的新鲜度、营养素成分，以及有害物质如组胺、胃糜烂素等的产生情况。

三、鱼粉中常规营养成分

鱼粉质量的好坏主要归因于鱼粉中营养物质的组成，其中对于鱼粉常规营养成分的检测主要包括水分、粗灰分、粗蛋白、粗脂肪、钙和磷等含量的测定。由于鱼粉中通常会掺杂有尿素，因此也会对鱼粉中非蛋白氮含量进行检测。鱼粉中营养成分含量取决于鱼粉的加工工艺、生产鱼粉的原料种类，以及鱼粉放置时间等。

①水分：鱼粉中水分含量保证了鱼粉的安全储存，过高水分会导致鱼粉易发霉变质或酸败变质。一般保证鱼粉中水分含量不高于10%。

②粗灰分：一般粗灰分含量的高低反映了原料中鱼肉与鱼骨的比例大小。粗灰分含量高说明骨多肉少，而含量低说明骨少肉多。一般优质鱼粉的粗灰分含量在16%以下，若粗灰分含量高于20%，则表示不是全鱼粉，可能掺有鱼排粉或鱼骨粉。同时，高灰分也表明该鱼粉中可能掺有廉价的钙杂质或沙子。

③粗蛋白：由于鱼粉是一类重要的蛋白类饲料添加剂，因此其粗蛋白含量的高低是评判鱼粉质量好坏的重要指标之一。国家行业标准中鱼粉的等级也是根据鱼粉中粗蛋白含量高低进行划分的。国产鱼粉主要利用下杂鱼进行鱼粉生产，因此粗蛋白含量一般在50%左右；而进口鱼粉根据不同

国家生产来源，其粗蛋白含量有一定差异，一般美国生产的鱼粉在 64%～72%，而欧洲国家生产的鱼粉在 60%～67%。另外，真蛋白质与粗蛋白含量的比值是作为衡量鱼粉蛋白质质量的指标，进口鱼粉中真蛋白质/粗蛋白要求在 80%～85%，国产鱼粉要求比例大于 75%。

④粗脂肪：鱼粉中粗脂肪的含量也是决定鱼粉保质期的关键指标。按照国家标准粗脂肪测定方法，鱼粉中测得的粗脂肪含量一般在 12%以内。鱼粉中过高的粗脂肪会诱发鱼粉产品的氧化酸败，从而导致鱼粉中营养物质的损失以及利用价值的降低。我国生产的鱼粉的粗脂肪含量为 10%～12%，而进口鱼粉的粗脂肪含量一般低于 10%。

⑤钙和磷：鱼粉也是一类重要的钙磷源饲料添加剂。通常鱼粉中含有的钙为 4%～6%，磷含量为 2%～4%。钙磷的比值为 1.5～2.0。钙磷的含量也反映了鱼粉中骨肉的比例，高钙磷含量表明鱼粉原料中骨含量较高。

四、鱼粉中其他营养物质及生物活性成分

鱼粉的质量评判除了对其中的常规营养物质成分检测之外，还可以通过外观进行鉴定，包括感官鉴定、实验室显微镜鉴别等。鱼粉中常规营养物质除了含量决定了其质量，营养物质的组成成分、营养物质本身的质量以及生物活性也决定了鱼粉作为饲料添加剂的应用效果。通常鱼粉中粗蛋白的氨基酸组成成分，组胺含量，挥发性盐基氮（VBN），以及不饱和脂肪酸等生物活性物质也是决定鱼粉质量的重要指标。

1. 氨基酸

鱼粉中氨基酸的含量或组成比例可以直接反映出鱼粉中是否掺假。对于饲料中的氨基酸一般通过使用高效液相色谱仪或氨基酸自动分析仪进行检测。鱼类不能通过自身合成作用生成的必需氨基酸有异亮氨酸、亮氨酸、蛋氨酸、赖氨酸、苯丙氨酸、精氨酸、组氨酸、苏氨酸、色氨酸、缬氨酸等 10 种。一般优质鱼粉是指其含有的必需氨基酸占总氨基酸的比例

为 51%～55%，且氨基酸总量占粗蛋白总量的比例为 80%以上，即氨基酸总含量在 60%以上，氨基酸的组成成分稳定。对于优质鱼粉的氨基酸相对组成含量如表 5－1 所示。在实际生产中，一般观测鱼粉中的赖氨酸、蛋氨酸、丝氨酸、苏氨酸、甘氨酸相对含量。若鱼粉中掺有皮革粉，会导致鱼粉中赖氨酸和蛋氨酸含量比例显著降低，因此要求优质鱼粉中赖氨酸比例不低于 4.6%，蛋氨酸比例不低于 1.6%。若鱼粉中掺入羽毛粉，则会导致苏氨酸和丝氨酸比例上升，故要求鱼粉中苏氨酸和丝氨酸比例不超过 3%。若鱼粉中掺杂有皮粉或肉骨粉，会导致甘氨酸含量大幅度提高，因此要求鱼粉中甘氨酸比例在 4%左右。对于鱼粉中掺入其他物质如血粉、植物性杂质，有机含氮化合物等均会引起鱼粉中氨基酸组成的显著改变。且鱼粉中掺杂掺假往往都是添加两种或两种以上杂质，且混有色素、香味剂等。

表 5－1　　优质鱼粉中氨基酸组成比例（实测值，%）

氨基酸	比例	氨基酸	比例	氨基酸	比例
苏氨酸	2.6	天冬酰胺	6.3	精氨酸	4.7
谷氨酸	9.4	丝氨酸	1.6	脯氨酸	2
丙氨酸	4.5	甘氨酸	3.8	赖氨酸	5.3
缬氨酸	4	半胱氨酸	0.7	组氨酸	1.9
亮氨酸	5.3	蛋氨酸	2	色氨酸	0.7
苯丙氨酸	3.3	异亮氨酸	3.3	酪氨酸	2.3

2. 组胺

组胺是鱼粉中的组氨酸在微生物脱羧作用下转化生成的一种胺类物质。鱼粉中的组胺含量反映了鱼粉的新鲜度以及微生物污染程度。组胺含量越高，则鱼粉的新鲜程度越低。在实际生产中，要求新鲜鱼粉中组胺含量应低于 100 mg/kg。组胺在不同来源的鱼粉中含量不同，通常国产红鱼粉中含量为 321 mg/kg，进口白鱼粉为 28 mg/kg、红鱼粉为 267 mg/kg 左右。根据鱼粉加工工艺不同，组胺含量也有所不同，利用直火对鱼粉进行干燥，或鱼粉加热干燥过度，会导致组胺生成肌胃糜烂素，这样的鱼粉喂猪会导致下痢、腹泻等症状。鱼粉中过多的组胺也会导致肉鸡的肌胃糜烂和溃疡。

3. 挥发性盐基氮

挥发性盐基氮类似于组胺，也是由微生物和酶的作用，使蛋白质分解形成氨以及胺类的含氮物质。鱼粉中的挥发性盐基氮含量决定了微生物的繁殖情况，一般盐基氮含量越高，鱼粉的新鲜度越低，氨基酸的破坏程度越大。鱼粉中挥发性盐基氮的含量与组胺的含量有一定相关性，因此一般检测其中指标之一即可代表鱼粉的新鲜度。

4. 不饱和脂肪酸

鱼粉中含有的不饱和脂肪酸与鱼油中的相似，包括二十碳五烯酸（EPA）、二十二碳五烯酸（DPA）、二十二碳六烯酸（DHA）等 n-3 多不饱和脂肪酸。进口白鱼粉中 n-3 多不饱和脂肪酸含量占中性脂肪含量的 25%左右，进口红鱼粉占 20%左右。国产红鱼粉的 n-3 多不饱和脂肪酸含量在 27%以上，尤其是 DHA 含量可达 16%左右，具有较高营养价值。由于 n-3 多不饱和脂肪酸具有显著的抗血栓和抗动脉粥样硬化以及降低血脂和胆固醇的作用，因此，在猪日粮中添加多不饱和脂肪酸可有效提升猪肉中不饱和脂肪酸含量，且可提升个体抗氧化能力。在蛋鸡饲料中，多不饱和脂肪酸的添加可显著提升鸡蛋中的不饱和脂肪酸含量，且日粮中添加多不饱和脂肪酸可提升蛋鸡产蛋性能，维持母鸡生殖器官的健康。

五、鱼粉在动物生产中的应用

1. 鱼粉在猪生产中的应用

鱼粉可以提高母猪的产仔数，加快商品猪生长，提高饲料转化率。日粮中添加 5%鱼粉，可使初产母猪产仔数由无鱼粉日粮的 11.06 头增加到 11.61 头，而经产母猪产仔数基本不变。在 28～61 日龄仔猪日粮中添加鱼粉2%和8%，发现鱼粉8%组日增重提高20.7%，料重比降低20%，腹泻率降低70%。乳猪的消化酶系统还未发育完全，除了母乳外的其他蛋白源在乳猪消化道会引起过敏反应，但鱼粉引起的过敏反应十分轻微，所含的高蛋白质和能量能被乳猪很好地消化吸收。仔猪使用鱼粉后血液脂肪酸含量提高，其中EPA和DHA可以提高516%和104%。n-6/n-3多不饱和脂肪酸组成会对育肥猪背最长肌脂肪酸组成和血清抗氧化指标造成不同影响。

2. 鱼粉在水产养殖业中的应用

鱼类食用含有鱼粉的饲料，具有生长性能好、体重增长快、饲料利用率高等优势。短期内用低含量鱼粉或无鱼粉的饲料饲喂鲤鱼，其肝、胰脏功能和肾功能可在一定程度上受到不利影响。投喂鱼粉饲料可改善罗非鱼的养殖效果，其日增重、相对增重率、特定生长率、饲料利用率均显著优于对照组。食用含有鱼粉的半滑舌鳎的特定生长率和饲料利用率较高，且不同干燥温度加工的鱼粉饲喂效果不同。

第二节　甲壳类加工副产物饲料化利用

2016年，我国水产品总产量达到6901.26万吨，其中海水产品产量3490.15万吨，淡水产品产量3411.11万吨；用于加工的水产品总量为2635万吨，其中用于加工的淡水产品569万吨，用于加工的海水产品2066万吨，分别占21.6%和78.4%。

我国海域有丰富的海洋生物资源，可供捕捞生产的渔场面积约为212万平方千米。我国海洋中有鱼类3000多种、虾类300多种、蟹类600多种、贝类700多种、头足类90多种、藻类1000多种，此外还有腔肠动物、棘皮动物、两栖动物和爬行动物中的一些水生种类，其中可捕捞、养殖的鱼类有1694种，经济价值较大的有150多种。我国内陆淡水面积比较大，内陆可养殖的水域面积约为6.75万平方千米。我国的水产品加工历史悠久，方式多样，是渔业三大产业之一。

一、甲壳类动物分类

甲壳类是甲壳动物因身体外披有“盔甲”而得名。甲壳，虾、蟹等动物的外壳，由石灰质及色素等构成，质地坚硬。甲壳类动物属节肢动物门甲壳纲，还包括两个亚纲——切甲亚纲和软甲亚纲。切甲亚纲大部分体形小，没有明显的体节。这个亚纲包括仙女虾、水蚤、独眼龙、鱼虱、藤壶和桡足类。软甲亚纲包括由典型的19段体节构成的动物，包括小龙虾、龙虾、虾、潮虫、球潮虫、沙蚤和地鳖虫。

甲壳动物大多数生活在海洋里，少数栖息在淡水中和陆地上；虾、蟹等甲壳动物有5对足，其中4对用来爬行和游泳，还有一对螯足用来御敌和捕食。世界上的甲壳动物的种类很多，大约2.6万种。甲壳动物的身体由50个体节组成，但是大部分的高等甲壳动物只有19个体节。身体通常由三个部分组成，头部、胸部和腹部。头部和胸部通常长成一体，叫作头胸部。有一块坚硬的物质几丁质覆盖在身体上，形成一个像盔甲一样的外骨骼。这种外骨骼不会随着动物身体的生长而生长，它会周期性地脱落然后再生。甲壳动物通过产卵的方式繁殖。咸水中的甲壳动物的蛋孵化成很小的幼虫，这些幼虫与成虫不一样。淡水里面的幼年甲壳动物，除了身体比成虫的小一些之外，长得与成年甲壳动物很相似。

甲壳类和双壳类产量巨大，副产物较多，是生产壳聚糖的良好来源。壳聚糖可作为食品、药品、饮料和化妆品来使用。同时，甲壳类加工副产物提取的色素，如类胡萝卜素，可用于药用制剂以发挥重要的生理功能。

二、甲壳类副产物的利用和功能营养素

中国是全球最大的对虾生产国，对虾产量约占世界养殖总产量的37%，出口产品主要是以去头对虾和虾仁为主，虾类加工过程中产生的副产物包括虾头和虾壳，占虾体总质量的30%～40%。对虾加工副产物的综

合利用途径主要有：利用酶解、过滤和降压分馏技术生产虾油、虾调味品和虾味素；利用化学处理和超临界提取技术制备虾青素和甲壳素。我国绝大多数淡水虾加工企业将其虾仁利用后，会产生85%左右副产物，这些副产物中含有丰富的蛋白质、脂肪和矿物质，以及活性成分虾青素和甲壳素等。

1. 甲壳素

甲壳素的化学结构类似于纤维素，基本单元是六碳糖，是由1000～3000个N-乙酰葡萄糖胺单体以β-1，4糖苷键构成的高分子糖类聚合物，其中约每6个N-乙酰葡萄糖胺连接一个葡萄糖胺。

甲壳素及其衍生物的生物官能性、生物降解性、生物相容性以及低毒、可食用性、几乎无过敏作用等优良特性，被广泛用于生物学、医药学、食品、环保、纺织、印染、造纸、涂料、烟草及农业（如土壤改良剂、植物生长调节剂、病害诱抗剂、保鲜剂）等领域。甲壳素的衍生物是指脱乙酰程度不同而成的不同分子量壳聚糖，又称几丁聚糖，存在于某些生物体内，特别是真菌的细胞壁上。这类多糖既可生物合成，又可生物降解，与动物的器官组织及细胞有良好的生物相容性，无毒，降解过程中产生的低分子寡聚糖在体内不积累，几乎没有免疫抗原性。甲壳素及其衍生物在畜牧水产养殖业中具有广阔的应用前景，它们可以用来控制肉鸡腹脂和体脂过多，增强动物机体的免疫功能或作为免疫增效剂。甲壳素提取方法优缺点比较如表5-2所示。

表5-2　甲壳素提取方法优缺点比较

提取方法	优点	缺点
化学法（酸碱法）	操作简单、效率高。	能源资源消耗大，污染环境，有效成分如蛋白、钙等不能回收。
酶解法	工艺简单、环境污染小。	脱蛋白不充分、商业酶较贵、成本高、耗时长。

续表

提取方法	优点	缺点
微生物发酵法	条件温和，耗能少，洗水可进行第二次发酵，不产生二次污染，发酵过程不会水解甲壳素。	成本高，不适合批量生产。
EDTA 法	步骤简单、可操作性强；生产周期短，耗能小，成本低，污染小；产品质量高，ETTA 可回收利用。	短期看一次性投资大。
离子液体（IL）法	保留高分子量产品，可直接在萃取体系中成纤维和珠粒；不易挥发。	IL 不被回收或再循环；安全问题未知。
热甘油预处理法	产品质量高，用水量少，能源消耗少；减少废气排放量；热甘油可回收利用；方法简单、可扩展、可持续。	可能导致蛋白质的主链断裂，柠檬酸钙的回收率较低。
强化常压等离子体法	不需要溶剂，不形成固液废物；节省化学品和废物去除成本。	矿物质有损失，产生气态废物。

甲壳素和壳聚糖能促进鸡的生长，提高母鸡产蛋率。印度人发现甲壳素能促进焙烤用小鸡的生长，将 0.5%甲壳素混入饲料中喂养家禽，不但可减少饲料消耗，而且可增重 12%。日本人发现壳聚糖及其衍生物可被小鸡消化，母鸡连续吃含 10%鳞虾壳的饲料后产蛋率比不添加鳞虾壳的前周高 8.8%。壳聚糖能显著降低肉鸡腹脂率，且不影响肉鸡生长，不降低饲料利用率，将 0.5%甲壳素混入家禽饲料中喂养家禽，不但可减少饲料消耗，而且比不加甲壳素饲料喂养可使家禽增重 12%，低黏度壳聚糖可降低小肠脂肪酶活性和脂肪吸收，因此降低体脂沉积。在生长猪日粮中添加稀土甲壳素，日增重提高 5.35%～10.17%，节省饲料 3%～14%。在断奶仔猪饲料中添加 0.2%壳聚低糖，21 天后与对照组比较，体重增加 13.1%，并且无腹泻现象。5%～15%的蟹粉（含甲壳素 20%）不影响 20～35 kg 猪增重，但降低 60～100 kg 猪增重和饲料利用率；小肉牛、羔羊、生长奶牛的试验均表明，蟹粉对反刍动物有适口性和适应性问题，对增重和饲料

利用产生负面效应。饲料中添加1%、2%和3%壳聚糖可显著降低不同生长阶段肉仔鸡的腹脂率、皮下脂肪厚和肌间脂肪厚。在猪与牛的饲料中分别添加0.2%与0.5%壳聚低糖，结果表明壳聚低糖能显著降低血液及肌肉组织中的胆固醇含量，尤其能使HDL胆固醇升高，LDL胆固醇含量降低。用高胆固醇饲料喂养兔子，由于胆固醇与中性脂肪在血液中的浓度升高，不久后引发脂肪肝及肝炎，肝脏呈赤红色。但在用高胆固醇饲料喂养兔子的同时在饲料中添加甲壳素，兔子胆固醇和脂肪明显降低，没有出现脂肪肝、肝炎，肝脏呈暗褐色。甲壳素能促进家禽对乳清的利用，乳清是乳制品工业产生的副产物，由于含有70%左右乳糖而在家禽饲料中未能很好应用，原因是家禽消化肠道缺乏双歧杆菌，而双歧杆菌是动物肠道的正常菌群，乳糖的代谢主要靠双歧杆菌。因此，肠道内双歧杆菌缺乏，会造成乳糖的不吸收。甲壳素被摄入鸡体后可作为双歧因子的前体发挥作用，甲壳素可提高鸡对高乳糖干酪乳清的消化率。甲壳素与壳聚糖在医药食品方面的应用开发较多，而在饲料方面的应用也逐渐受到人们的重视，今后需要在饲料中的添加量、作用效果及机理等方面进行进一步的研究。

2. 类胡萝卜素

类胡萝卜素是维生素A的前体，在预防疾病、提高机体免疫力、维持动物正常生长与繁殖以及着色等方面发挥着重要的作用。类胡萝卜素广泛地存在于人类膳食中，除了具有维生素A活性以外，还具有多种生物活性，有的活性是它们共有的，有的活性是某些类胡萝卜素特有的。随着研究的深入，类胡萝卜素在人类健康及动物生产中的作用日益受到重视。流行病学研究表明，类胡萝卜素可以降低多种癌症、代谢综合征、肥胖、白内障以及黄斑变性等疾病的发病率。

禽类胚胎组织含有大量易受自由基攻击的不饱和脂肪酸，类胡萝卜素是天然的脂溶性抗氧化剂，能够增强胚胎的抗氧化能力，从而保护其组织免受活性氧和自由基的损伤。此外，对早熟的禽类而言，需要代谢率和耗氧量快速增加以维持机体的需要。类胡萝卜素在抗氧化系统中起着重要作用，可以有效杀灭单线态氧及清除自由基，特别是在胚胎组织的低氧条件下。研究表明类胡萝卜素含量高的鸡蛋可以降低仔鸡孵出后体组织脂质的过氧化。母鸡饲料中添加类胡萝卜素3周，所产蛋的蛋黄中类胡萝卜素的含量就达到新的稳定状态，许多蛋黄中的类胡萝卜素大部分储存到胚胎的肝脏中，而仔鸡饲料中添加的类胡萝卜素广泛沉积于体内各部位。此外，母源饲料中的类胡萝卜素至少在孵化后1周内起主要作用，而从第2周开始，仔鸡饲料中类胡萝卜素的添加逐渐影响机体类胡萝卜素的沉积。由于类胡萝卜素的抗氧化和免疫调控作用对出生后的仔鸡有重要作用，因此，母源性的类胡萝卜素可能会对仔鸡的活力产生很大影响。大量的研究集中在饲料中类维生素A和类胡萝卜素的转运以及它们在卵细胞中的沉积，但是近来在哺乳动物和鱼类的研究中也表明卵巢是类维生素A和类胡萝卜素代谢的重要位点。类维生素A对于生殖细胞的凋亡、卵母细胞的成熟、存活和活力是非常重要的，并影响卵泡的类固醇合成。视黄醇在牛优势卵泡的卵泡液中存在，在非闭锁卵泡浓度最高，而在闭锁的小卵泡浓度最低，而且β-胡萝卜素转化成视黄醇与卵泡成熟的进程相关。此外，牛卵丘颗粒细胞合成视黄醇并表达RXRs、醛脱氢酶-1家族和PPARγ，表明卵泡成熟过程中相关基因的转录调控。牛卵泡膜细胞和颗粒细胞可以表达和合成RBP4和RBP1，从而转运视黄醇通过卵泡基底膜。与β-胡萝卜素裂解相关的酶、与视黄醇储存和转运相关的酶以及与视黄醇结合蛋白合成相关的酶在卵巢细胞都有表达，这些基因在虹鳟鱼卵巢中的高表达表明卵巢也起着肝外组织储存视黄醇和视黄醇合成的作用。类胡萝卜素除了能满足机体的维生素A需求、预防维生素A缺乏症外，还在对维护人类健康、预防疾病、提高机体免疫力、维持畜禽正常生长与繁殖以及着色等方面发挥着重要的作用。

3. 虾青素

虾青素是一种脂溶性的类胡萝卜素，具有抗氧化和提高机体免疫力等功能。作为一种天然的饲料添加剂，虾青素在动物生产中有着良好的应用前景。虾青素熔点为 224 ℃，不溶于水，易溶于有机溶剂。

三、甲壳类副产物在动物生产中的应用

1. 甲壳类副产物在猪生产中的应用

饲料中添加 0.5 mg/kg 虾青素促进了热应激下母猪卵母细胞的成熟，进而可提高其受精率及胚胎存活率，使热应激下母猪繁殖性能提高，这可能是虾青素缓解了高温对猪卵母细胞减数分裂的负面影响。虾青素对公猪精液质量具有保护作用，可能是虾青素降低了精液中 ROS 的含量，从而提高了精子的寿命。饲料中添加 4400 mg/kg 虾青素和双乙酸钠的混合制剂能够显著提高 28 日龄三元杂交断奶仔猪血清和空肠黏膜超氧化物歧化酶、谷胱甘肽过氧化物酶的活性，提高了机体抗氧化能力，促进空肠细胞结构和功能的完整性，提高肠道对养分的消化能力，从而提高了生长性能。此外，由于肌肉中的不饱和脂肪酸和蛋白质分子与空气中的氧气结合形成过氧化物，会导致脂质分解和多肽链断裂，使肌肉的持水性和风味下降，虾青素具有强大的抗氧化功能和着色功能，可通过其在肌肉中的沉积，降低肌肉的脂质和蛋白质氧化速度，有望提高肉的品质。

2. 甲壳类副产物在家禽生产中的应用

虾青素具有提高肉鸡生长性能、改善肉品质的作用。付兴周等研究发现，肉鸡饲料中添加 1%虾青素复合添加剂，其平均日增重和饲料转化率显著提高，宰后肌肉的 pH 下降速度显著降低。饲料中添加 20 mg/kg 含虾青素的酵母粉可显著增加肉鸡屠宰后肌肉的红度值和黄度值，降低烹饪损失，且 120 h 时虾青素组的总游离氨基酸含量显著高于对照组。饲料中添加 0.15%富含虾青素的干细胞粉可显著增加肉鸡肌肉的红度和黄度。究其原因，虾青素可以在血浆、肝脏、性腺和大腿肌肉中富集，一方面由于其着色功能增加了胸肌和腿部肌肉的红度值和黄度值，另一方面降低了热应激状态下肌肉中丙二醛的含量，提高了肌肉的抗氧化能力。在蛋鸡方面，饲料中添加 80 mg/kg 虾青素显著提高了太行鸡的生产性能，降低了

料蛋比，同时改善了蛋黄颜色和哈氏单位。蛋黄颜色在一定范围内随着虾青素复合添加剂含量的增加而加深。这是由于蛋黄颜色是蛋形成过程中，虾青素与脂蛋白结合，通过体循环进入蛋黄中，转化成棕油酸二酯在蛋黄内沉积，使蛋黄的黄色加深或呈现出红色。

3. 甲壳类副产物在水产养殖中的应用

饲料中添加一定量的虾青素可以提高大黄鱼幼鱼和锦鲤的生长性能、凡纳滨对虾等水产品的存活率，其原因是虾青素可以增强鱼虾的免疫力，提高对高氮、低氧环境的耐受力。虾青素还显著提高了水产品的色素沉积，对于甲壳类动物，如蟹、虾等，色素沉积主要在壳、性腺和肝胰腺上，而对肉色无显著影响，就鱼类而言，鱼体颜色鲜艳，而鱼肉却是白色。饲料中添加 200 mg/kg 的虾青素发现，在第 15 天时鱼体、鱼鳞、鱼鳍、鱼皮中色素沉积量达最高值，且不同组织部位的含量从高至低依次为鱼皮、鱼鳍、鱼鳞、鱼体、鱼头、鱼肉，体现了虾青素在不同部位沉积能力的差异。虾青素的作用效果与添加量有关，但其含量沉积过高会对机体产生额外的代谢，因此，多余的虾青素会通过代谢排出体外。

目前，对虾青素在水产和禽类养殖中应用的研究较多，在家畜饲养中应用的报道比较罕见。如何拓展虾青素在家畜中的应用，是今后需深入研究的方向，如利用虾青素能在体表及肌肉组织沉积的特点，把它作为猪的饲用着色剂，使猪的肤色发亮、肌肉红润，以此来提高猪肉的品质。另一方面，应系统地研究虾青素在饲料中的添加量，分析添加量与着色效果的相关性，以确定虾青素在各种水产、畜禽饲料中适宜的添加剂量，用较小的投入来产生最佳的效果。虾青素在饲料中的着色效果，与饲料的配方、动物的健康状况和养殖的环境有关，饲料中的油脂、抗氧化剂、维生素 E 等能保护着色剂免遭破坏，均有利于动物对虾青素的吸收，而含有较高浓度的钙和维生素 A 的饲料则会影响虾青素的沉积效果。另外，饲料中蛋白质的类型、脂肪的氧化状态、类胡萝卜素含量及抗营养因子的存在均影响虾青素在动物体内的沉积。研究这些影响因素，能更好地发挥虾青素着色作用，减少其在使用中的损失。

第三节 贝类加工副产物饲料化利用

随着畜牧水产行业的快速发展、水产捕捞以及养殖技术得到了巨大的进步，水产品的产量和种类以及市场需求都有了极大的提高。据 2017 年统计资料显示，我国水产品加工能力达到每年 2849.11 万吨，其中贝类产品是水产资源中所占比例很大的一类，占我国海洋水产养殖的 70%以上，常见的有扇贝、牡蛎、杂色蛤等。这些贝类资源在生产加工过程中会产生大量的加工副产物，主要是贝类的内脏以及汤汁等，大部分的加工副产物都被丢弃，不但没有得到充分利用，还给环境带来了污染。

贝类加工副产物含有多种营养物质和活性成分，如蛋白质、氨基酸、牛磺酸、多糖、矿物元素、维生素以及多种不饱和脂肪酸等，具有极大的利用价值。若通过合理的加工提取工艺对贝类加工副产物进行加工再利用，制作成动物饲料的添加剂，不但可以有效提高动物生产性能，同时还可以减少贝类加工副产物对环境的污染。

一、贝类加工副产物

我们以扇贝为例，扇贝是我国贝类水产养殖资源的主要品种，常见的有栉空扇贝、海湾扇贝以及虾夷扇贝等，其中栉空扇贝是一种雌雄同体的贝类，主产地在我国的北部沿海地区；海湾扇贝是从美国进口的养殖品种，原产于美国的西北部沿海地区；虾夷扇贝也是国外的引进品种，原产于日本的北海道以及俄罗斯的远东地区，引进扇贝品种在我国规模养殖发展十分迅速，主要是在山东的沿海地区，扇贝的规模化养殖已经普及。现阶段我国扇贝的加工产品是以鲜冻扇贝柱和干扇贝柱两种为主，在我国整个水产品的加工量和出口量上都占有很大的比例。

扇贝加工的副产物主要是加工扇贝柱，即扇贝的闭壳肌后所残余的扇贝产物，其中主要包括扇贝的边、内部肠腺体以及扇贝的性腺等，这些加工副产物大概占到扇贝可食用部分的30%，据统计这些加工副产物年产量可以达到20万吨左右。这些扇贝的加工副产物仅有极少部分被扇贝养殖户作为饵料，其余的基本上都是随意排放废弃，这种处理方式不但造成了很大的浪费，同时对环境卫生安全也是一种威胁，所以对扇贝加工副产物的合理利用具有重大的现实意义。

二、贝类加工副产物的营养价值

贝类加工副产物中含有丰富的营养物质，以扇贝的加工副产物为例，副产物中扇贝边、内部肠腺体以及扇贝的性腺与扇贝产品扇贝柱中所包含的营养物质含量不相上下，其中干扇贝柱中粗蛋白水平为56%，水分为27%，剩余灰分、总糖以及粗脂肪含量分别为10%、5%和2%，扇贝加工副产物中粗蛋白含量达到68%左右，相比干扇贝柱粗蛋白比例更高，水分、灰分、总糖以及粗脂肪的含量分别为6%、4%、14%和8%，其中总糖和粗脂肪的含量均高于干扇贝柱，将其应用于畜禽饲料上具有极大的开发价值。同时研究发现扇贝产品以及扇贝加工副产物之间氨基酸水平也没有显著的差异，扇贝加工副产物中氨基酸的含量比例合理，与扇贝柱产品相比较，扇贝加工副产物中不饱和脂肪酸的含量更加丰富，有研究表明栉空扇贝和虾夷扇贝中肠腺体内的脂质中不饱和脂肪酸含量分别达到脂质中总不饱和脂肪酸含量的13.6%和32.8%，同时这些不饱和脂肪酸中二十碳五烯酸（EPA）和二十二碳六烯酸（DHA）的含量分别达到13.6%和13.8%，具有丰富的营养价值。

扇贝加工副产物中还含有丰富的生物活性物质，在扇贝加工副产物的提取物中我们发现有大量的牛磺酸以及糖蛋白，具有抗病毒以及抗氧化的生物功效，同时提取物中还有丰富的甘氨酸、B族维生素、叶酸以及钙和硒等微量元素，对于动物机体的健康发育具有良好的促进作用。

三、贝类加工副产物开发利用的现状

现阶段贝类加工副产物的开发利用技术都不够成熟，对于贝类加工副产物的利用也不够重视。我们以扇贝为例，目前扇贝加工副产物主要用于扇贝裙边干制品以及海鲜酱油等调味料，以及少量的扇贝裙边食物和水产类的饲料。这种开发利用主要集中在扇贝裙边，处理过程需要消耗大量的劳动力来处理扇贝裙边的分离，可以说得不偿失。同时没有对整个扇贝的加工副产物进行有效的利用，没有实际的经济效益，也没有达到保护环境的目的。通过上文，我们研究发现，整个扇贝加工副产物的营养成分含量丰富，所以对于扇贝整个加工副产物的综合利用不仅可以最大限度地提高扇贝原料的利用率，还可以节省不必要的劳动成本，对环境保护也有非常积极的意义。

四、贝类加工副产物的再加工处理技术

现阶段对于贝类加工副产物的再加工处理技术比较落后，常见的就是去除贝类加工副产物中的内脏及腺体，进行简单的冲洗去除杂质，对于整个贝类加工副产物的研究在加工处理方式上没有一个完整系统的模式。由于贝类加工副产物的合理利用必须对其进行加工再处理，对其进行合理的前处理是高效利用贝类加工副产物的前提和基础，下面将介绍几种加工工艺对贝类加工副产物的再加工处理，为贝类加工副产物的科学利用提供帮助。

1. 贝类加工副产物的脱腥技术

贝类水产品味道鲜美且营养丰富，备受广大消费者青睐，但是贝类水产品的初产物通常会有腥味和苦味，尤其是贝类水产品的加工副产物中腥苦味更为严重。若想将贝类加工副产物应用于畜禽饲料中，如何科学有效地去除贝类加工副产物中的腥味和苦味是高效利用贝类加工副产物的关键问题。贝类加工副产物中所产生的腥味主要是由于贝类自身的水解过程，

所产生的腥味的主要成分是三甲胺、吲哚、挥发性有机酸、低分子的醛酮化合物以及部分的氨气，所产生的苦味主要是贝类自身水解所生成的短肽以及部分疏水氨基酸。

去除产品中腥苦味的方法依据产品的状态有不同的处理方式，适用于液体产品的脱腥方法有微胶囊法、真空脱腥法、高压蒸煮热处理脱腥法、环糊精包埋法以及超滤脱腥法五种处理方法，以上几种液体状态的脱腥方法也适用于固体状态产品的脱腥，固体状态产品的脱腥还可以用酸碱盐法、微生物发酵法、萃取法、酶法脱腥以及辐照脱腥等。我们以在扇贝加工副产物中常见的脱腥方法进行介绍，现阶段在扇贝加工副产物中的脱腥方法主要是通过酶解工艺，利用蛋白酶解液对扇贝加工副产物进行脱腥脱苦的过程，整个扇贝加工副产物的脱腥脱苦过程需要从底物的物理性状以及蛋白酶种类的选择、酶水解度的精准控制以及腥苦味物质的选择性分离着手进行脱腥脱苦处理。蛋白酶解液脱腥脱苦方法作为参考可以使用中性蛋白酶（活性程度为 2×10^5 U/g）、木瓜蛋白酶（活性程度为 8×10^4 U/g）、风味蛋白酶（活性程度为 2×10^4 U/g），配合食品级粉末活性炭、食品级乙级麦芽酚以及食品级乳酸乙酯配合制备贝类加工副产物蛋白酶解液。具体方法是先将贝类加工副产物进行杀菌处理，置于 115 ℃环境中蒸煮 25 min，配合纯净水按料液比 100 g∶100 mL 的比例进行混合后使用均质机进行均质处理作为蛋白酶解液的酶解底物，酶解过程通过恒温水浴进行，在添加蛋白酶量为 2000 U/g 底物与加水的比例为 1∶3、水浴的温度选择 50 ℃左右，在 pH 为 6.5 左右的条件下进行酶解处理 5 h 后，再于 pH 为 6.0 的环境下添加 250 U/g 风味蛋白酶进行酶解处理 5.5 h。酶解处理完成后升温到 90 ℃处理 15 min 进行酶的灭活处理，当酶解液冷却至室温的时候进行离心，4500 r/min 离心处理 10 min，取得酶解液的上清液即为贝类加工副产物的脱腥脱苦蛋白酶解液。后续可以将食品级粉末活性炭加入贝类加工副产物蛋白酶解液中进行进一步的脱腥脱苦处理，便于贝类加工副产物在畜禽饲料中的添加应用。

2. 贝类加工副产物中活性肽的提取

贝类水产资源在我国沿海地区含量丰富，同时随着我国水产经济水平的高速发展，贝类水产的捕捞养殖技术以及贝类水产品加工行业的快速进步，贝类水产品的产量迅速提高。随之而来的贝类水产品的加工副产物也逐年增加，贝类加工副产物营养价值丰富，可以作为畜禽的饲料原料。但是由于贝类加工副产物成分比较复杂，无法直接添加利用到畜禽日粮中，所以对贝类加工副产物进行合理加工或者提取其中的营养物质可以作为高效利用贝类加工副产物的方式。研究发现贝类加工副产物中含有大量的抗氧化生物活性肽，生物活性肽是一种具有抗氧化、抗菌且有益于免疫调节的生物活性物质，对动物机体的健康发育有良好的促进作用，具有广阔的开发前景。具体抗氧化活性肽的纯化及性质研究如图 5-1 所示。

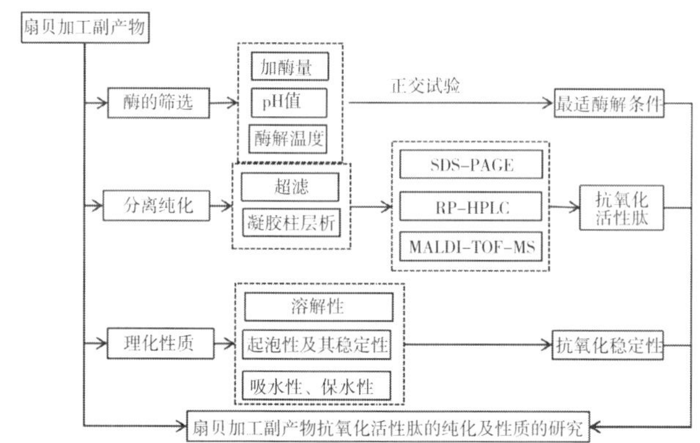

图 5-1　扇贝加工副产物抗氧化活性肽的纯化及性质

贝类加工副产物中生物活性肽的提取首先通过制备贝类加工副产物酶解液，对最佳使用酶的品种进行筛选，测定料液比、酶的使用量、pH、酶解温度以及酶解时间对酶解液抗氧化能力的影响，通过正交试验确定制备贝类加工副产物酶解液的最佳酶解条件。接下来通过贝类加工副产物中蛋白质的酶解程度测定酶解液中多肽的得率。

以常见的栉空扇贝加工副产物为例，蛋白酶使用品种为胰蛋白酶，料液比为 1∶1.5，酶使用量为 1000 U/g，酶解环境 pH 为 7.0，酶解环境温度为 40 ℃，酶解时间为 4.5 h 是最佳酶解条件，这种酶解条件下栉空扇贝加工提取物的水解产物中多肽获得率最高，达到 73.4%。获取多肽后需要对其进行分离提纯，常用的多肽分离提纯方法有超滤分离抗氧化活性肽、葡聚糖凝胶柱层析分离抗氧化活性肽、SDS－PAGE 分析以及反相高效液相色谱法分离抗氧化活性肽等。同样以上文中栉空扇贝加工副产物的多肽提取物为例进行提纯处理，首先利用截留量为 3 kDa 和 10 kDa的超滤膜对其进行分级处理，通过葡聚糖凝胶柱层析以及反相高效液相色谱法进行生物活性肽的分离提纯，最终得到单一的色谱峰即为生物活性肽的终产物。对这种生物活性肽的清除自由基抗氧化能力进行测定，发现其对羟基、DPPH 和超氧阴离子的清除能力分别达到 82.4%、85.6%和 86.6%，具备良好的抗氧化能力，在畜禽养殖饲料中添加具有广阔的开发前景。

3. 贝类加工副产物中牛磺酸的提取

我国贝类水产资源丰富，贝类水产品的加工处理产生了大量的加工副产物，以往对于贝类加工副产物通常没有有效地利用，研究表明贝类加工副产物中含有大量的活性物质，如牛磺酸。牛磺酸最初是从牛的胆汁中通过分离提纯得到的一种生物活性物质，具有增强动物机体细胞抗氧化以及抗病毒的能力。牛磺酸作为一种特别的氨基酸，不参与机体蛋白质的合成，但是研究表明牛磺酸可以改善动物机体蛋白质的合成效率，这一点对于畜禽养殖过程中动物机体的蛋白沉积有积极的作用。同时研究发现牛磺酸可以有效提高动物机体的免疫功能，机体的免疫细胞（如淋巴细胞和中性粒细胞等）中含有大量的游离氨基酸，其中含量最丰富的是牛磺酸，这表明牛磺酸与动物机体的免疫功能息息相关。动物的饮食中若缺少牛磺酸会导致动物血液中白细胞数量的下降，同时可能会造成白细胞形态以及功能出现异常，更有研究表明在动物试验饲料中添加牛磺酸可以有效提高动物血清中免疫球蛋白（IgG）的含量，免疫球蛋白在机体中抗体介导的免疫防御反应起主导作用，综上表明牛磺酸在动物生产上具有非常重要的功能。

贝类加工副产物中含有丰富的天然牛磺酸，若通过合理的方式进行分离提取后在畜禽饲料中合理应用，不但可以对贝类加工副产物进行有效利用，还可以改善畜禽的健康水平。下面对几种贝类加工副产物中天然牛磺酸的制备方法进行介绍。鲍鱼加工副产物中鲍鱼内脏可以作为良好的天然牛磺酸提取原料，首先对鲍鱼产品副产物的内脏组织加入 2 倍体积的纯净水，在 80 ℃～120 ℃的温度中蒸煮 20～60 min，收集蒸煮的汤汁后将其在室温下通过活性炭进行吸附处理用于牛磺酸的制备。在上述液体中加入 95％的乙醇，室温静置 2～3 d 后 2500 r/min 离心处理 20 min，得到上清液后进行结晶处理，可以重复使用乙醇进行除杂提纯工作，以提高天然牛磺酸的得率。结晶处理后还可以通过重结晶提高牛磺酸晶体的纯度。通过这种方式提取的鲍鱼加工副产物天然牛磺酸纯度达到 96.6％，天然牛磺酸的得率达到 71.4％。杂色蛤加工副产物也是提取天然牛磺酸的优质原材料，同样首先将杂色蛤加工副产物加水进行蒸煮后制作浓缩汤汁，提取牛磺酸时对杂色蛤加工副产物的浓缩汤汁进行稀释，通过超滤膜进行杂质的去除，再利用离子交换法进行纯化处理，接着通过活性炭柱对样品进行脱色处理，将活性炭柱中的流出液用真空减压浓缩器进行浓缩处理，浓缩至样品中固体含量为 40％～50％为宜，再加入 3～4 倍体积的乙醇进行沉淀结晶，对晶体进行烘干处理后重结晶即可得到天然牛磺酸晶体。这种方式得到的杂色蛤加工副产物天然牛磺酸纯度达到 92.92％，天然牛磺酸的得率达到 64.98％。贝类加工副产物中牛磺酸的提取工艺主要是通过乙醇或者超滤膜除杂，再通过有机溶剂或者离子交换的方式提纯，再利用活性炭进行脱色处理，最后浓缩结晶得到天然牛磺酸成品。天然牛磺酸对动物机体生长发育以及免疫能力均有良好的促进作用，天然牛磺酸成品作为畜禽饲料的添加剂对畜禽机体健康发育十分有利。

贝类加工副产物的高效利用可以减少水产资源的浪费，同时保护环境。贝类加工副产物在畜禽日粮中的应用主要是通过对贝类加工副产物中生物活性物质进行提取，制作具有生物活性的饲料添加剂应用于畜禽饲料中，目前对于贝类加工副产物中活性物质的提取还处于初级阶段，众多活性物质以及提取方法的优化还有待进一步研究探讨。

第六章 其他加工副产物饲料化利用

除了粮油、果蔬、畜禽、水产行业加工副产物外，还有其他行业如蚕桑、茶叶和苹果等的加工副产物，均可充分利用起来，用于畜禽养殖业。大力提升农产品及加工副产物综合利用水平，对增加农产品有效供给，引导农业转方式调结构，促进农民就业增收和农业增值增效，建设美丽乡村和美丽中国等都有着极其重要的意义。

第一节 桑加工副产物饲料化利用

桑蚕业的壮大与发展，给社会带来了较高的经济效益，给桑蚕副产物带来了极大的资源及充足的原料。蚕桑副产物资源的开发利用不仅可以提高产品的附加值，为当地养殖户谋得更多的福利，而且还有利于我国蚕桑副产物的开发和利用。桑叶可作为饲料生产的原材料，通过桑叶生产加工的饲料具有很高的消化率。而且很多动物在首次接触桑叶时，比较容易接受它。将其合理利用到畜禽养殖中，具有适口性好、消化率高的特点。研究表明，在畜禽饲料中适量添加桑饲料，在提升畜禽生产性能、提高免疫力、改善畜产品品质和风味等方面均有积极的效果。

一、桑加工副产物的来源

桑树属桑科桑属的落叶乔木，适应范围广，对环境的抗逆性极强，具有耐涝、耐渍、耐旱、耐盐碱、耐贫瘠等生理生态特性。我国是桑树种植面积最大的国家，常年种植面积 1200 多万亩，桑叶产量 4000 多万吨，每年可提供蛋白质近 200 万吨，可替代 400 万吨豆粕，发展潜力和空间巨大。我国饲料中蛋白原料用量占比约30%，但利用效率一直不高。使用桑叶蛋白和氨基酸平衡技术可降低传统蛋白原料的用量，这也相当于增加猪肉供给。

桑树适应性强，在不同生态区域都有分布，而且桑树年产鲜叶量高。桑树的日产量为8～11.5 g/m^2，年产干物质7～8 t/hm^2，较大豆（2～3 t/hm^2）、牧草（0.91～1.5 t/hm^2）及木薯（0.76～0.83 t/hm^2）产量高。同时桑叶含有丰富的营养物质，桑叶干物质中含粗蛋白22%，碳水化合物21%以上，含有18种氨基酸，其中必需氨基酸的比率达43%，符合世界卫生组织（WHO）及联合国粮农组织（FAO）的要求（36%以上），比苜蓿叶粉、甘薯叶粉及大豆饼的营养效价高。我国科研人员通过人工选择与杂交育种，培育出最新抗逆性品系——饲用桑。饲用桑是一种产量高、营养丰富、饲用价值大、极具开发潜力的功能性饲料资源。

二、桑加工副产物的营养特性和药理功效

桑叶被称为“天然的植物营养库”，粗蛋白和粗脂肪含量高，动物生长发育所需氨基酸、维生素和矿物质元素含量十分丰富且较为全面。

1. 常规营养成分

联合国粮农组织（FAO）报道，桑树品种的长期选择和改进已使其比其他饲草植物在营养价值和单位面积可消化的营养成分上更具有优势，是潜在的动物饲草资源。从概略成分分析结果来看（表6-1），饲料桑粉是一种营养价值较高的饲料资源。与优良饲料苜蓿粉相比，饲料桑粉的蛋白质含量比苜蓿粉高10%以上，碳水化合物含量高30%以上，粗纤维低50%，粗脂肪低10%。此外，桑叶富含微量元素，蛋白质含量、有机物降解率和代谢能估测值均显著高于羊草，纤维含量则显著低于羊草。

表 6-1　饲料桑粉和部分饲料原料及饲料作物的常规养分含量比较　%

营养水平	饲料桑粉	玉米	麦麸	稻谷	苜蓿粉	甘薯粉
干物质	90.60	86.00	87.00	86.00	87.00	—
粗蛋白	20.04～21.90	8.70	14.30	7.80	19.80	19.20
粗脂肪	2.40～3.55	3.60	4.00	1.60	2.70	3.30
粗纤维	14.50～17.18	1.60	6.80	8.20	29.00	14.40
无氮浸出物	36.64～37.30	70.70	57.10	63.80	10.20	35.50
粗灰分	9.40～13.19	1.40	4.80	4.60	9.30	13.20
钙	2.49	0.02	0.10	0.03	1.40	—
总磷	0.41	0.27	0.93	0.36	0.51	—
猪消化能（kJ/kg）	1.48	—	—	—	1.70	1.18
鸡消化能（kJ/kg）	1.20	—	—	—	1.01	0.98
奶牛消化能（kJ/kg）	0.85	—	—	—	0.58	—

注：见《中国饲料成分及营养价值表》，2011；杨静等，2015。

桑叶的营养价值随收获季节不同而异。上位叶粗蛋白与磷的含量高于下位叶，而粗脂肪、粗灰分、钙、镁和铁含量则低于下位叶。晚秋蚕期，桑叶含钙量比春蚕期高，但镁与磷含量却较低。

2. 生物活性成分

桑叶属天然植物，含有黄酮类、多糖类、植物甾醇、γ-氨基丁酸、1-脱氧野尻霉素等多种天然活性物质，能增强动物机体新陈代谢，促进蛋白质和酶的合成，促进动物体生长，提高繁殖力和生产性能，提高动物免疫力，有利于动物抗病和保健。

1）黄酮类

桑叶中黄酮类化合物占桑叶干重的1%～3%，是植物界中茎叶含量较高的一类植物。韩国和日本学者从桑叶中分离出9种类黄酮。这些黄酮类物质可抑制脂质氧化，预防动脉硬化和增强机体抵抗力等。

2）生物碱

生物碱是桑叶的主要活性成分，可从桑叶中分离出多种多羟基生物碱，其中 DNJ 是一种糖苷酶的抑制剂，在植物界中为桑叶所独有，对于抑制血糖的升高和治疗糖尿病发挥重要作用。

3）植物甾醇

每 100 g 干桑叶中含有植物甾醇 49 mg，是绿茶中含量的 4～5 倍。主要是β-谷甾醇、豆甾醇、菜油甾醇等。这些植物甾醇物质可抑制胆固醇在肠道内的吸收，降低胆固醇。

4）γ-氨基丁酸

桑叶中丰富的γ-氨基丁酸（平均含量为 226 mg/100 g），γ-氨基丁酸由谷氨酸转化而来，而桑叶中γ-谷氨酸含量最高（2323 mg/100 g），它是神经传递介质并且有降压作用。

5）桑叶多糖

桑叶中富含桑叶多糖，具有显著降血糖和抑制血脂升高的作用。

除此之外，桑叶中还含有一种酶——超氧化物歧化酶，它能清除体内的自由基，具有抗癌作用，可增强机体的抵抗力。更含有独特的植物激素异黄酮、抑菌素、杀菌素、生物碱等有效的抗病成分，在动物体内对金黄色葡萄球菌、白喉棒状杆菌和炭疽杆菌有较强的抑制作用，对大肠埃希菌、伤寒杆菌、志贺菌属等也有抑制作用。英国最新研究成果表明，桑叶中还含有一种叫作“达菲”的物质，对防治 H5N1 型禽流感有效。

3. 桑叶的药理功效

桑叶次生代谢物的药理活性主要有以下几个方面：

1）降血糖作用

国内外研究资料证实，生物碱和多糖是桑叶中主要的降血糖成分。桑叶在脱皮固酮对四氧嘧啶引起的大鼠糖尿病，或肾上腺素、胰高血糖素、抗胰岛素血清引起的小鼠高血糖症均有降血糖作用。从桑叶中分离出的多羟基去甲莨菪碱具有很强的糖苷酶抑制作用；N - Me - DNJ、GAL - DNJ 和 fagomine 都可显著地降低血糖水平，其中 GAL - DNJ 和 fagomine 降血糖作用最强。

2）降血脂、降胆固醇、抗血栓形成和抗动脉粥样硬化作用

桑叶有抑制脂肪肝的形成、降低血清脂肪和抑制动脉粥样硬化形成的作用。桑叶中含有强化毛细血管、降低血液黏度的黄酮类成分，另外桑叶茶内含有抗体内 LDL-脂蛋白氧化的成分，所以桑叶在减肥、改善高脂血症的同时，又有预防心肌梗死和脑出血的作用。桑叶提取物可降低育肥猪血清甘油三酯含量，说明桑叶可降低血脂、软化血管、清除体内过氧化物，从而对高脂血症血清脂质升高及动脉粥样硬化有抑制作用。

3）抗氧化、抗应激作用

桑叶中的黄酮类低分子化合物及桑叶多糖是天然的强抗氧化剂，能清除超氧化物自由基、氧自由基、过氧化氢、脂质过氧化物及羟自由基等，从而抑制动物体内自由基诱导的氧化损伤，增进动物健康。研究表明，在韩牛的全混合日粮中添加10%青贮桑叶可增加牛肉背最长肌中的谷胱甘肽过氧化物酶、SOD、过氧化氢酶和谷胱甘肽-S-转移酶等抗氧化物酶的活性；1，1-二苯基-2-苦味自由基的清除活性提高了75.5%，同时也加强了对羟自由基、超氧自由基和烷基的清除。此外，桑叶粉能显著提高猪肉中 SOD 的活性，降低肌肉中丙二醛的含量，有效提高肌肉的抗氧化能力。

4）抑菌、抗炎作用

鲜桑叶煎剂体外试验表明，对金黄色葡萄球菌、乙型溶血性链球菌、白喉棒状杆菌和炭疽杆菌均有较强的抗菌作用，对大肠埃希菌、伤寒杆菌、志贺菌属和铜绿假单胞菌也有一定的抗菌作用。桑中的芸香苷能显著抑制大鼠创伤性浮肿，并能阻止结膜炎、耳郭炎和肺水肿的发展。桑叶具有较强的抗炎作用，与祛风和清热功效相符。

5）抗病毒、抗肿瘤作用

桑叶能预防癌细胞生成，提高动物免疫力，主要功能成分是 DNJ、类黄酮、桑素、γ-氨基丁酸及维生素，能抑制染色体突变和基因突变。DNJ 有显著的抗逆转录酶病毒活性，且随 DNJ 剂量的增加，抑制力增强。DNJ

对肿瘤转移的抑制率为80.5%，其抑制机理可能是DNJ通过抑制糖苷酶的活性在肿瘤细胞表面产生未成熟的碳水化合物链，削弱了肿瘤的转移能力。此外，桑叶中的桑素具有抗癌活性，桑叶中的维生素具有抑制变异原效应。

6）其他作用

在给摘除卵巢的大鼠饲喂桑叶和蓼草叶复合提取物的研究中发现，其活性物质通过降低氧化应激和破骨细胞密度，增加成骨细胞密度和皮质厚度，升高血清钙、碱性磷酸酶和骨钙素，起到治疗绝经期动物骨质疏松症的作用。

三、桑加工副产物的加工工艺

由于鲜桑叶含水量高，不宜长时间保存，通过加工调制技术的研究，可以延长桑叶的使用时间，提高桑叶的利用价值，便于包装与运输，可以实现桑叶饲料的商品化。常用的桑叶加工调制技术主要有青贮调制技术与干燥调制技术。

1. 青贮

青贮是保证桑叶常年青绿多汁的有效措施，其原理是利用微生物在厌氧环境中发酵物料产生乳酸抑制其他微生物活动，从而保存饲料的营养价值。桑叶青贮技术的关键是将压实的桑叶密封在湿度为70%，温度为25 ℃～35 ℃的容器中进行，选择先压实再裹包的青贮设备进行青贮，可以达到更加理想的效果。发酵过程一般4周即可完成，为防止二次发酵，在桑叶青贮时，可以添加防腐剂（如丙酸、甲酸等）和促进发酵的专用微生物接种剂。青贮发酵良好的桑叶具有浓郁的酸香味，颜色黄绿或略黑，叶脉清晰；而制备不良的桑叶青贮有臭味或霉味，不适于作饲料。若因密封不严导致桑叶青贮表面发霉时，可去除发霉部分后饲喂。

饲喂桑条青贮的采食率比喂桑条干贮提高20.7%。利用乳酸菌发酵桑叶的研究发现，接种乳酸菌9%、发酵时间60 h、尿素添加量2.0%、发酵温度36 ℃的条件下生产的微生物饲料，其粗蛋白比青贮前提高了约1倍。青贮桑叶的粗蛋白含量远高于青贮玉米（2.7%～4.5%），可以完全取代青贮玉米，作为冬季舍饲奶牛青绿多汁饲料的首选。

2. 干燥

桑叶干燥方法分为地面干燥法、叶架干燥法和高温快速干燥法三种。地面干燥法即桑叶在平坦硬化的地面自然干燥，制成的干桑叶含水量为15%～18%。在一些潮湿和多雨地区或季节，桑叶的地面干燥常常无法进行，可采用叶架干燥法干燥，该法是将桑叶放在叶架上，使物料离开地面一定高度，有利于通风和加快桑叶的干燥速度。高温快速干燥法是将桑叶通过烘干机烘干，干燥后的桑叶可粉碎或制成颗粒后饲喂。

四、桑加工副产物的饲料化利用

联合国粮农组织对桑树枝叶开发制作动物饲料十分关注，我国也于2012年将桑白皮、桑椹、桑叶、桑枝列入饲料原料目录中，2013年颁布实施《饲料用桑叶粉》（SB/T 10998—2013），旨在积极开发桑树资源，拓展其利用途径。桑叶作为家畜饲料的最显著特性是：一方面具有很高的消化率。通常情况下，无论体内还是体外试验，桑叶的消化率可达到70%～90%；另一方面是桑叶作为饲料具有很好的适口性，当家畜首次接触桑叶时，很容易接受它而无采食障碍。桑叶既可作为青绿饲料直接饲喂家畜，也可作为蛋白饲料的替代物应用于畜牧业。

1. 桑叶在猪生产中的应用

桑叶用于生长育肥猪饲养取得了良好的饲用效果。研究表明，在猪日粮中添加2.5 kg新鲜桑叶，日增重从0.34 kg提高到0.58 kg，每头猪的饲养效益也从13.84元增长到95.94元，增加了4.93倍。在育肥猪饲料中添加一定比例的鲜桑叶能够改变肠道微生物组成，增加有益菌的数量，从而提高了饲料报酬和平均日增重。越来越多的研究表明，饲料中添加桑叶能改善猪肉品质。在基础日粮中添加10%的桑枝叶粉，饲喂体重60 kg左右的中大猪 50 d，可改善猪肉的品质与风味，增加肌间脂肪含量和大理石花纹，对猪的生产性能影响不显著。饲用桑粉可减缓猪屠宰后肌肉 pH 的下降速度，改善猪肉品质和风味。鲜桑叶能提高背最长肌中高密度脂蛋白、胆固醇、肌苷酸、维生素 E、亚油酸、总氨基酸和赖氨酸的含量，降低了总胆固醇和硬脂酸的含量。可见，桑叶在促进猪的生长，提高猪肉瘦肉率，改善肉质和风味方面具有独特的优势，可广泛用于优质猪肉生产的饲料中。此外，在大约克种母猪饲料中加入 3%桑叶粉，能促进繁殖猪产后发情，促进卵泡发育，能改善母猪的身体状况，提高猪奶的营养水平，可以明显提高种母猪的繁殖率和仔猪成活率。桑叶中矿物质种类较多且含量丰富，尤其是钙含量比鱼粉中的钙含量还高，这一特点对调节猪饲料中钙的含量有着重要的意义。由于仔猪在饲喂石粉补钙时易引起腹泻，人们现在正在研究可否用钙含量较高的桑叶代替部分或全部石粉，通过饲料调节手段来缓解仔猪断奶应激。

2. 桑叶在家禽生产中的应用

1） 肉鸡生产

规模化肉鸡养殖使其肉质和风味变差，在鸡饲料中添加桑叶既可以改善圈养肉鸡的肉质和风味，又可以杜绝雏鸡互啄尾毛现象。在肉鸡饲料中添加桑叶使其日增重、成活率、半净膛率、全净膛率及肉色等指标都有显著提高。日本北海道家禽养殖研究所的科学家在饲料中加 3%的桑叶粉，用以饲喂出栏前 4 周的肉鸡，添加桑叶使鸡肉肉质变细、香味变浓，口感更好。肉鸡饲料中添加桑叶粉能有效地减少肉鸡血液中总胆固醇和低密度脂蛋白含量，增加高密度脂蛋白、血糖和白蛋白含量。在日粮中添加桑叶粉，可显著提高淮南麻黄鸡鸡肉中的苏氨酸、异亮氨酸、酪氨酸、苯丙氨酸和组氨酸含量，从而改善鸡肉的风味。饲用桑叶粉的添加显著提高肉鸡胸肌中鲜味物质肌苷酸含量；降低血清尿素氮含量，提高了氮的利用率，从而有利于氨基酸的沉积。在鸡饲料中添加一定比例的桑叶粉，可以减少雏鸡互啄尾毛现象，保持雏鸡羽毛整洁光亮，并节省青年鸡饲料 10%。多个研究结果表明鸡饲料中添加桑叶粉能显著提高肉鸡的屠宰性能且降低腹脂率，有利于肉和蛋色泽的加深和风味的改善。但是桑叶粉在家禽日粮中添加量不宜过高，过高的桑叶粉含量（15%）会降低肉鸡生长速度，提高增重的饲料成本。

2）蛋鸡生产

在饲料中适量添加桑叶有助于调节蛋鸡的抗氧化状况，提高蛋鸡生产性能和蛋品质。桑叶粉中的胡萝卜素、叶黄素等色素会沉积到蛋黄中，使蛋黄颜色加深。随着桑叶粉添加量的增加，蛋黄中胆固醇的含量也逐渐减少，这主要是由于桑叶中的生物活性物质植物甾醇具有抑制蛋鸡肠道吸收胆固醇的作用，控制血液的胆固醇水平，从而降低胆固醇在蛋黄中的沉积。添加桑叶粉可提高鸡蛋品质检测中的哈氏单位与β-胡萝卜素、多不饱和脂肪酸和维生素E的含量，从而提升鸡蛋的营养价值并能改善蛋形指数及蛋壳厚度和强度。将桑叶添加于绿壳蛋鸡饲料中，可以显著提高蛋黄色泽、蛋重及哈氏单位。添加5%桑叶粉显著提高了蛋黄色泽，但当桑叶粉添加量达7%时，鸡的采食量、产蛋量和产蛋率均降低。添加桑叶粉可提高蛋黄黄度值，且饲料中添加的桑叶粉越多，蛋黄比色越大。然而，桑叶粉在提高鸡蛋品质的同时，对蛋鸡生产性能有一定的影响，会降低蛋鸡采食量、饲料报酬、体重、产蛋量及平均蛋质，这与桑叶粉中粗纤维含量较高，而代谢能较低，蛋鸡吸收率降低有关。因此，生产中要逐渐增加桑叶粉的用量以使蛋鸡逐渐适应饲料的变化。综合桑饲料在蛋鸡日粮中的饲喂效果，为保证较高的产蛋性能，添加量宜低于20%。

3. 桑叶在反刍动物生产中的应用

1）肉牛生产

桑叶作为饲料尤其是青绿饲料，最显著的特性是具有很高的消化率。桑叶可为瘤胃微生物提供可快速利用的氮源，改善瘤胃的微生态环境，增加瘤胃内纤维分解菌等的附着率和繁殖率，从而提高牛对饲料的消化率和采食量，加快生长速度。研究表明，每天在育肥牛饲料中添加6 kg鲜桑叶，可以使平均日增重增加 62.8%，并且整个饲养期每头牛增收 26.4 元，表明添加鲜桑叶可以明显提高肉牛养殖的经济效益。给试验组每头牛中午饲喂一次桑叶，62 d 后牛被毛细密，柔顺有光泽，皮肤有弹性，颈及肩胛部宽厚，且肌肉丰满，腹部大而圆。饲喂尿素处理的桑叶颗粒可明显提高肉牛干物质采食量；且随着桑叶颗粒添加量的增加，营养物质表观消化率也不同程度地提高，总挥发性脂肪酸、乙酸、丁酸以及乙酸/丙酸比值也随桑叶颗粒添加量的增加呈线性增加。同时，尿素处理的桑叶颗粒可以提高肉牛采食量和营养物质消化率，每天添加量达 600 克/头时，瘤胃微生物和纤维分解菌数量明显增加。此外，由于桑叶中的生物碱类物质具有抑制瘤胃产甲烷菌活性及降低瘤胃中氢生成的作用，因此，日粮中添加桑叶能有效减少甲烷的产生与排放。

2）奶牛生产

饲喂桑叶可提高奶牛的产奶量，改善乳品质，降低奶牛乳房炎发生的概率，并能增加养殖效益。桑叶蛋白质含量高，适口性好，饲喂奶牛可提高产奶量 5%～7%。利用桑叶粉代替豆饼饲喂泌乳中国荷斯坦牛，发现试验组（对照日粮中减去 0.70 kg 豆饼，增加 1.00 kg 桑叶粉）比对照组多产乳 0.727 千克/（天·头），每吨饲料降低 60～65 元的原料成本，平均每头泌乳母牛每天可多获利 0.62 元。也就是说，1 kg 桑叶粉与 0.7 kg 豆饼相当。在奶牛日粮中添加桑叶粉，可以显著降低牛乳中体细胞数，同时乳蛋白率显著提高。用桑枝青贮料饲喂泌乳牛，青贮枝叶和基础日粮采食率较干贮枝叶分别提高了 11.8%和 7.3%，奶牛日产奶量分别提高了 17.9%和 20.5%，可节约日粮中的蛋白质精料（豆饼）20%，经济效益十分显著。

3）羊生产

桑叶含有较高的蛋白质、丰富的矿物质和维生素，可以补充干草、秸秆等常用粗饲料的营养水平；桑叶中的生物碱类、多糖等活性物质具有抗菌消炎、提高免疫力的作用。较多试验结果表明桑叶在一些方面优于苜蓿干草，桑叶有潜在的优势能够在气候温和的地区成为重要的饲料资源。桑叶和大豆粕在瘤胃发酵时可相互影响：用湖羊瘤胃液体外培养二者的混合物，当桑叶和大豆粕的比例为 40∶60 时出现负组合效应，而为 20∶80 组合时，又出现正组合效应。桑饲料能提高杂交羊产肉性能，改良羊肉理化性质，提高羊肉的大理石纹值和熟肉率，有提高羊肉嫩度的趋势。桑叶作为青饲料可以改善绵羊瘤胃微生态环境和保持瘤胃营养物质平衡，从而可以提高采食量。这可能是因为桑叶能改善瘤胃生态环境，增加瘤胃内纤维分解菌在纤维物质颗粒上的附着，促进其繁殖，从而提高秸秆的消化率和采食量。此外，桑叶能在一定程度上减少体内气体的产生、减少丙酸酯的比例，可以代替昂贵的蛋白质浓缩料。桑叶对湖羊也是一种很好的蛋白质补充料，可以完全替代菜籽饼，而不影响动物增重速度、饲料转化率和生产成本。

4. 桑叶在水产养殖中的应用

饲料中添加 5%的桑叶粉对草鱼生长无显著性影响，但对降低草鱼脏体比、肝体比、内脏脂肪率及肌肉脂肪含量有明显的促进作用，同时也降低了草鱼血清胆固醇及甘油三酯含量。添加 10%桑叶不仅不会降低罗非鱼的生长速度，还可减缓其肌肉 pH 的下降速度，降低滴水损失，改善肌肉品质；加速罗非鱼胆固醇的转运和代谢，降低血脂水平。将桑叶粉和鱼内脏粉混合发酵，可用于替代印度小鲤鱼饲料中 80%的鱼粉，显著降低饲料成本。在低鱼粉饲料（含 5%鱼粉）中，桑叶发酵蛋白替代 40%的鱼粉不会影响罗非鱼的生长，替代 80%鱼粉可以降低罗非鱼的血脂和血糖含量，但会显著抑制罗非鱼的生长。以上研究结果表明，桑叶粉可直接添加到鱼饲料中，但添加量不宜过高。桑叶经过发酵等加工后的营养价值更高，鱼饲料中添加发酵后的桑叶，能取得明显的饲养效果。

5. 在其他动物生产中的应用

桑叶对兔子的适口性好，兔子会优先采食。利用桑叶配合饲料饲喂家兔 12 周后体重增重显著，降低发病率和死亡率，降低料肉比，并且能使兔子的肉质更加细腻，膻味变淡，口感更佳。用桑叶替代苜蓿饲喂育肥兔，可使兔子对粗纤维的消化率增加，屠宰时的活体质量、胴体质量、皮毛质量降低，肩胛骨脂肪和肾周脂肪沉积也明显减少，肌间脂肪不饱和脂肪酸的比率增加，瘦肉率提高。桑叶还可为动物园的野生动物开辟饲料资源。用桑叶及嫩枝饲喂动物园的动物，包括长颈鹿、梅花鹿、大羚羊及骆驼等 20 种草食动物及金丝猴、黑猩猩等杂食动物，结果这些动物生长良好，从未出现死亡的现象，说明桑叶可以作为动物园中野生动物的良好饲料。

第二节　茶叶加工副产物饲料化利用

茶叶是公认的健康食品之一，已有几千年的利用历史。江北茶区、江南茶区、华南茶区和西南茶区是我国四大茶叶产区，茶叶在安徽、福建、湖南、广西、云南等省（区）都有大量种植。我国茶叶资源丰富，位居世界第一，也是世界上最大的茶叶生产国、消费国和贸易国。茶叶种植面积从 2014 年到 2018 年，整体呈增长趋势，2017 年种植面积 4272.6 万亩，2018 年种植面积达 4395.6 万亩。2018 年全球茶叶总产量为 590.5 万吨，其中中国产量 261.6 万吨，占 44.7%。2017 年中国茶叶市场规模为 1949.6 亿元；2018 年国内茶叶销售量达到 191.05 万吨，相比市场规模达 2157.36 亿元，增长率为 10.7%。可见，我国茶叶产量大，来源广泛，随之其相关加工副产物的产量也在逐年增加。如何拓展新的茶叶开发渠道，以及高效综合利用其副产物是目前研究的热点。

我国畜禽水产业正处在高度集约化的迅速发展阶段，其健康发展离不开饲料产业的支持。为促进畜禽水产生长、改善肉品质量，往往在饲料中添加兽药、添加剂以防治疾病，其结果导致畜禽肉品中的抗生素残留等问题日益严重，威胁人类健康与公共卫生。因此，新型绿色安全饲料的开发和应用越来越受到重视。人们对茶叶的功能及其作用机理的研究探索逐步深入，茶叶及其加工副产物在畜禽水产饲料中的应用也得到了广泛认可。低价茶叶、茶叶加工下脚料及茶叶提取物可作为新型安全饲料的原料来源，这样不仅使茶叶附加值得以提高，又能开发优质无药物残留的畜禽水产饲料，对食品安全也有重要意义。

一、茶叶的生物学功能

茶叶的化学成分因其产地、种类、生长环境、季节的不同而有相应变化。鲜茶叶中水分占75%～78%，干物质含量为22%～25%。茶叶的化学成分种类多样，生物活性高，其成分组成与结构决定了茶叶的营养价值与生物学功能。目前已分析出的茶叶化学物质有600多种，可归纳为十大类，其中五类为营养物质，五类为功能物质。营养物质有蛋白质与氨基酸类、糖类、脂类、维生素、矿物质类；功能物质有生物碱类、茶多酚类、芳香物质、茶色素和其他类物质。茶叶中干物质主要成分及含量如表6-2。

表6-2　茶叶中干物质主要成分及含量

成分	占干物质总量/%	主要组成成分
蛋白质	20～30	谷蛋白、精蛋白、球蛋白、白蛋白等。
糖类	20～25	纤维素、果胶、淀粉、蔗糖、葡萄糖等。
脂类	8	磷脂、硫脂、糖脂、茶皂素。
氨基酸	1～4	茶氨酸、谷氨酸、精氨酸、丝氨酸等。
维生素	0.6～1.0	维生素C、维生素A、维生素E、维生素D、维生素B等。
矿物质	3.5～7.0	钾、磷、钙、镁、铁、锰、硒、铝、铜等。
茶多酚类	24～36	儿茶素、黄酮（醇）、花青（白）素、酚酸等。
生物碱类	3～5	咖啡碱、可可碱、茶叶碱等。
茶色素	1	叶绿素、胡萝卜素、叶黄素等。
芳香物质	0.005～0.03	醇类、醛类、酸类、酮类、内酯类等。

1. 营养功能

茶叶对动物机体的保健效果良好，营养物质全面。茶叶中含有蛋白质、氨基酸、维生素、糖类等营养物质。其中蛋白质占干物质含量的20%～30%，但水溶性很低，不能通过茶饮补充机体蛋白。游离氨基酸占1%～4%，含有赖氨酸、亮氨酸、苏氨酸等动物机体必需氨基酸；游离氨基酸中还含有一种茶叶特有的茶氨酸，即谷氨酸γ-乙基酰胺，占氨基酸总量的50%左右，可促进机体生长发育与脂肪代谢，具有减肥作用。茶叶中的维生素种类较多，其中含量最多的是维生素C，还有维生素A原、维生素B_1、维生素B_2、维生素P、烟酸、维生素K、叶酸等。茶叶中还有较丰富的矿物质钾、钙和磷；微量元素种类多，如铁、锌、硒、锰、铜、硼、铬、锗、钼、钴、氟等，且微量元素多与有机化合物结合，有利于动物机体吸收。

2. 抗氧化功能

茶叶的抗氧化功能主要通过茶多酚起作用，茶多酚主要由儿茶素类、花青素、黄酮类化合物、酚酸组成，其中含量最高的是儿茶素，约占茶多酚总量的70%。茶多酚是一种天然抗氧化剂，其性能优于丁基羟基茴香醚（BHA）、二丁基羟基甲苯（BHT）等。它的抗氧化主要从三个方面起作用。第一，直接清除自由基。茶多酚中儿茶素的酚羟基可供应活性氢体，活性氢体与游离基生成酚氧自由基，此自由基较稳定，能阻止后续反应，从而起到直接抗氧化作用。因此，当机体产生过量的自由基时茶多酚提供的氢即与自由基结合，即可清除自由基，从而保护机体不受自由基损害。第二，与金属离子螯合。茶多酚与金属离子螯合的作用机理主要是通过其邻位二酚羟基可与金属离子如Fe^{2+}、Cu^{+}螯合从而形成金属酚螯合物，这样就降低了机体金属含量，阻止了诱导产生自由基的一条途径，从而避免自由基对机体的伤害。第三，调节酶活性。茶多酚被报道能够调节机体内许多氧化酶的活性从而促进机体抗氧化物酶的活性，提高抗氧化能力（其中包括过氧化氢酶和超氧化物歧化酶等），这些抗氧化物酶在机体内主要通过酶促反应催化自由基的清除反应。茶多酚的分子量、基团上羟基数目以及在溶剂中的溶解性是影响茶多酚抗氧化性能的三个因素。

3. 免疫功能

茶叶的免疫功能主要体现在代谢性免疫、调节炎症免疫、肠道免疫和肿瘤免疫等方面。茶叶提取物中主要起到免疫作用的是茶多酚与茶多糖。茶多酚能提高机体白细胞和淋巴细胞数量与活性，促进血液和组织中 IgG、IgA、IgM 等免疫球蛋白、白介素的产生，从而增强机体免疫功能。机体在应激或是疾病造成的血液免疫球蛋白含量下降时，通过外源性添加茶多酚，能显著提高血液免疫球蛋白含量。茶多酚可以调节淋巴细胞的产生和成熟、巨噬细胞的吞噬作用、自然杀伤性细胞（NK 细胞）杀灭病毒的能力、细胞因子分泌相关细胞，具有防癌功效。茶多酚在体内能与磷酸二酯酶发生反应从而抑制其活性，而磷酸二酯酶和细胞内环腺苷酸对细胞内环磷酸腺苷（CAMP）的水平具有重要的作用。由此推断茶多酚能够调节 CAMP 水平进而影响免疫系统。

茶多糖是一种糖蛋白，由蛋白质和多糖结合而成，能增加白细胞，提高机体免疫力。茶多糖的免疫功能主要通过五种途径起作用。第一，激活巨噬细胞，由巨噬细胞对病原菌进行吞噬。第二，激活网状内皮系统。机体中的网状内皮系统对病原体及老化细胞具有吞噬和排除的作用。第三，激活 T 淋巴细胞和 B 淋巴细胞。不管在体内或是体外，茶叶多糖都能促进特异性细胞 T 淋巴细胞的产生，并能提高 T 淋巴细胞的免疫活性。第四，激活补体。补体能与抗原-抗体复合物协同杀死病原微生物，或是协助吞噬细胞来杀灭病原微生物。第五，促进各种细胞因子的生成，如干扰素（IFN)、白细胞介质（IL)、肿瘤坏死因子（TNF）等。

4. 抗菌抗病毒功能

茶叶的抗菌功能主要体现在口腔健康、肠胃健康、皮肤健康、食品保鲜与临床医疗等方面；抗病毒功能主要体现在抑制流感病毒、人类免疫缺陷病毒、乙肝病毒、疱疹病毒以及其他病毒等。其抗菌抗病毒作用机理主要有六个方面：抑制病原微生物对机体的黏附；对病原微生物酶的竞争抑制；破坏菌体细胞膜；抑制病毒基因表达；提高机体抗感染能力；干扰病毒增殖程序，阻断病毒核酸复制。茶叶中起抗菌功能的成分主要是茶多酚、茶黄素、茶皂素、咖啡碱、山柰酚、香叶醇等，其中茶多酚与茶黄素是茶叶发挥抗菌抗病毒功能的关键有效成分。茶多酚对多种有害细菌、真菌和病毒有杀灭和抑制作用，其对有害菌的抑制作用与茶多酚剂量呈正相关。茶多酚不仅能抑制有害菌生长，还能促进机体有益菌的生长，起到维持机体肠道微生态平衡的作用。可抑制大肠埃希菌、金黄色葡萄球菌、铜绿假单胞菌、副伤寒杆菌及志贺菌属等有害菌；对肠道乳酸菌、双歧杆菌等益生菌有促进作用。茶黄素对嗜麦芽寡养单胞菌和鲍曼不动杆菌有明显的抑菌效果，这两种菌是医院感染的重要病原菌，对大多数抗菌药物具有耐药性；茶黄素与酶结合使用能显著提高抑菌效果。

5. 除臭功能

茶叶中的儿茶素和黄酮类物质具有除臭功能，可去除90%的口臭、蒜臭等腥腐性臭味，效果优良。其功能主要通过三个途径完成。一是直接除臭。茶多酚与臭气物质和致臭物质直接发生化学反应。二是间接除臭。抑制使臭气产生的相关酶活性与相关菌活性。三是物理吸附作用。茶叶中的纤维素可吸附臭气。如需改善猪场、鸡场等养殖环境，可将茶叶作为添加剂应用在饲料里。

二、茶叶及茶渣的饲料化利用

我国是世界上第一大茶叶生产国与消费国，在茶叶的生产与消费过程中会产生大量的茶渣。即便按生产中2%的下脚料计算，每年也会有数十万吨的茶渣产生，还有更多数量的消费后茶渣，难以统计。茶渣来源广泛，价格低廉，且营养成分与茶叶相差无几，可将茶渣进行饲料化利用，变废为宝。这样能提高茶叶附加值，减少环境污染，为绿色畜禽饲料提供资源。我国目前对茶渣的综合利用仍处在初期阶段，已有的研究主要集中在成分分析以及用作饲料方面，还有广大的开发利用空间。一般把茶叶及茶渣制成粉末状添加到饲料中，以日粮饲喂的方式对畜禽、水产动物等开展饲料化利用研究。随着茶叶及茶渣作为饲料添加剂的应用研究日益深入，证实其可提高饲料营养利用率，延长保质期，改善动物机体生理性能与肉品质量。

1. 茶叶及茶渣饲料制作工艺

茶叶及茶渣饲料制作工艺：茶叶、茶渣→烘干（6%～8%含水量）→粉碎→20%氢氧化钠处理（100 ℃，1 h）→烘干（4%～5%含水量）→饲用茶粉→与基础饲料混匀→茶饲料。

氢氧化钠处理主要为去除木质素。

2. 茶叶及茶渣在动物生产中的应用

1）茶叶及茶渣在猪生产中的应用

在猪日粮中添加茶叶粉或茶渣，对猪的生长性能、机体免疫力及猪肉品质都有积极的改善作用。将2%绿茶茶末添加到饲料中，饲喂育肥猪8个月后，猪的瘦肉率可达62.15%，其中后腿瘦肉占31.19%，眼肌面积可达55 cm^2以上；常见氨基酸和必需氨基酸含量也高于对照组，且鲜味氨基酸和芳香族氨基酸均高于对照组；茶叶组的消化器官重量高于对照组，对猪瘦肉率的提高有一定的效果。猪日粮中添加2%茶粉能显著提高血液低密度脂蛋白水平和γ-球蛋白含量，提高机体免疫力，还可降低猪胴体脂肪沉积；3%茶粉添加量能显著降低猪肉胆固醇含量。不仅茶粉的饲料化应用效果良好，茶渣作为茶叶加工副产物添加到猪饲料中也能起到很好的作用。在生长猪日粮中加入3%的茶渣，可显著增加猪的日增重，提高其生长速率，在猪的整个生长周期中，能使其育肥期缩短11 d，体重增加14%，从而使经济效益提高19%。将茶渣作为饲料添加剂饲喂生长育肥猪，添加3%茶叶渣能提高育肥猪的日增重和采食量，可以有效地改善猪肉的色泽、保水性能和背膘厚度，减少育肥猪脂肪含量，提高瘦肉率。饲料中添加2%～4%茶粉或茶渣能对猪的生理性能与猪肉品质产生影响，超过6%的添加量会影响适口性，且饲喂效果不会随添加量增加而呈正相关线性关系。

2）茶叶及茶渣在家禽生产中的应用

茶叶及茶渣在家禽生产中的应用研究主要为鸡的饲料试验。使用超微绿茶粉对良凤花鸡的生长性能、胴体特性及脂类代谢等进行研究，在饲养34～73 d阶段，添加1%绿茶粉组的料重比最小，所获经济效益最大；净膛率、胸腿率等胴体品质有改善，可提高鸡肉嫩度，显著降低体脂率；公鸡添加1.5%绿茶粉组比对照组的甘油三酯下降21.6%，添加1.0%组比对照组的胆固醇含量减少20.8%；公鸡添加0.75%茶粉组的肝脂率最低，与对照组相比下降了27.36%；母鸡添加1.0%茶粉组的肝脂率最低，与对照组相比下降了30.61%。在白羽肉鸡日粮中添加1%～4%绿茶粉，可有效促进鸡回肠和盲肠中益生菌双歧杆菌、乳酸杆菌生长并降低有害菌金黄色葡萄球菌、大肠埃希菌的数量；白羽肉鸡饲料中绿茶粉添加量与回肠、盲肠中双歧杆菌和乳酸杆菌的数量呈正相关，显著高于对照组的肠道益生菌数量；而回肠和盲肠中金黄色葡萄球菌数量随着绿茶粉添加量的减少而增多，且添加绿茶粉各组的金黄色葡萄球菌数量显著低于对照组。茶饲料不仅对肉鸡的生长性能与肠道菌群产生影响，对蛋鸡的产蛋品质亦有改善作用。在淮南麻黄鸡饲料中添加红茶渣，饲喂50 d时，2.5%红茶渣组的蛋黄卵磷脂含量比对照组高29.6%，极显著高于0.5%添加量组与对照组，且随着红茶渣添加量增加和饲喂时间延长而增加蛋黄卵磷脂含量；随着红茶渣添加量的加大，饲喂30 d时鸡蛋胆固醇含量逐渐降低，极显著低于0.5%添加量组与对照组，但饲喂50 d时，各组胆固醇含量差异不显著。茶饲料还能调节鸡的热应激。日粮中添加1%～3%绿茶粉可有效改善固始鸡热应激反应，提高其生长性能，有效清除体内自由基。添加1%和3%绿茶组的胸肌、腿肌、肝脏和血清中超氧化物歧化酶活性均极显著高于对照组，血清中丙二醛含量极显著高于对照组；但5%绿茶粉添加量对固始鸡抗氧化指标均无明显改善作用。肉鸡饲料中添加0.75%～2%茶粉即可达到较好改善生长性能、肠道菌群与鸡肉品质的目的，超过4%的添加量改善效果没有显著差异；对于蛋鸡而言，茶粉添加量超过5%会降低产蛋量与蛋壳质量。

3）茶叶及茶渣在反刍动物生产中的应用

茶叶及茶渣在猪和鸡饲料中的应用研究较多，而对牛、羊等反刍动物的饲料化利用报道相对较少。以牛为代表的反刍动物的研究证实，茶渣可用作奶牛和水牛的优质饲料。据报道，适量茶及茶渣能改善奶牛肠道菌群种类，提高产乳量和牛乳品质，在奶牛饲料中添加1%乌龙茶粉，就能使奶牛产奶量提高10%；茶渣不仅能改善泌乳牛和生长小牛的生长性能，增加采食量，保护瘤胃中的茶蛋白质，还能减少牛胃肠道中的硫化物与氨等。将适量茶渣添加到公山羊日粮中，可有效抑制山羊肉脂质氧化，减少鲜肉滴水损失，提高肉色稳定性和冷藏肉的品质。

4）茶叶及茶渣在水产养殖中的应用

在水产养殖应用方面，茶叶作为鱼饲料添加剂的作用与鱼种不同有很大关系。对比草鱼与斑点叉尾鮰鱼的饲喂效果，祁门红茶、黄山毛峰、屏山炒青等茶叶可提高草鱼鱼体蛋白质，0.7%黄山毛峰组比对照组最多可提高27.2%；1.4%屏山炒青组比对照组可降低脂肪含量23.4%；但对灰分含量无显著影响。上述茶叶对斑点叉尾鮰鱼体灰分含量有降低作用，其中1%黄山毛峰组显著降低，但对其蛋白质与脂肪含量却无显著影响。在罗非鱼饲料中添加红茶渣粉，2%红茶渣粉可提高罗非鱼的抗氧化性能，与对照相比，其总抗氧化能力、SOD、维生素E含量分别提高52.96%、3.36%、69.43%，丙二醛含量减少7.96%；还可提高鱼体粗蛋白含量，减少鱼冷冻肉渗出损失；减少鱼肌肉粗脂肪含量10.74%。另外，还有茶叶及茶渣对虾、团头鲂、虹鳟等水产品种的试验研究，同一生长性能指标的影响结果不尽相同，但都能改善非特异性免疫。

三、茶叶提取物的饲料化利用

茶叶提取物主要有茶多酚、茶皂素、茶多糖等。茶多酚又名抗氧灵、维多酚、防哈灵，是茶叶中多酚类物质的总称，包括儿茶素类、黄酮类、黄酮醇类、花色苷类和酚酸类等，主要的儿茶素类占60%～80%。茶多酚固体呈粉末状或结晶，易溶于水、乙醇、乙酸乙酯，微溶于油脂，其水溶液为淡黄色至茶褐色，略带茶香，具涩味。

茶皂素又名茶皂苷，是由茶中提取出来的一类糖苷化合物，属于三萜类皂角苷，具有苦辛辣味。纯品为白色微细柱状晶体，吸湿性强，对甲基红呈酸性，易溶于含水甲醇、含水乙醇以及冰醋酸等；在无水甲醇、乙醇中较难溶解；不溶于乙醚、丙酮、苯、石油醚等有机溶剂。茶皂素是一种天然表面活性剂，其生物活性与分子结构密切相关。

茶多糖是一种酸性糖蛋白，有大量矿物质与之结合，称为茶叶多糖复合物。其中糖的部分主要有阿拉伯糖、木糖、岩藻糖、葡萄糖、半乳糖等；蛋白部分主要由20种左右的常见氨基酸组成；矿物质元素主要有钙、镁、铁、锰等以及少量的微量元素。茶多糖主要为水溶性多糖，易溶于热水，但不溶于高浓度的乙醇、丙酮、乙酸乙酯等有机溶剂。茶多糖不耐热，高温条件下易失活；茶多糖在高温、强酸或偏碱条件下都会降解一部分。茶树品种、采摘季节、原料老嫩及提取方法等因素都会对茶叶中茶多糖的含量有影响，一般情况下，茶叶原料越粗老，其多糖含量越高。

茶多酚具有抗氧化、改善肠道功能，以及增强机体免疫力等生理功能，无毒无害无残留，在猪、鸡、反刍动物等畜禽养殖中应用效果良好。茶皂素具有抗菌消炎、抗氧化、降血脂、保护胃肠道、促生长等生理作用，但它有苦辣味，对畜禽适口性差，且剂量过大会影响采食量和生长性能。因此，在茶皂素饲料开发利用上，需改善茶皂素的适口性并确定不同畜禽的优水平添加量。茶多糖具有降血糖血脂、抗辐射、保护造血功能、增强非特异性免疫力等功效，还可提高有益微生物的作用效果，是一种有效的益生协同剂。

据报道，育肥猪饲料中添加茶多酚处理 90 d 后，添加量为 0.1%、0.3% 的试验组猪肉 pH 显著提高，失水率下降；添加茶多酚能显著增加母猪初乳中免疫球蛋白 IgG、IgM 含量，以及母猪血清中 CAT、GSH、SOD 显著增加。茶叶提取物对鸡的生长性能、产蛋品质和免疫功能等都有积极促进作用。在海兰灰蛋鸡基础饲料中添加茶多酚，饲喂 63 d，200 mg /kg添加量能改善料蛋比，对鸡蛋的蛋形指数、蛋壳强度和哈氏单位等有一定的提升作用，并可显著提高蛋鸡的抗氧化能力，可见饲料中添加200 mg /kg茶多酚对蛋鸡生产性能及机体抗氧化效果良好。在 42 日龄雪峰乌骨鸡基础饲料中添加茶皂素，500 mg /kg 添加量能明显提高乌骨鸡整个饲养期（84 d）的存活率、采食量、日增重、饲料利用率和免疫抗病能力；且对排泄物中球虫卵囊数起明显的抑制作用。1 日龄黄羽肉鸡饲料中添加不同剂量茶皂素，饲喂 56 d，添加 150 mg /kg、300 mg /kg 茶皂素可改善肉鸡日采食量、日增重，促进免疫器官发育；450 mg /kg 茶皂素可显著降低料肉比，明显促进免疫球蛋白 IgA、IgG、IgM 和补体 C3、C4、IL-2、TNF-α 的分泌，增强抗氧化酶活性。艾维因肉鸡饲料中添加 300 mg /kg茶多糖能改善鸡肉颜色，显著提高肉鸡免疫功能，提高鸡肉肌苷酸含量，相比对照组与抗生素组，肌苷酸含量分别提高 16.22% 和 37.82%，起到部分替代抗生素的作用。

四、发酵茶叶及茶渣的饲料化利用

1. 营养组成

茶叶或茶渣除了直接添加于饲料外，还能通过微生物发酵制成发酵茶饲料。动物机体不能完全直接吸收利用茶中的含氮化合物，需经微生物发酵处理后才能提高茶蛋白利用率。发酵茶饲料一般采用固态发酵工艺，具有易操作、产出多、能耗低、污染少、效益好等优点，可以在几乎无自由水的条件下，利用微生物发酵对物料成分进行有效转化，得到目标产物。

适宜的茶饲料发酵微生物主要有乳酸菌、芽孢杆菌、霉菌与酵母菌。其中常用的乳酸菌有植物乳杆菌、短乳杆菌、戊糖片球菌、明串珠球菌等，芽孢杆菌有枯草芽孢杆菌、地衣芽孢杆菌，霉菌以黑曲霉为代表，酵母菌以假丝酵母菌、产朊假丝酵母菌为代表。乳酸菌是动物消化道内存在的主要益生菌，能通过生物拮抗和产酸等途径从而阻止和抑制病原菌的侵入与定植，改善宿主机体的营养水平、生长性能和免疫功能。近年来，乳酸菌广泛用于发酵饲料生产。枯草芽孢杆菌在生长过程中会产生多种活性物质以及酶类，如蛋白酶、脂肪酶、α-淀粉酶、纤维素酶等，这些活性物质及酶类可以提高动物机体的免疫力和消化率。此外，枯草芽孢杆菌还能促进含氧量低的肠道环境形成，有利于肠道厌氧益生菌生长。黑曲霉在畜牧业中常用来生产糖化饲料和酶制剂，所含酶系活性很强，可产生多种有机酸。酵母菌是常见的饲料蛋白源，菌体蛋白含量可高达50%，且菌体中丰富的酶类可使动物消化率提高至80%～90%。

茶经发酵后，能部分分解苦涩味较重的咖啡碱、茶多酚和皂素等，提高适口性，增加有效含氮量；有效降解粗纤维。这是一种新型功能型发酵饲料，无毒、无污染、无抗生素。茶经过不同的微生物发酵后其营养成分会有所增加，含有多种益生菌、功能肽、消化酶、有机酸等成分，营养丰富，具有杀菌抗病毒、抗氧化、提高免疫力等功能。茶发酵前后其营养价值、氨基酸变化情况分别如表6-3、表6-4所示。

表6-3　　茶发酵前后营养价值变化情况（干物质基础）

项目	发酵前/%	发酵后/%	提高率/%
粗蛋白	31.22	44.56	42.73
粗脂肪	4.06	5.13	26.35
茶单宁	11.63	2.42	−79.19
中性洗涤纤维	39.85	32.96	−17.29
酸性洗涤纤维	15.70	12.28	−21.78

续表

项目	发酵前/%	发酵后/%	提高率/%
粗灰分	4.09	6.09	48.90
钙	0.75	1.10	46.67
磷	0.32	0.47	46.88

表 6-4　　茶发酵前后氨基酸变化情况（干物质基础）

项目	发酵前/%	发酵后/%	提高率/%
谷氨酸	2.39	3.03	26.91
缬氨酸	1.26	1.79	42.01
异亮氨酸	1.01	1.27	25.27
亮氨酸	1.77	2.16	22.50
苯丙氨酸	1.05	1.32	26.20
甲硫氨酸	0.39	0.50	30.00
苏氨酸	0.95	1.25	31.20
赖氨酸	1.16	1.44	24.62
天冬氨酸	1.89	2.36	25.01
丝氨酸	0.99	1.27	28.09
甘氨酸	1.03	1.29	24.90
丙氨酸	1.12	1.45	28.89
精氨酸	1.15	1.41	22.01

2. 发酵茶叶、茶渣饲料的一般制作工艺（固态发酵）

制作工艺：茶叶、茶渣→烘干至含水率4%～5%→混料→磨碎→加水→接种发酵→过滤除水→烘干（60 ℃～70 ℃）至含水率4%～5%→粉碎→装袋。

混料：发酵基料（茶叶或茶渣占70%左右，辅料为玉米、麸皮等）中可添加尿素、硫酸铵、硝酸钾等提供无机氮源，添加量2%左右。

加水：发酵物料水分含量为加水量与培养基干料的质量比，物料含水率一般控制在45%～55%。将拌好的发酵物料紧抓一把，指缝见水印但不滴水，松开落地即能散开为适宜；若能挤出水汁，落地不散开，则含水率大于55%，太干太湿都不利于发酵，应调整水分含量。

接种发酵：先进行菌种培养与扩大，发酵微生物可单菌种发酵，也可多菌种混合发酵，接种量10%左右；发酵温度28 ℃～30 ℃，发酵4～7 d。

全程pH值自然，小规模发酵可装入盆、桶、塑料袋等容器中；大规模发酵则需堆放在干净的发酵池或水泥地上，加盖塑料薄膜密闭发酵。

3. 发酵茶叶及茶渣在动物生产中的应用

多项研究证明茶叶发酵饲料对畜禽的养殖效果良好，并进行了推广应用。在30日龄黄羽肉鸡饲料中添加8%发酵茶叶青贮，饲喂30 d，能够改善鸡的生产性能和屠宰性能，饲养效果良好。根据季节变化，在育肥猪饲料中添加15%～25%茶叶发酵饲料，适口性好，有利于消化吸收，促进生长，提高肉品质量，还能显著减少粪臭味。在推广应用方面，浙江省松阳县绿谷茶乡农业科技有限公司成功研发了“绿谷茶乡”茶叶发酵饲料，并进行饲喂应用，创建了松阳“茶乡猪”等畜禽产品品牌，提高了畜禽产品品质和商业价值。

综上所述，茶叶及其加工副产物是猪、肉鸡、蛋鸡、反刍动物、鱼等的理想饲料添加剂，是对茶资源的充分综合利用。随着人们对畜禽水产品的要求不断提高，以及饲料的抗生素禁令，茶叶在畜牧饲料中的应用前景广阔，这对茶叶产业、畜禽水产业以及饲料业的发展都十分有利。

第三节 苹果加工副产物饲料化利用

据联合国粮农组织统计报道，2017年全世界苹果总产量超过8300万吨，其中25%～33%的苹果用于加工生产苹果汁、苹果果酱、果酒，加工过程中产生高达25%的副产物，即苹果渣。苹果渣含有大量有益健康的植物化学物质，包括酚酸、黄酮、类黄酮、原花青素、二氢胆碱酯等。苹果渣粗提物含有糖、根皮苷、槲皮素糖苷、单萜-非单糖苷D，根皮苷抗真菌如玉米病原菌肉毒杆菌属、尖孢镰刀菌等的作用最强，槲皮素具有抗氧化功能，含有单萜-非单糖苷D组分的果渣其抗氧化性和抗真菌活性均较低。苹果渣中的活性物质具有丰富的营养及生理调节功能，可在动物生产上发挥重要作用。

一、苹果渣的营养成分

苹果渣主要包括果肉、果皮、果籽及果柄，其中果皮果肉占96.2%，果籽占3.1%，果梗占0.7%。干苹果渣水分、粗蛋白、粗脂肪、粗纤维和粗灰分见表6-5，湿苹果渣和青贮苹果渣养分含量因水分的存在而与干苹果渣有所不同。苹果渣中含有铜、锌、铁、硒、锰、钙等微量元素，其含量见表6-5。苹果渣的氨基酸含量较为稳定，除缬氨酸和组氨酸外，其他必需氨基酸变异度均在20%以下，具体含量见表6-5。苹果籽的蛋白含量为34%～50%，种子还含有矿物元素如磷、钾、镁、钙和铁，分别为720 mg/100 g、650 mg/100 g、510 mg/100 g、210 mg/100 g和110 mg/100 g，但脱脂苹果种子粉的蛋白在鼠的营养价值很低，大鼠的小肠麦芽糖酶活性及表观蛋白质消化率因苹果籽的添加而显著下降。苹果渣中碳水化合物含量高，其中71.7%为单糖或多糖，每千克干苹果渣通过酸化热水萃取可获得281 g碳水化合物和3.3 g多酚。弱酸提取苹果渣可获得163.2 g果胶，49.7 g单糖。因此，苹果渣可作为发酵碳水化合物用于畜禽生产中，但对苹果渣的常规养分缺乏系统研究，其养分消化率目前未见报道，有待研究。

表6-5　　苹果渣的营养成分含量

成分	含量	成分	含量
湿苹果渣/%			
水分	77.40～79.80	粗蛋白	1.10～6.20

续表

成分	含量	成分	含量
粗纤维	3.40～16.90	粗脂肪	1.20～6.80
粗灰分	0.80～2.80	代谢能（牛）/（MJ/kg）	2.48
干苹果渣/%			
水分	10.20～11.00	粗蛋白	4.22～6.20
粗纤维	13.07～16.90	粗脂肪	2.80～6.80
粗灰分	1.80～4.52	代谢能（牛）/（MJ/kg）	10
钙	0.06～0.13	磷	0.06
青贮苹果渣/%			
水分	—	粗蛋白	6.70～7.40
粗纤维	20.90～33.50	粗脂肪	8.30～11.80
粗灰分	2.80～4.80	代谢能（牛）/（MJ/kg）	2.478
微量元素/（mg/kg）			
铁	143.6～270.0	铜	9.4～11.8
锰	13.0～14.5	锌	13.1～16.8
镁	0.057～0.670	硒	0.075～0.230
氨基酸/%			
赖氨酸	0.18～0.41	蛋氨酸	0.06～0.16
苏氨酸	0.17～0.23	天冬氨酸	0.48～0.55
丝氨酸	0.17～0.23	谷氨酸	0.73～0.93
丙氨酸	0.20～0.30	脯氨酸	0.24～0.28
精氨酸	0.21～0.29	异亮氨酸	0.27～0.28
亮氨酸	0.41～0.42	苯丙氨酸	0.22～0.23
缬氨酸	0.28	酪氨酸	0.13
组氨酸	0.14		

二、苹果渣的活性成分

苹果渣富含多酚物质、黄酮等活性成分。苹果渣的醋酸乙酯提取物所含总黄酮最高，每克粉末含 1.85 mg 芦丁等价物，其中根皮苷占 46.7%，根皮素占 41.94%。苹果渣的水提取物仍含有 2.5%～9.6%的总酚、黄酮类化合物和单宁。用 80∶20 的甲醇∶水可从苹果皮中提取 22.1 g/100 g 干物质（DM）的抗氧化组分，苹果皮总酚和黄酮含量分别为 1907.5 mg、2587.9 mg 没食子酸当量 GAE/100 g DM 和 1214.3～16.4 mg 儿茶素等价物 CE/100 g DM。通过曲霉如 *A. niger* ZDM2 和 *A. tubingensis* ZDM1 发酵苹果皮，可分别产生总酚 1440±37 mg 和 1202±88 mg GAE/100 g DM，产类黄酮物质达到 382±47 mg 和 495±19 mg CE/100 g DM。苹果籽含有 17%～29%的油，主要的脂肪酸组成为油酸（27.0%～46.5%）和 α-亚油酸（43.8%～60.0%），以及棕榈酸、硬脂酸、花生四烯酸。苹果籽中根皮苷含量为 240.45～864.42 mg/100 g DM，也含 1～4 mg/g 的毒性成分氰基糖苷。苹果籽提取物的总酚含量为 5.74～17.44 mg GAE/g DM，其抗氧化能力比苹果皮高，达到 57.59～397.70 μM。

三、苹果渣的生物学特性

苹果渣提取物中黄酮、多酚等活性成分含量较高，具有抗氧化、抗菌消炎、糖脂代谢、调节动物生长性能、改善奶品质的生物学特性。

1. 调节糖脂代谢

苹果渣具有调节糖脂代谢的作用。研究表明，大鼠采食 2.1%或 10%的干苹果渣可降低血清胆固醇，抑制高脂日粮诱导的体脂沉积，降低高糖高脂日粮导致的肝脏脂肪变性。连续 5 周给大鼠强饲法摄入 500 mg/kg 的苹果渣和迷迭香的混合物可通过恢复肌纤维膜 CD36 的表达和降低肌肉葡萄糖转运子的表达以降低腓肠肌甘油三酯的过量积累。20%的苹果皮可通过影响胆固醇的积累而缓解因高脂日粮导致的代谢综合征模型小鼠动脉粥样硬化进程。苹果渣的降脂作用与其活性成分紧密相关。苹果多酚可通过调整肝脏代谢，促进线粒体呼吸，加强脂肪分解和β氧化，降低胆固醇。果胶属于可溶性纤维，它被肠道微生物发酵后可产生乙酸，促进饱腹感，降低血液胆固醇浓度及餐后甘油应答指数。苹果籽中的高比例多不饱和脂肪酸可降低低密度脂蛋白胆固醇，预防心血管疾病，根皮苷可预防日粮诱导的肥胖、肝脏脂肪变性、炎症。苹果籽中的根皮苷还能通过抑制钠-葡萄糖协同转运子而阻碍小肠和肾脏的葡萄糖吸收，起降血糖作用。

2. 增强抗氧化功能

苹果渣提取物有一定的抗氧化能力。苹果渣多酚对于ABTS自由基、DPPH自由基、超氧阴离子自由基均有较强的清理作用，同时对Fe^{3+}具有显著的还原能力，在相同的浓度下，苹果渣多酚对自由基的清除率以及还原铁离子的能力均优于维生素C。Ⅱ型糖尿病的病人每天摄入含100 mg总酚的440 mg苹果渣提取物胶囊可显著降低氧化损伤的嘌呤数量。从苹果渣中提取的总三萜可通过降低丙二醛含量，激活抗氧化酶清除自由基，缓解四氯化碳对小鼠导致的急性肝损伤。苹果渣中多种活性成分具有抗氧化功能，可用于动物生产，缓解机体氧化损伤。苹果渣的丙酮提取物也能通过降低TBA和总挥发性盐基氮值保护冻肉免受氧化。

3. 改善肠道健康

苹果渣及其提取物可抑制细菌生长，阻止病毒定植。苹果渣的醋酸乙酯提取物、甲醇或乙醇提取物可有效抑制金黄色葡萄球菌（最小抑菌浓度为1.25 mg/mL）和大肠埃希菌（最小抑菌浓度为2.50 mg/mL）生长。

四、苹果渣饲料及其储存方式

由于苹果渣含有丰富的营养成分，微生物容易滋生繁殖，因此如果苹果渣长时间不处理的话，很容易出现腐败发臭的现象。可以采取发酵的办法保存苹果渣。发酵后的苹果渣，其蛋白质含量和热值均有较大的提高，是很好的畜牧业饲料。苹果渣在发酵贮藏过程中，可得到15%以上的浸出液，其中的有机酸，主要是醋酸、乳酸、苹果酸、草酸、酒石酸与琥珀酸等，还含有丰富的多酚和黄酮类物质，它们具有一定的抗氧化性，具有保健功效。苹果渣干燥后，加工成果渣干粉，不仅适口性好，易存贮，便于装卸和长途运输，可以用作配制全价料或颗粒料，用作猪、牛、羊等家畜家禽饲料。干燥分两种：自然干燥和人工干燥。自然干燥必须是连续晴天才能晾晒干，使水分保持在9%～10%，成本低，投资少，但在晾晒过程中碰到阴雨天易引发霉变。人工干燥对机械要求高、成本低，但干燥效果好，营养损失少，不受天气影响。由于新鲜苹果渣酸度大，水分和可溶性糖分含量高，所以易发霉腐烂，不便储存和利用。大量的苹果渣若不及时进行有效处理，不仅造成资源浪费，其产生的有害气体还会造成环境污染。实践证明，青贮是贮存苹果渣的理想方式，不仅操作简单，还可防止苹果渣腐败变质，最大限度地保存养分。在青贮过程中经过微生物的发酵，苹果渣变得柔软多汁、气味醇香，适口性好，不仅是牛羊的优质饲料，也可作为其他畜禽的饲料，替代部分精饲料。青贮苹果渣（总酸含量为1.2%）添加量达4%时断奶仔猪生产性能与1.5%柠檬酸组持平。

五、苹果渣在动物生产中的应用

1. 在单胃动物生产中的应用

干苹果渣一般不作为反刍动物的果胶来源，因为有更加便宜的干甜菜粕可作为替代品。对于猪而言，干苹果渣可为妊娠母猪提供纤维来源，缓解母猪便秘。但苹果渣在用于妊娠动物前必须进行农药残留检测，杀菌剂多菌灵的残留将导致妊娠奶牛产出的后代出现骨损伤、骨畸形、后肢弯曲、关节变粗、无尾椎椎骨和泌尿生殖器畸形、腹泻甚至死亡。补充添加复合酶制剂（α-淀粉酶，半纤维素，蛋白酶和β-葡聚糖酶）时苹果渣最高可取代15%的玉米，仔猪采食量及饲料转化效率未受影响。干苹果渣也可以用于低水平饲养的家禽（慢速型肉鸡）的日粮之中，以减缓其生长速度，同时可以给肠道带来足够的充盈感，从而消除饥饿感。用5%干苹果渣等量替代麸皮，对樱桃谷肉鸭全期生产性能无显著影响，5%发酵干苹果渣替代组可显著提高肉鸭整齐度，增加日增重，促进饲料转化率。此外，堆肥制作中，添加10%的苹果渣可吸收NH_3将其转化为NH_4^+－N，抑制NO_2^-的产生，降低NH_3的排放，这有助于美化畜禽环境。

2. 在反刍动物生产中的应用

反刍动物可采食相对大量的湿苹果渣，其饲喂比例需要按照苹果渣提供的纤维量以及蛋白质含量进行各营养组分的平衡。肉兔饲料中添加18%的苹果渣会降低饲料蛋白表观消化率，但中性洗涤纤维和酸性洗涤纤维的表观消化率得以提高，对肉质品质无不良影响。当苹果渣以青贮的方式进行供应时，其饲喂的量要依据所含的乙醇和有机酸的浓度进行调整，以维持健康和瘤胃的pH。日粮中添加10 g/d或15 g/d苹果酸可显著提高山羊瘤胃丙酸比例，并显著降低氨氮、乳酸浓度。苹果渣青贮料最多可替代50%的玉米青贮，此时奶山羊的采食量和产奶量均提高。公牛日增重和饲料转化率因用苹果渣麦秸混合青贮饲料替代60%的玉米黄贮而得到显著提高。发酵苹果渣在反刍动物中使用较多。5%混菌发酵苹果渣可改善2月龄犊牛粗蛋白消化率，提高其日增重。15%发酵苹果渣取代精料组肉羊日增重最显著，血清胰岛素、生长素、T3的含量显著增加，尿素氮含量降低。添加30%发酵苹果渣可显著提高獭兔的平均日重，降低料肉比，提高被毛重量和被毛面积以及血清葡萄糖、免疫球蛋白G含量。

综上，苹果渣含有果胶、多酚、黄酮等活性成分，它的添加可改善机体的脂质分布，提高机体抗氧化能力。苹果渣可少量添加于断奶仔猪及母猪饲料中，改善肠道健康。苹果渣在鸡饲料中的添加会影响其生产性能的正常发挥，但鸡肉的抗氧化能力得到提高。反刍动物最高可添加50%的苹果渣，提高采食量和日增重的同时改善奶牛产奶量。未来有望在畜禽生产中应用苹果渣及其提取物改善畜产品品质，延长肉或蛋的保质期。

参考文献

[1] 曾衍德，胡乐鸣. 中国农产品加工业年鉴［M］. 北京：中国农业出版社，2018.

[2] 宁启文，胡乐鸣. 中国农业年鉴［M］. 北京：中国农业出版社，2018.

[3] 张晖. 麸皮中同时提取 β-淀粉酶和植酸酶的研究［J］. 粮食与饲料工业，1998（6）：34-35.

[4] 曹兵海，王之盛，黄必志，等. 木薯渣在肉牛生产上有质量价格优势［J］. 中国畜牧业，2013（9）：58-60.

[5] 朱磊，叶元土，蔡春芳，等. 玉米蛋白粉对黄颡鱼体色的影响［J］. 动物营养学报，2013，25（12）：3041-3048.

[6] 周良娟，计成，李玉欣，等. 几种天然叶黄素对三黄肉鸡着色效果的研究［J］. 饲料工业，2003（4）：36-42.

[7] 杨具田，蔡应奎，臧荣鑫，等. 不同日粮对蛋黄色泽与蛋品品质的影响［J］. 中兽医医学杂志，2003（5）：17-19.

[8] 张彤瑶. 金针菇菇脚对肉鸡免疫功能的影响［D］. 长春：吉林农业大学，2016.

[9] 李平. 国产不同生产工艺玉米 DDGS 生长猪能量与氨基酸消化率研究［D］. 北京：中国农业大学，2014.

[10] 黄强. 小麦制粉副产品猪有效能值和氨基酸消化率的研究［D］. 北京：中国农业大学，2015.

[11] 施传信. 全脂米糠猪有效能值与养分消化率研究［D］. 北京：中国农业大学，2015.

[12] 马晓康. 棉粕猪有效能和氨基酸消化率及其预测方程的研究［D］. 北京：中国农业大学，2015.

[13] 谢飞. 不同体重阶段猪常用饲料原料有效能比较研究［D］. 北京：中国农业大学，2017.

[14] 中国饲料数据库. 中国饲料成分及营养价值表（2019 年第 30 版）［J］. 中国饲料，2019（21）：111-116.

[15] 印遇龙，阳成波，敖志刚. 猪营养需要［M］. 北京：科学出版社，2014.

[16] 黄开华，沈静，杨海明，等. 米糠在蛋鸡生产中研究与应用 [J]. 家禽科学，2017，269 (3)：45-46.

[17] 黎俊，冯泽猛，黄瑞林，等. 镉超标稻谷饲料化的可行性分析 [J]. 饲料博览，2017，299 (3)：14-19.

[18] 王继强，张波，张宝彤，等. 稻谷加工副产物的营养特点及在养殖业上的应用 [J]. 广东饲料，2014，23 (6)：38-40.

[19] 王伟. 尼克粉公母鸡饲料营养价值评定的比较研究 [D]. 咸阳：西北农林科技大学，2012.

[20] 熊俐，杨跃寰. 米糠深加工技术的研究进展 [J]. 四川理工学院学报（自然科学版），2009，22 (5)：79-81.

[21] 杨荣，朱双红，王华朗，等. 大米加工主要副产品资源在畜禽饲料中的应用 [J]. 广东饲料，2018，27 (9)：39-42.

[22] 赵倩明. 日粮添加玉米胚芽粕和米糠对泌乳奶牛生产性能的影响 [D]. 扬州：扬州大学，2018.

[23] 马守江，韩宗元. 饲料用小麦麸的特点 [J]. 养殖技术顾问，2011，199 (11)：56.

[24] 马玉静，何荣香，陈福，等. 发酵小麦麸皮及其在动物生产中的应用 [J]. 中国饲料，2019，633 (13)：96-100.

[25] 王团先，王成章. 次粉在蛋鸭饲料中的应用 [J]. 水禽世界，2012 (05)：29-30.

[26] 肖亚玲. 小麦胚芽及其提取物营养价值分析及加工工艺研究进展 [J]. 山东工业技术，2019，285 (7)：241.

[27] 杨旭，薛永亮，李浪. 微生物混合发酵提高麸皮营养价值的研究 [J]. 中国酿造，2011，228 (3)：113-115.

[28] 高嘉安. 淀粉与淀粉制品工艺学 [M]. 北京：中国农业出版社，2001.

[29] 王恬，王成章. 饲料学 [M]. 北京：中国农业出版社，2018.

[30] 宗建军，廖传华. 超临界二氧化碳萃取葡萄籽油工艺优化 [J]. 化工进展，2018，37 (02)：485-491.

[31] 魏玲玲，陈竞男，王杰. 葡萄籽中油脂脂肪酸和蛋白质组分分析 [J]. 粮食与油脂，2017，30 (12)：65-68.

[32] 杨静，曹洪战，李同洲，等. 饲料桑粉对生长育肥猪的营养价值评定 [J]. 中国兽医学报，2015 (8)：1371-1374.